城市基础设施规划方法创新与实践系列丛书

城市雨水径流污染治理规划方法创新与实践

深圳市城市规划设计研究院
丁 年 李炳锋 刘应明 梁 骞 编著

中国建筑工业出版社

图书在版编目(CIP)数据

城市雨水径流污染治理规划方法创新与实践/深圳市城市规划设计研究院等编著. —北京：中国建筑工业出版社，2020.5（2021.1重印）
（城市基础设施规划方法创新与实践系列丛书）
ISBN 978-7-112-25015-8

Ⅰ.①城… Ⅱ.①深… Ⅲ.①城市-降雨径流-水污染防治-环境规划 Ⅳ.①X522

中国版本图书馆CIP数据核字(2020)第059753号

雨水径流污染治理在我国城市中尚未全面开展，诸多概念和理论还存在争议，治理经验和方法也相对不足。本书在介绍城市雨水污染治理相关理念、概念以及政策基础上，全面系统地阐述了城市雨水污染治理规划的编制方法和基本要求，主要包括编制指引、规划方法、模型应用、工程技术以及管理措施等内容。同时分类选取了多个相关规划研究典型实例，力求增强本书的实用性和可操作性。

本书可供城市水环境治理规划建设领域的科研人员、规划设计人员、施工管理人员、相关行政管理部门和公司企业人员参考，也可作为相关专业大专院校的教学参考用书和城乡规划建设领域的培训参考书。

责任编辑：朱晓瑜
责任校对：赵 菲

城市基础设施规划方法创新与实践系列丛书
城市雨水径流污染治理规划方法创新与实践
深圳市城市规划设计研究院
丁 年 李炳锋 刘应明 梁 骞 编著
*
中国建筑工业出版社出版、发行（北京海淀三里河路9号）
各地新华书店、建筑书店经销
北京红光制版公司制版
北京建筑工业印刷厂印刷
*
开本：787×1092毫米 1/16 印张：18¼ 字数：430千字
2020年6月第一版 2021年1月第二次印刷
定价：**79.00**元
ISBN 978-7-112-25015-8
(35812)

编　写　组

主　　编：司马晓

执行主编：丁　年　李炳锋　刘应明　梁　骞

编撰人员：刘超洋　张静怡　俞　露　邓立静　黄俊杰　李亚坤　蒋长志　戴　韵　邓仲梅　谢鹏程　朱安邦　李晓君　胡　萍　房静思　杨　晨　王　刚　姜　科　刘　瑶　张　亮

丛书序言

生态环境关乎民族未来、百姓福祉。十九大报告不仅对生态文明建设提出了一系列新思想、新目标、新要求和新部署，更是首次把美丽中国作为建设社会主义现代化强国的重要目标。在美丽中国目标的指引下，美丽城市已成为推进我国新型城镇化、现代化建设的内在要求。基础设施作为城市生态文明的重要载体，是建设美丽城市坚实的物质基础。

基础设施建设是城镇化进程中提供公共服务的重要组成部分，也是社会进步、财富增值、城市竞争力提升的重要驱动。改革开放40年来，我国的基础设施建设取得了十分显著的成就，覆盖比例、服务能力和现代化程度大幅度提高，新技术、新手段得到广泛应用，功能日益丰富完善，并通过引入市场机制、改革投资体制，实现了跨越式建设和发展，其承载力、系统性和效率都有了长足的进步，极大地推动了美丽城市建设和居民生活条件改善。

高速的发展为城市奠定了坚实的基础，但也积累了诸多问题，在资源环境和社会转型的双重压力之下，城镇化模式面临重大的变革，只有推动城镇化的健康发展，保障城市的"筋骨"雄壮、"体魄"强健，才能让改革开放的红利最大化。随着城镇化转型的步伐加快，基础设施建设如何与城市发展均衡协调是当前我们面临的一个重大课题。无论是基于城市未来规模、功能和空间的均衡，还是在新的标准、技术、系统下与旧有体系的协调，抑或是在不同发展阶段、不同外部环境下的适应能力和弹性，都是保障城市基础设施规划科学性、有效性和前瞻性的重要方法。

2016年12月～2018年8月不到两年时间内，深圳市城市规划设计研究院（以下简称"深规院"）出版了《新型市政基础设施规划与管理丛书》（共包括5个分册），我有幸受深规院司马晓院长的邀请，为该丛书作序。该丛书出版后，受到行业的广泛关注和欢迎，并被评为中国建筑工业出版社优秀图书。本套丛书内容涉及领域较《新型市政基础设施规划与管理丛书》更广，其中有涉及综合专业领域，如市政工程详细规划；有涉及独立专业领域，如城市通信基础设施规划、非常规水资源规划及城市综合环卫设施规划；同时还涉及现阶段国内研究较少的专业领域，如城市内涝防治设施规划、城市物理环境规划及城市雨水径流污染治理规划等。

城，所以盛民也；民，乃城之本也。衡量城市现代化程度的一个关键指标，就在于基础设施的质量有多过硬，能否让市民因之而生活得更方便、更舒心、更美好。新时代的城市规划师理应有这样的胸怀和大局观，立足百年大计、千年大计，注重城市发展的宽度、厚度和"暖"度，将高水平的市政基础设施发展理念融入城市规划建设中，努力在共建共享中，不断提升人民群众的幸福感和获得感。

本套丛书集成式地研究了当下重要的城市基础设施规划方法和实践案例，是作者们多年工作实践和研究成果的总结和提升。希望深规院用新发展理念引领，不断探索和努力，为我国新形势下城市规划提质与革新奉献智慧和经验，在美丽中国的画卷上留下浓墨重彩！

原建设部部长、第十一届全国人民代表大会环境与资源保护委员会主任委员

汪光焘

2019 年 6 月

丛书前言

改革开放以来，我国城市化进程不断加快，2017 年末，我国城镇化率达到 58.52%；根据中共中央和国务院印发的《国家新型城镇化规划（2014—2020 年）》，到 2020 年，要实现常住人口城镇化率达到 60%左右，到 2030 年，中国常住人口城镇化率要达到 70%。快速城市化伴随着城市用地不断向郊区扩展以及城市人口规模的不断扩张。道路、给水、排水、电力、通信、燃气、环卫等基础设施是一个城市发展的必要基础和支撑。完善的城市基础设施是体现一个城市现代化的重要标志。与扎实推进新型城镇化进程的发展需求相比，城市基础设施存在规划技术方法陈旧、建设标准偏低、区域发展不均衡、管理体制不健全等诸多问题，这将是今后一段时期影响我国城市健康发展的短板。

为了适应我国城市化快速发展，市政基础设施呈现出多样化与复杂化态势，非常规水资源利用、综合管廊、海绵城市、智慧城市、内涝模型、环境园等技术或理念的应用和发展，对市政基础设施建设提出了新的发展要求。同时在新形势下，市政工程规划面临由单一规划向多规融合演变，由单专业单系统向多专业多系统集成演变，由常规市政工程向新型市政工程延伸演变，由常规分析手段向大数据人工智能多手段演变，由多头管理向统一平台统筹协调演变。因此传统市政工程规划方法已越来越不能适应新的发展要求。

2016 年 6 月，深规院受中国建筑工业出版社邀请，组织编写了《新型市政基础设施规划与管理丛书》。该丛书共五册，包括《城市地下综合管廊工程规划与管理》《海绵城市建设规划与管理》《电动汽车充电基础设施规划与管理》《新型能源基础设施规划与管理》和《低碳生态市政基础设施规划与管理》。该套丛书率先在国内提出新型市政基础设施的概念，对新型市政基础设施规划方法进行了重点研究，建立了较为系统和清晰的技术路线或思路。同时对新型市政基础设施的投融资模式、建设模式、运营模式等管理体制进行了深入研究，搭建了一个从理念到实施的全过程体系。该套丛书出版后，受到业界人士的一致好评，部分书籍出版后马上销售一空，短短半年之内，进行了三次重印出版。

深规院是一个与深圳共同成长的规划设计机构，1990 年成立至今，在深圳以及国内外 200 多个城市或地区完成了 3800 多个项目，有幸完整地跟踪了中国快速城镇化过程中的典型实践。市政工程规划研究院作为其下属最大的专业技术部门，拥有近 120 名市政专业技术人员，是国内实力雄厚的城市基础设施规划研究专业团队之一，一直深耕于城市基础设施规划和研究领域，在国内率先对新型市政基础设施规划和管理进行了专门研究和探讨，对传统市政工程的规划方法也进行了积极探索，积累了丰富的规划实践经验，取得了明显的成绩和效果。

在市政工程详细规划方面，早在 1994 年就参与编制了《深圳市宝安区市政工程详细规划》，率先在国内编制市政工程详细规划项目，其后陆续编制了深圳前海合作区、大空港片区以及深汕特别合作区等多个重要片区的市政工程详细规划。主持编制的《前海合作区市政工程详细规划》，2015 年获得深圳市第十六届优秀城乡规划设计奖二等奖。主持编制的《南山区市政设施及管网升级改造规划》和《深汕特别合作区市政工程详细规划》，2017 年均获得深圳市第十七届优秀城乡规划设计奖三等奖。在通信基础设施规划方面，2013 年主持编制了国家标准《城市通信工程规划规范》，主持编制的《深圳市信息管道和机楼"十一五"发展规划》获得 2007 年度全国优秀城乡规划设计表扬奖，主持编制的《深圳市公众移动通信基站站址专项规划》获得 2015 年度华夏建设科学技术奖三等奖。在非常规水资源规划方面，编制了多项再生水、雨水等非常规水资源综合利用规划、政策及运营管理研究。主持编制的《光明新区再生水及雨洪利用详细规划》获得 2011 年度华夏建设科学技术奖三等奖；主持编制的《深圳市再生水规划与研究项目群》（含《深圳市再生水布局规划》《深圳市再生水政策研究》等四个项目）获得 2014 年度华夏建设科学技术奖三等奖。在城市内涝防治设施规划方面，2014 年主持编制的《深圳市排水（雨水）防涝综合规划》，是深圳市第一个全面采用模型技术完成的规划，是国内第一个覆盖全市域的排水防涝详细规划，也是国内成果最丰富、内容最全面的排水防涝综合规划，获得了 2016 年度华夏建设科学技术奖三等奖和深圳市第十六届优秀城市规划设计项目一等奖。在消防工程规划方面，主持编制的《深圳市消防规划》获得了 2003 年度广东省优秀城乡规划设计项目表扬奖，在国内率先将森林消防纳入城市消防规划体系。主持编制的《深圳市沙井街道消防专项规划》，2011 年获深圳市第十四届优秀城市规划二等奖。在综合环卫设施规划方面，主持编制的《深圳市环境卫生设施系统布局规划（2006—2020）》获得了 2009 年度广东省优秀城乡规划设计项目一等奖及全国优秀城乡规划设计项目表扬奖，在国内率先提出"环境园"规划理念。在城市物理环境规划方面，近年来，编制完成了 10 余项城市物理环境专题研究项目，在《滕州高铁新区生态城规划》中对城市物理环境进行了专题研究，该项目获得了 2016 年度华夏建设科学技术奖三等奖。在城市雨水径流污染治理规划方面，近年来承担了《深圳市初期雨水收集及处置系统专项研究》《河道截污工程初雨水（面源污染）精细收集与调度研究及示范》等重要课题，在国内率先对雨水径流污染治理进行了系统研究。特别在诸多海绵城市规划研究项目中，对雨水径流污染治理进行了重点研究，其中主持编制完成的《深圳市海绵城市建设专项规划及实施方案》获得了 2017 年度全国优秀城乡规划设计二等奖。

鉴于以上的成绩和实践，2018 年 6 月，在中国建筑工业出版社邀请和支持下，由司马晓、丁年、刘应明整体策划和统筹协调，组织了深规院具有丰富经验的专家和工程师编著了《城市基础设施规划方法创新与实践系列丛书》。该丛书共八册，包括《市政工程详细规划方法创新与实践》《城市通信基础设施规划方法创新与实践》《非常规水资源规划方法创新与实践》《城市内涝防治设施规划方法创新与实践》《城市消防工程规划方法创新与实践》《城市综合环卫设施规划方法创新与实践》《城市物理环境规划方法创新与实践》以及《城市雨水径流污染治理规划方法创新与实践》。本套丛书力求结合规划实践，在总结经验的基础上，突出各类市政工程规划的特点和要求，同时紧跟城市发展新趋势和新要求，系统介绍了各类市政工程规划的规划方法，期望对现行的市政工程规划体系以及技术标准进行有益补充和必要创新，为从事城市基础设施规划、设计、建设以及管理人员提供亟待解决问题的技术方法和具有实践意义的规划案例。

本套丛书在编写过程中，得到了住房和城乡建设部、广东省住房和城乡建设厅、深圳市规划和自然资源局、深圳市水务局等相关部门领导的大力支持和关心，得到了各有关方面专家、学者和同行的热心指导和无私奉献，在此一并表示感谢。

本套丛书的出版凝聚了中国建筑工业出版社朱晓瑜编辑的辛勤工作，在此表示由衷敬意和万分感谢！

《城市基础设施规划方法创新与实践系列丛书》编委会

2019 年 6 月

本书前言

改革开放以来，我国社会经济的快速发展给生态环境带来巨大压力，一些地区水环境质量差、水生态受损重、环境隐患多等问题十分突出，影响和损害公众健康，不利于经济社会持续发展。生态环境部2019年3月18日发布《2018年全国生态环境质量简况》指出，2018年，长江、黄河、珠江、松花江、淮河、海河、辽河七大流域和浙闽片河流、西北诸河、西南诸河监测的1613个水质断面中，Ⅰ类占5.0%，Ⅱ类占43.0%，Ⅲ类占26.3%，Ⅳ类占14.4%，Ⅴ类占4.5%，劣Ⅴ类占6.8%；黄河、松花江和淮河流域为轻度污染，海河和辽河流域为中度污染；111个重要湖泊（水库）中，优良水质湖泊（水库）比例为66.7%，劣Ⅴ类比例为8.1%，其中太湖与滇池为轻度污染、轻度富营养状态，巢湖为中度污染、轻度富营养状态；全国近岸海域水质级别为一般，417个点位中，一类和二类海水比例合计为74.6%，劣四类为15.6%，其中渤海近岸海域水质一般，东海近岸海域水质差。

党的十八大以来，生态文明思想推动我国生态文明建设和生态环境保护从认识到实践都发生了历史性、转折性和全局性变化。2016年2月，住房和城乡建设部、环境保护部组织对全国地级及以上城市建成区黑臭水体进行排查，全国295座地级及以上城市中，共有216座城市排查出黑臭水体1811个，其中，河流1545条，占85.4%；湖、塘264个，占14.6%。面对突出的水污染问题，为切实加大水污染防治力度，国务院于2015年4月印发《水污染防治行动计划》，住房和城乡建设部、环境保护部组织开展城市黑臭水体整治工作，全国打响水污染防治攻坚战，至2019年底，共认定黑臭水体2869个，完成治理2313个，仍有556个黑臭水体正在治理。

雨水径流污染是指在降雨作用下，大气沉积物被雨水淋洗带到地面或地面累积污染物被径流冲刷，经由排水系统收集、输送，最终排入河流、湖泊等受纳水体而形成的水污染。城市雨水径流污染具有随机性强、面积广、成分复杂等特点。相关资料表明，在发达国家，点源污染基本得到有效控制，雨水径流带来的面源污染已成为水体污染的主要因素。美国约有60%的河流和50%的湖泊污染与面源污染有关；已实现污水二级处理的城市，水体BOD年负荷约40%～80%来自雨水径流。美国环保署资料还表明，约2.2万个被污染水体中，城市雨水径流和其他非农业的面源污染被列为主导污染源的占18%以上，雨水径流已被列为导致水体污染的第3大污染源。我国有关研究表明，滇池流域的大青河，暴雨期悬浮物浓度比平时均值高22倍，亚硝酸盐氮则高达163倍；宝象河暴雨期最大悬浮物浓度是非暴雨期的106倍；在导致滇池富营养化的污染物中，工业废水、城市污水及雨水径流污染的比例分别为9%、24%和67%。过去，我国水污染防治工作重点针对城市生产和生活污水等点源污染，对于城市雨水径流污染尚未给予足够的重视。随着大量减排措施的实施，我国在点源污染治理方面取得了显著的成绩，城市雨水径流污染对水环境污染的贡献正在逐渐增高，已经成为城市水污染治理中重要的难题之一。

深规院市政规划研究院作为国内知名的市政工程规划与研究的专业团队，是国内较早关注和开展雨水径流污染治理规划和建设实践的专业技术团队之一。2011 年以来，承担了国家水体污染控制与治理重大专项“低影响开发雨水系统综合示范与评估”课题的研究工作。同时承担了《深圳市初期雨水收集及处置系统专项研究》《河道截污工程初雨水（面源污染）精细收集与调度研究及示范》等规划研究项目，在国内率先对雨水径流污染治理进行了系统研究。特别在诸多海绵城市规划研究项目中，对雨水径流污染治理进行了重点研究，其中主持编制完成的《深圳市海绵城市建设专项规划及实施方案》获 2017 年度全国优秀城乡规划设计二等奖，主持编制完成的《深圳市城市规划低影响开发技术指引、导则等机制研究项目群》获 2015 年度华夏建设科学技术奖三等奖。

本书内容分为基础篇、方法篇和实践篇等三部分，由司马晓、丁年、刘应明负责总体策划和统筹安排等工作，丁年、李炳锋、刘应明、梁骞等四人共同担任执行主编，丁年、梁骞与李炳锋负责大纲编写工作，刘应明负责组织协调和文稿审核等工作，张静怡负责格式制定和文稿汇总等工作。基础篇中，第 1 章（历程与理念）由李炳锋、丁年、刘超洋（其单位为：深圳市特区建设发展集团有限公司）负责编写，第 2 章（概念与特征）由邓立静与俞露负责编写，第 3 章（政策与案例）由邓立静与李亚坤负责编写；方法篇中，第 4 章（编制指引）由梁骞、刘应明、刘超洋负责编写，第 5 章（规划方法）由丁年、黄俊杰、张静怡负责编写，第 6 章（模型应用）由梁骞、谢鹏程、邓仲梅负责编写，第 7 章（工程技术）由蒋长志、丁年与张静怡负责编写，第 8 章（管理措施）由蒋长志、丁年、刘超洋负责编写；实践篇选取了一些经典案例，其中深圳市初期雨水收集与处置系统专项研究案例由梁骞与刘应明负责整理；深圳河湾稳定达标方案评估案例由戴韵负责整理；大沙河沿河智能截污系统研究案例由李亚坤与李炳锋负责整理。附录主要包括相关标准和规范，其中相关术语由邓立静负责编写，国外相关规范和标准由邓立静、李炳锋、刘超洋负责整理，国内相关规范和标准由李亚坤与俞露负责整理，数据库架构由谢鹏程与邓仲梅负责编写，规划图例参考由蒋长志与梁骞负责编写，规划编制费用计算标准参考由黄俊杰与刘应明负责编写。在本书成稿过程中，张静怡、朱安邦等负责完善和美化全书图表制作工作。胡萍、李晓君、房静思、杨晨、王刚、姜科、刘瑶、张亮等诸位同志完成了全书的文字校对工作。本书由司马晓审阅定稿。

本书是编写团队多年来对城市雨水径流污染治理规划工作经验的总结和提炼，希望通过本书与各位读者分享我们的规划理念、技术方法和实践案例。虽编写人员尽了最大努力，但限于编者水平，因此书中疏漏乃至不足之处恐有所难免，敬请读者批评指正！

本书在编写过程中参阅了大量的参考文献，从中得到了许多有益的启发和帮助，在此向有关作者和单位表示衷心的感谢！所附的参考文献如有遗漏或错误，请直接与出版社联系，以便再版时补充或更正。

最后，谨向所有帮助、支持和鼓励我们完成本书编写的家人、专家、领导、同事和朋友们致以真挚的感谢！

《城市雨水径流污染治理规划方法创新与实践》编写组

2020 年 4 月

目 录

第1篇

基础篇

城市水系统由自然水循环与社会水循环耦合形成，具有整体性、复杂性、层次性、动态性、稳定性等特征，水系统的失衡会导致包括水环境污染在内的一系列城市水问题，从而对城市正常运行产生一定影响。

本篇首先介绍了城市水系统的构成及各子系统之间的相互影响关系，梳理了城市治水理念与历程，指出雨水径流污染治理已成为我国城市水环境治理的关键；在此基础上，介绍了城市雨水径流污染的基本概念及特征，分析了雨水径流污染来源、影响因素及产生规律，并梳理了国内外相关法规政策、技术标准和典型案例，为城市雨水径流污染治理规划与建设提供借鉴。

第1章 理念与历程

城市水系统随城市规模扩张和人口集中而不断发展，从最初的临水而居、直接取水逐渐发展为包括水源子系统、供水子系统、用水子系统、排水子系统及城市河道在内的复杂系统。在不同的发展阶段，城市水系统面临不同的问题和矛盾，治水理念和措施也在不断转变。当前，虽然城市污水处理基础设施不断完善，但是水环境污染问题日益突出，雨水径流污染治理已成为城市水环境整治的关键。

1.1 城市水系统概述

城市水系统是以水循环为基础、水通量为介质、水设施为载体、水安全为目标、水管理为手段的综合系统，是城市大系统的重要组成部分，涉及城市水资源开发、利用、保护和管理的全过程。从不同的角度看，城市水系统具有不同的内涵和表现形式：从系统的组成看，城市水系统是自然水循环和社会水循环的耦合系统，由水源、供水、用水、排水等子系统组成；从系统的内涵看，城市水系统涉及水资源、水安全、水环境、水生态、水景观、水文化等各个方面（图 1-1）；从系统的循环看，城市水系统中各子系统之间存在复杂的通量变化，水量耗散、水质代谢和能量交换贯穿于整个循环过程[1]。明晰城市水系统的构成、认识城市水系统的特征、分析子系统之间的关系，对城市水系统的科学规划、建设、运营，实现城市与水的协调和持续发展具有重要意义。

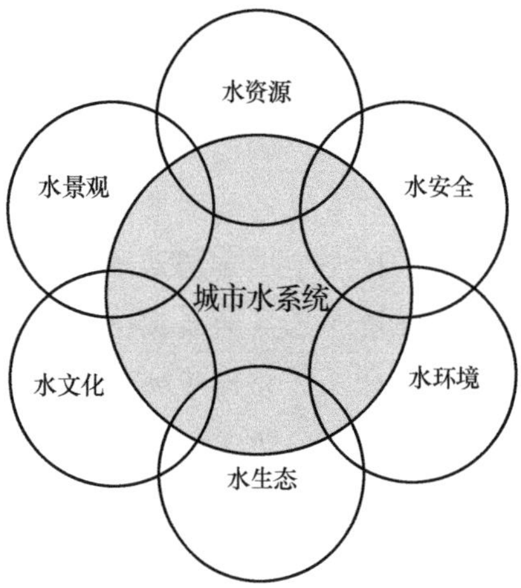

图 1-1 城市水系统的范畴

1.1.1 城市水系统构成

按规划、设计和管理的基础设施差异分类，城市水系统包括水源子系统、供水子系统、用水子系统、排水子系统及城市河道[2]（图 1-2）。

水源子系统是城市“资源系统”的重要组成部分，是城市水系统的源泉和基础。其主要功能是为城市水系统提供足量并符合一定质量标准的“原料水”，并维持城市航运、景观、生态等用水需求。广义的水源子系统包括城市河湖水系、生态湿地、雨水资源和污水再生资源等。

供水子系统是城市“供给系统”的重要组成部分，是城市“生命线”的核心工程，其

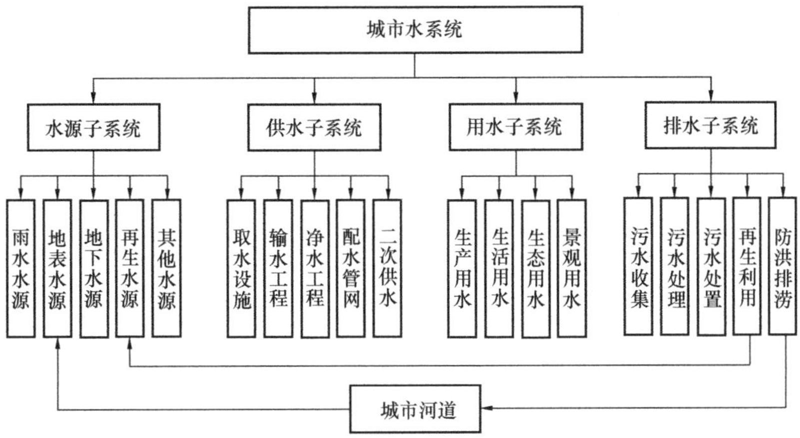

图 1-2　城市水系统构成

主要功能是开发、输送和加工“原料水”，使其成为符合一定标准的“商品水”，并将其送到各类用户，包括生活用水、生产用水和社会服务用水等。确保“商品水”的安全供给是供水子系统的核心功能。

用水子系统是城市“消费系统”的重要组成部分，是城市水系统的主要“驱动力”，其主要功能是“消费水”和“节约水”，尽可能以最少的耗水促进城市社会经济的可持续发展。用水子系统对水量的需求决定了城市水系统的总体规模。在传统“以需定供”思想的指导下，水资源往往被过度开发。因此，必须转变观念，倡导“以供定需”。

排水子系统是由排水管道、污水处理设施以及排水附属设施等组成，用于收集、输送、处理和排除城市污水和雨水的工程设施系统，是城市“消化系统”的重要组成部分，是城市环境基础设施的核心工程。排水子系统具有两面性，它既是收集排放污水、雨水的系统，又是处理利用污水和雨水的系统；在直接排污和不当排水的情况下，有可能会破坏水源或造成内涝灾害；在污水达标处理和雨水有序控制的情况下，又是潜在的水源、供水和用水的补充系统。城市排水系统主要分为合流制和分流制两种类型。合流制是指生活污水、工业废水和雨水混合在同一排水管道系统进行排放的排水方式；分流制是指将生活污水、工业废水和雨水分别在两个或两个以上各自独立的排水管道系统进行排放的排水方式。根据对混合的雨污水体的处理方式和程度，合流制可分为直排式合流制、截流式合流制和完全合流制；分流制可分为完全分流制、截流式分流制和不完全分流制。

1.1.2　城市水系统特征

1. 整体性

城市水系统主要由水源、供水、用水、排水四大要素组成，要素之间通过水量、水质及能量的传递与交换相互联系、相互影响，从而构成了一个有机整体。任何一个要素或重要环节出现问题，都可能导致整个系统的震荡，甚至崩溃。

2. 复杂性

城市水系统是城市复杂巨系统的重要组成部分，涉及资源、环境、生态、社会、经济、文化等诸多方面。系统内部结构复杂，外部影响因素众多、相互关系错综复杂，有些关系难以定量描述，发展趋势难以预测，呈现出高度的复杂性。

3. 层次性

从结构上看，城市水系统是个庞大的网络状、多层级的系统，具有明显的分层特征。每个子系统都包含有若干个组成要素，而每个要素则由更为具体的要素组成。城市水系统结构的层级性决定了城市水系统的规划、管理和建设的层次性。

4. 动态性

系统的动态性主要是由水的流动性、水的循环特性决定的，这是水系统的内在规律，同时也受外部因素（外部性）影响。例如，水源子系统的水量变化主要受气象、水文等自然环境影响，而水源子系统质量变化和其他三个子系统的动态变化则主要取决于社会环境的影响。外部环境变了，系统状态也将随之变化：一种趋势是系统在与环境交换物质、能量和信息的过程下，重新有序，逐渐稳定并形成负反馈系统；另一种趋势是出现正反馈，系统呈周期振荡甚至趋于瓦解。通常情况下，城市水系统稳定周期的长短取决于系统干扰的强弱与方向，同时也取决于各子系统及各要素之间的协调与控制。

5. 稳定性

系统的稳定性是人们期望实现的负反馈机制，但在现实中，系统变化是必然的，而稳定则是相对的，是有条件的。因此，要通过系统的整合、优化和协调，充分发挥水资源的可循环性和可再生性，最大限度地提高水的重复利用率和污水再生回用率，使有效用水量显著大于水源取水量，从而实现系统整体效益大于子系统总和的目标。在处理系统和环境的关系上，要保持系统与环境的物质、能量和信息的交流，以降低系统熵，使系统趋于有序，趋近平衡。

1.1.3 子系统之间关系

城市水系统是一个有机整体，在这个有机整体中，水资源通过水源、供水、用水、排水等四个子系统形成从源头到龙头、又从龙头到源头的社会水循环，各子系统以水为媒介，完成物质、能量交换，使得各子系统之间存在密切的关系（图 1-3）。

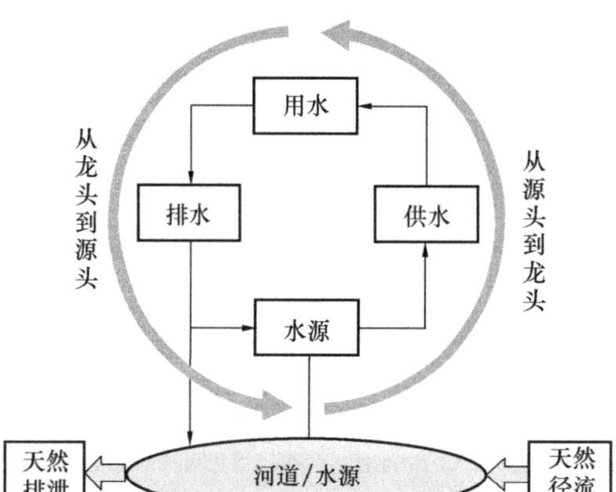

图 1-3 城市水循环概化图

图片来源：邵益生，张志果．城市水系统及其综合规划[J]．城市规划，2014（a02）

（1）水源是城市水系统的物质基础。水是生命之源、生产之要、生态之基，是城市的“生命线”。城市的起源、延续及发展与水源密不可分。从新石器时代开始，原始社会的部落和居民就开始傍水而居。从我国新石器时代文化遗址分布来看，大部分遗址（除了北方草原地区的新石器文化）都分布在大江、大河的两侧，这些地区除土地肥沃、交通方便外，主要是便于就近取水。因此，没有水源就没有城市，也就没有城市供水、用水和排水。

（2）供水子系统与水源子系统的关系。水源构成对供水系统具有重要影响，不同的水源类型对应不同的取水设施及相应的净水工艺。比如，从水库取水时，取水设施组件包括水坝、隧道、出水管、运河、闸门和控制系统、泄洪道和支撑构筑物等；从地下取水时，取水设施组件包括水井、外套、提升系统、管路、泵房和其他支撑设施。另一方面，不合理取水也会造成水源系统的失衡。水资源量的供需平衡是水资源可持续开发利用的基础，水量的失衡不仅意味着缺水，而且还会产生其他不良效应。特别是地下水，目前全世界接近一半的饮用水来自于地下水（WWAP，2009），当开采量超过补给量时，地下水水资源的水量、水位状态便会失去平衡，水量失衡不仅会降低城市供水保证率，还会引起地下水水质恶化、地面沉降等一系列的环境地质问题。

（3）用水子系统与供排水系统的关系。城市用水量的大小对供水系统提出要求，同时给排水系统带来压力。供水系统必须以充分的压力输送满足质量和数量要求的水，供生活、商业、工业和市政使用，供水水量必须满足高峰时段、低谷时段和平常时段的需求，因此，需要有相应规模和标准的取水、输水、净水、配送、二次供水设施。水经生产、生活使用后，只有少部分被消耗，大部分需通过排水系统进行收集、输送、处理、排放，最终进入受纳水体，因此，需要配套满足排水需求的污水管网、泵站和处理设施。节约用水是缓解资源短缺和经济重负、保障城市可持续发展的重要措施，应将水视为宝贵的有限的天然资源，在国土规划上要将水系流域和城市统筹考虑，落实节水优先理念，以供定需，合理分配水资源，在保障适宜生态环境用水的基础上，合理规划、调整区域经济、产业结构和城市组团，促进工艺改革，提倡清洁生产与节水产业，促进节水技术和节水器具的普及使用，不断提高用水效率。

（4）排水子系统与水源子系统的关系。水资源经排水系统，或进入河道、水库等地表水，或通过土壤、渗井进入地下水，最终均可能作为水源被取用，因此，排水子系统对水源子系统具有直接的影响。在城市发展过程中，排水系统对水源系统的负面影响往往比较突出。2018 年，我国 660 多个城市中约有 400 个城市存在缺水问题，其中大部分属于因污染导致的水质型缺水；长江、黄河、珠江、松花江、淮河、海河、辽河七大流域和浙闽片河流、西北诸河、西南诸河监测的 1613 个水质断面中，Ⅳ类及以下水质占 25.7%；全国大多数城市存在黑臭水体；以地下水源为主的城市，地下水几乎都受到不同程度的污染。因此，要维持健康的城市水循环，保障水资源可持续利用，排水系统至关重要。一方面，要完善排水系统，提高污水收集处理率，并根据受纳水体水功能区要求确定污水处理排放标准，从而控制水污染、恢复水环境；另一方面，要推进污水深度处理的普及和再生水的有效利用，使之成为稳定的城市水源的重要组成部分。当前我国每天产生 1 亿多立方米的污水，如果利用其中的 20%～30%，就可以解决近 10%～20%的城市水资源不足问题，同时减少社会循环的流量，减轻环境污染，对改善水环境、解决水资源短缺具有战略意义；此外，还能带动污水处理事业的发展，取得更大的环境效益和社会效益[3]。

1.2 治水历程与现状

1.2.1 城市治水历程[4]

自古以来城市的发展就离不开水，逐水而居、因水而兴，水满足了城市生产生活、灌溉景观、防洪排涝、航运等多种需要。另一方面，水在孕育人类文明、造就城市发展的同时，也给城市带来洪涝、干旱、污染等水害的威胁。为维持自身生存和城市发展，千百年来，人类在不断摸索人水和谐相处的方法，逐步形成了“趋利避害”的行为模式。可以说，城市发展历程就是城市治水历程，在不同的历史阶段，治水模式具有不同的特点，从而形成了不同的城市水系统。

1. 古代城市水系统

随着生产力的发展特别是畜牧业、手工业和商业社会分工的出现，人类开始聚居并形成了城市，城市治水主要解决城市人口的聚集对水源水量日益增长的需求。在供水方面，主要以饮用水供水为主，井水、泉水以及河渠湖池是城市的主要水源，逐步建成的重力输送、由渠道或管道组成的管渠系统，以及一些简单的配套设施，组成了城市的给水系统。在排水方面，城市居民的尿液和粪便，起初由周边的庭院消纳，住宅变得密集以后，通常是由各家各户的粪桶（在中国居民住宅内有密实盖子的赤土陶质容器）或夜壶存放，规定时间收集后集中运送至周边农村作为肥料；城市地区房屋密集、街道的土壤被压实，而且随着人口的增长和用水量的增加，开始需要由排水设施将雨污水引入附近的水体，为此城市里开始修建排水沟渠，并逐步相互连通形成简单的合流制排水系统。古代城市水系统示意如图 1-4 所示。

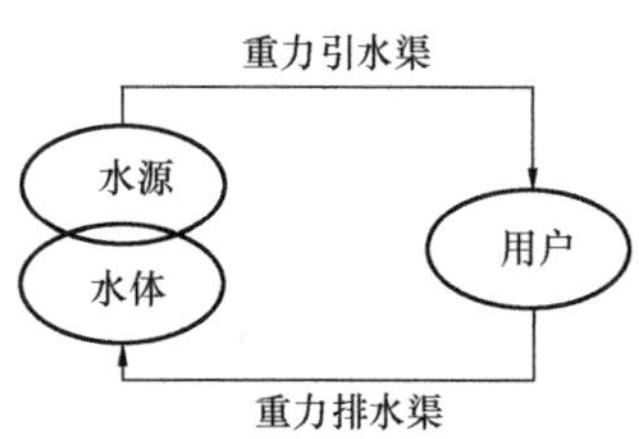

图 1-4　古代城市水系统示意图

中国古代城市的排水系统主要由沟渠、壕池和天然河湖组成，据考古发现最早的是距今 4300 多年河南淮阳平粮台古城铺设的陶制排水管道；西周至春秋战国时期（公元前 11 世纪～前 220 年）下水管道得到普遍应用，排水系统逐步完善，典型的有齐国临淄城（人口约达 30 万）完整的排水管道网。古代的给水最初依赖于凿井取水，考古发现的最早的引水工程是约公元前 700 年东周阳城的地下输水陶质管道系统，以及澄水池和阀门坑等配套设施。随着城市规模的扩大，城市供排水系统不断发展，具有代表性的有公元前约 200 年的西汉长安城（今西安）修建的龙首渠（引水渠）并开挖了相当规模的昆明湖等用于调蓄排水；公元 13 世纪的元大都（今北京）开挖的金水河引水，并建有明渠暗沟组成的排水系统。

在西方公元前 700 年伊拉克埃尔比勒城就建成了约 20km 长的暗渠以输送地下水。而最具有代表性的是约公元前 300 年古罗马建成的较为完备的供排水系统，当时罗马人口已增长到 50 万，建成了以河道、管道（铅质）或地下隧道组成的引水渠，长达 400km，中途设有倒虹吸管、沉砂宽水槽、人工水塘等设施，将水供至部分私人住家或公共喷泉；除饮用外，还有大量的水用于沐浴和娱乐，人均综合用水量达 200～1200L/日；工程师们通过设计双供水系统实现了饮用水与非饮用水的分质供水，设计了分流池调蓄以解决干旱期间配水问题。在排水方面，古罗马建有独立的尿液收集和利用系统，采用独立于公厕的公共小便池收集尿液后销售给洗衣店，利用尿中的氨去除羊毛上的油渍和污垢，可以看作是一种源分离系统。古罗马城市水系统所取得的成就也被认为是古代文明最辉煌的奇迹之一，并随着罗马帝国的扩张而传遍欧洲，1613 年伦敦建成了 30km 长的明渠引城外泉水和河水入城，城内输配水地下管道总长达 50km。

2. 近现代城市水系统

随着 18 世纪中叶的第一次工业革命，世界城市化发展逐步加快，城市得到了极大的发展和繁荣，人口和经济不断集聚，城市环境却恶化了，街道变得越来越肮脏，粪便、垃圾等得不到充分及时的处理，最终被冲刷到水中，对水源造成污染，导致大规模的流行疾病。1831 年霍乱首次袭击了伦敦，死亡人数达到 3000 人；随后在 1848 年、1953 年伦敦再次发生了霍乱，19 世纪 90 年代美国的两个沿河城市洛厄尔和劳伦斯爆发了伤寒，导致了上千人的死亡。为解决饮用水卫生和水环境的问题，人们起初基于古代水系统，采取寻找新水源或取水口上移，远距离排水、沿海城市将污水排海或将污水排入周边的农田进行处理等措施，但仍不能解决上述问题。在此背景下，增加净水和污水处理单元的城市水系统应运而生。近现代城市水系统示意如图 1-5 所示。

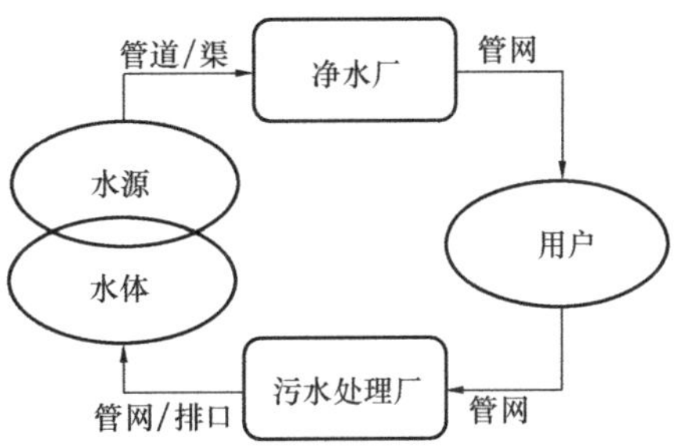

图 1-5　近现代城市水系统示意图

在净水处理方面，1893 年劳伦斯市建设了第一个慢砂滤给水过滤厂，将伤寒患病率降低了 80%；随后为解决慢砂滤处理效率低的问题，快速砂滤器（絮凝—沉淀—砂滤工艺）被发明，并在全美城市普及，将病原微生物的去除效率提高到 99%；后来氯气开始被应用于消毒，进一步提高了饮水的卫生安全。突破了氯气生产的工业化技术，过滤和消毒相结合的工艺逐渐成为给水（地表水源）处理的标准工艺，至 20 世纪 40 年代美国有大约 85% 的给水处理厂采用了上述工艺。

在污水处理方面，19 世纪末许多城市开始尝试采用沉降池通过重力作用去除部分水中的好氧性固体，以减少排污河道的恶臭问题；20 世纪初德国人发明了英霍夫沉淀池，实现了固液分离和对污染物厌氧降解，并在欧洲和北美推广应用。几乎与此同期，两种不同的生物处理技术被发明：一种是生物滤池（或滴滤池），使用碎石取代沙质土壤来增加孔隙率，解决了氧气损耗的问题，1887 年马萨诸塞州建成了美国第一套间歇生物滤池；另一种是 1913 年英国吉尔伯特·福勒发明的活性污泥法，通过曝气加快微生物的降解速率，剩余污泥可经脱水干化制成肥料，1916 年在英国的曼彻斯特市建造了第一个处理能力 946m^3/d 的活性污泥污水处理厂。自此，初级沉淀+二级生物处理构成了经典的污水处理工艺，随后许多城市采用上述工艺陆续建设了污水处理厂。

20 世纪六七十年代，人们开始关注低浓度有机化合物污染对人类健康的影响，也使人们意识到水厂除了需要有效去除病原菌、耗氧有机物外，还需要有效去除有毒合成有机物和有毒金属。为此，净水厂增加了臭氧—活性炭或者超滤工艺单元，使用氯胺或者臭氧替代氯消毒等，目前美国约有10%～15%的大型饮用水处理厂使用活性炭或改用臭氧消毒；而污水处理厂则增加过滤、活性炭、离子交换或消毒等工艺单元。

3. 当代城市水系统

进入21世纪以来，随着城市人口和经济的进一步集聚，城市水系统又面临着新的挑战，人们开始系统地认识城市水系统——自然水循环与社会水循环的耦合系统，并着手通过对水循环过程各环节的控制来解决水资源水环境的问题。

由于水资源时空分布不均匀，一些城市水资源短缺，甚至发生了水资源危机。我国660多座城市中有400多座供水不足，100多座城市严重缺水。澳大利亚2003年以来经历了长达10年的干旱，城市水资源供需矛盾突出。2018年1月南非开普敦市官方称，该市将成为近代历史上第一个水资源枯竭的大城市。为此，许多城市开始重视节水，鼓励和推进污水再生利用，并考虑开辟新水源，如海水淡化。我国提出了“节水优先、治污为本、多渠道开源”“以水定城、以水定地、以水定人、以水定产”等的水资源战略，并开始实施最严格的水资源管理制度。澳大利亚许多城市开始推广节水器具的使用，鼓励雨水收集，更换管网以降低漏损率，以及建设海水淡化厂。

合流制排水系统溢流污染（Combined Sewage Overflow，CSO）及初期雨水径流污染的问题日益突出。合流制排水系统暴雨期间排水量可能为旱季水量的10～20倍，对污水厂产生冲击负荷，导致一些污水未经处理便被排放水体。对于分流制排水系统，每次降雨期间也会由于雨水收集、输送系统各环节的破损或失效，带来初期雨水的污染。另外，由于雨污管道在小区或市政道路上的错接混接，雨天也会带来污染。为应对CSO及初期雨水径流污染，有些城市在合流制溢流污染频繁的地区修建地下储水隧道调蓄雨污水，以便在雨停后送到污水厂处理，如芝加哥市投资30亿美元、堪萨斯市投资24亿美元，波特兰市投资14亿美元修建了地下储水隧道；更多城市越来越重视源头控制方案，如20世纪90年代美国的马里兰州乔治王子郡开始实施低影响开发（LID），应用生物滞留设施、绿色屋顶、雨水花园、下凹式绿地、透水铺装等源头设施来削减径流污染，2011年费城批准实施“绿色的城市、干净的水域”项目，计划用25年的时间更换覆盖城市1/3的不透水地面，并截留最初的25 mm的降水。除此外，还有英国的可持续城市排水系统（SUDS）、澳大利亚的水敏感城市设计（WSUD）等都体现了这一创新思路。

氮磷（钾）等营养物质大量排入水体后，带来水体富营养化的问题，影响水生态系统健康。20世纪90年代联合国环境规划署（UNEP）的一项调查表明，全世界约有30%～40%的湖泊和水库遭受着不同程度的水体富营养化影响，各地区差异较大。我国人口稠密的“三河三湖”地区水体富营养化尤为严重，渤海北部和南海多次发生赤潮。2007年5月，太湖爆发了严重的蓝藻污染，造成无锡全城自来水污染。目前美国EPA设定了氮磷新的排放标准，基于河湖生态健康的目标，要求污水处理厂适时应用先进的脱氮除磷处理工艺，并同时要求采取措施有效去除城市降雨径流中的营养物质。2015年我国发布了《水污染防治行动计划》，其中明确：敏感区域（重点湖泊、重点水库、近岸海域汇水区域）城镇污水处理设施应于 2017 年底前全面达到一级 A 排放标准；北京市、太湖和巢湖地区等地也出台了更严格的地方排放标准；以加快城镇污水处理设施的提标改造。

当代城市水系统示意如图 1-6 所示。

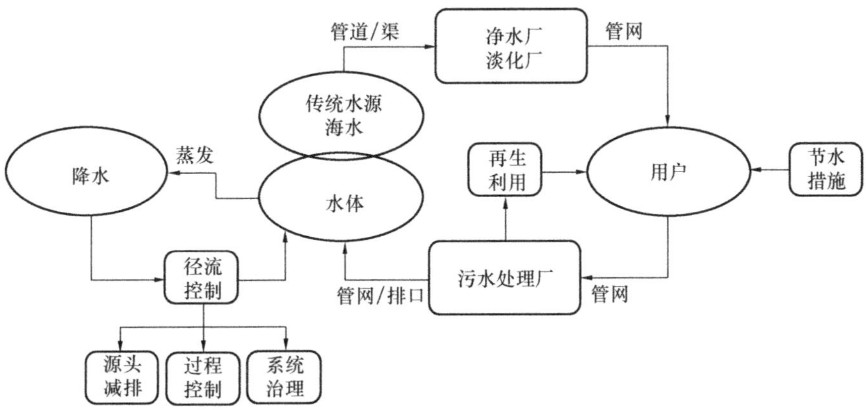

图 1-6 当代城市水系统示意图

4. 水系统发展方向

(1) 可持续的污水处理系统

20 世纪 90 年代，欧洲提出了可持续污水处理的理念，提出污水处理的目标应从简单的削减污染物实现水质达标向能源化、资源化的可持续方向发展转变。2008 年荷兰应用水研究基金会（STOWA）提出了“NEWS”（Nutrient＋Energy＋Water Factories）一词，表示可持续理念下的污水处理厂是营养物、能源和再生水三位一体的生产工厂；并研发了众多引领世界的新技术，如厌氧氨氧化、好氧颗粒污泥、反硝化除磷与磷回收等。因为磷作为资源的稀缺性和排入水体会造成富营养化的问题，目前磷的回收在荷兰已经较为普遍，除此外他们还在尝试其他资源的回收，如回收纤维素加工成为修路材料的 Geestmerambacht 污水厂，回收海藻酸盐胞外聚合物 EPS 的 Zutphen 污水厂，采用 PHARIO（荷兰语“PHA uit RIOolwater”的缩写）技术生产生物塑料 PHA（经基脂肪酸醋）等。2013 年，Dokhaven 污水处理厂碳中和率达到 115%，标志着其在能源回收方面取得了较大进展。

2014 年，曲久辉等提出了“建设面向未来的中国污水处理概念厂”的新命题，其新目标分别为水质可持续、能源回收、资源循环和环境友好四方面。2015 年中国第一座城市污水资源概念厂落户宜兴市，日处理规模 2 万 t，以“碳磷高效分离＋主流厌氧氨氧化＋精处理”为主体工艺。

(2) 新型生态系统处理技术

尽管基于物化生化原理的人工强化技术在不断升级，但同时依赖于原始生态系统的处理技术并没有被摒弃，而是积极地应用在某些特定的情景下，如空间比较充裕的地方。相对前者，后者具有以下优势：低能耗、低成本，不需大量使用化学品、不会产生有害副产物；能有效去除绝大多数有机污染物、氮磷和金属污染物；能较好地应对冲击负荷等。其不足主要是需要更多时间和空间，处理效果的稳定性受到季节的影响；需要专业的设计和运行管理人员；需要考虑重金属、有毒化学品对于土壤、地下水及生态系统的长期影响等。

目前美国仍有约800多个慢速渗滤场、300多个城市快速渗滤系统和大约50个表面径流处理系统等土地处理系统在运行。另外还有法国的“马克斯·普朗克学会流程”（即4～5个表流及潜流湿地的串联系统）和加拿大的“活机器”处理系统等。

(3) 以源分离为核心的生态排水系统

粪便和尿液约占到市政污水氮磷营养物质总负荷的90%以上，近代以来的水系统将粪便、尿液和其他污水混合后处理排放，一般仍有约20%的氮、5%的磷及90%的钾最终流失到水体中，影响着水生态系统的健康。同时阻断了粪便和尿液中的营养物回归土壤，特别是在污泥回用于农田也受到限制的情形下。一方面打破了氮磷营养物质的自然循环，而另一方面人类却需要消耗矿物资源来合成农业生产所需的化肥。

考虑到上述挑战，20世纪末，瑞典、德国、瑞士等国学者相继提出以源分离为核心的生态排水系统，提出在居民住宅内将粪便、尿液与生活杂排水分别收集后，再通过分散或组团式的物理或生态技术（如湿地）进行处理及资源和能量的回收利用（图1-7）。与传统的统一收集、统一处理的模式相比，这种方式可有效地提高资源的回收效率，同时也便于回收资源就地回用于景观环境。目前这种新型模式在技术及管理方面还有待于更进一步的研究和工程实践。上文提到的古罗马的水系统就是一种初级的源分离模式。

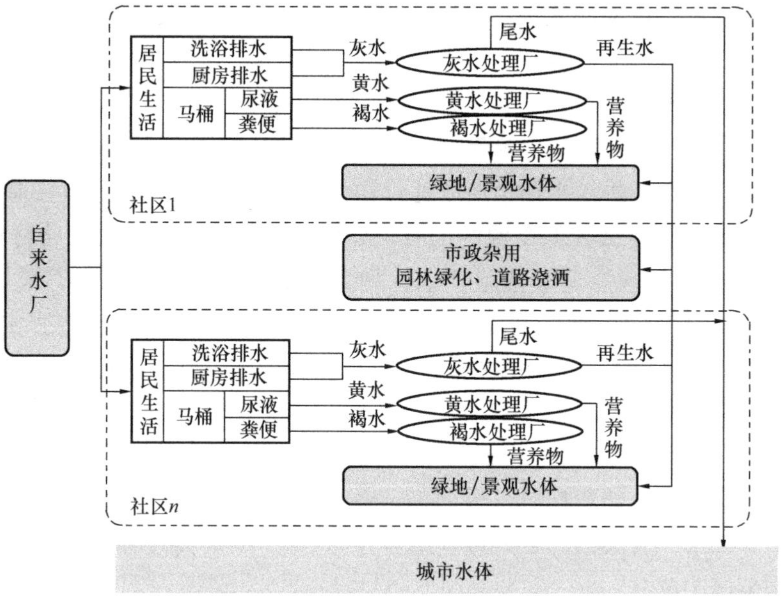

图1-7　城市生态排水系统模式图

也有研究甚至提出新型马桶概念，直接就地将人体排泄物转化为干净的水、能源和营养物质，如1939年瑞典研制开发的室内堆肥厕所、英国克兰菲尔德大学的纳米膜马桶和“盖茨马桶”等。

(4) 组团化分散式的水系统布局模式

考虑到规模扩大的经济性和集中管理的便利性，传统城市水系统收集、输送及处理模式的规模趋向于越来越大。然而，从便于污水再生利用的角度出发，小规模的组团化、分散式污水处理设施布局模式在整体技术经济性、投资风险控制方面更具有优势；随着水质安全风险得到控制、运行管理水平不断提高，将成为今后水系统建设的重要选择。

1.2.2　城市治水现状

1. 城市水系统建设成就

城市水系统是城市市政基础设施的重要组成部分，是新型城镇化的物质基础，也是城市社会经济发展、人居环境改善、公共服务提升和城市安全运转的基本保障。我国历来重视包括城市水系统在内的城市市政基础设施建设，致力于构建布局合理、设施配套、功能完备、安全高效的城市市政基础设施体系。经过长期的努力，我国城市市政基础设施发展已具有一定基础，全社会对市政基础设施的认识不断深化，对提高市政基础设施保障服务能力的期盼也更加强烈，为进一步加强市政基础设施建设提供了良好环境。近年来，移动互联网与大数据、云计算等现代信息技术，以及绿色低碳技术不断取得突破，用现代信息技术改造提升市政基础设施，构建绿色低碳的市政基础设施体系，成为国内外城市吸引高端要素、不断提升竞争力的有效方式。面对日趋激烈的竞争态势，加快构建布局合理、设施配套、功能完备、安全高效的现代市政基础设施体系，将成为我国城市发展的必然选择，而国家综合国力的显著提升，也为进一步加强市政基础设施建设提供了现实可能。

“十二五”时期，我国城市市政基础设施投入力度持续加大，累计完成投资 95 万亿元，比“十一五”时期投资增长近 90%。市政基础设施建设与改造稳步推进，设施能力和服务水平不断提高，城市人居环境显著改善，城市综合承载力不断增强，城市安全保障能力明显提高，有力支撑了新型城镇化进程。同时，市政基础设施建设积极探索运用新理念、新技术，引导市政基础设施向集约、智能、绿色、低碳的方向发展，启动了海绵城市、地下综合管廊、智慧城市建设试点，形成一批可推广、可复制的建设模式，并通过以点带面、示范引领，促进基础设施整体水平的提升。

“十三五”以来，我国市政行业全面贯彻落实党的十八大和十八届三中、四中、五中、六中全会精神，深入学习贯彻习近平总书记系列重要讲话精神及中央城镇化工作会议和中央城市工作会议精神，按照“五位一体”总体布局和“四个全面”战略布局的要求，把市政基础设施建设作为深化供给侧结构性改革的重要举措，作为支撑“十三五”时期城镇化健康发展和国家基础设施建设的优先领域，树立城市系统思维，着眼长远、统筹规划，加快补齐短板，优化空间布局，提高运行效率，促进市政基础设施的增量，提质、增效，为推进新型城镇化和全面建成小康社会提供坚实的基础。

在供水设施方面，截至 2017 年，我国城市供水管道总长度达到 79.74 万 km，供水总量 593.76 亿 m^3，用水普及率 98.3%，供水管道长度和供水量分别是 1991 年的 7.79 倍和 1.45 倍，用水普及率较 1991 年增长 43.5%[5]。参见图 1-8～图 1-10。

在排水设施方面，截至 2017 年，我国排水管道长度 63.03 万 km，污水排放量 492.39 亿 m^3，分别是 1991 年的 10.23 倍和 1.64 倍。参见图 1-11、图 1-12。

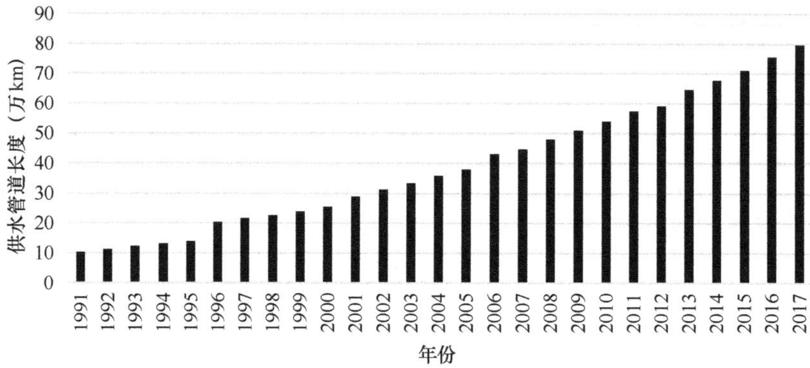

图 1-8　我国城市供水管道长度

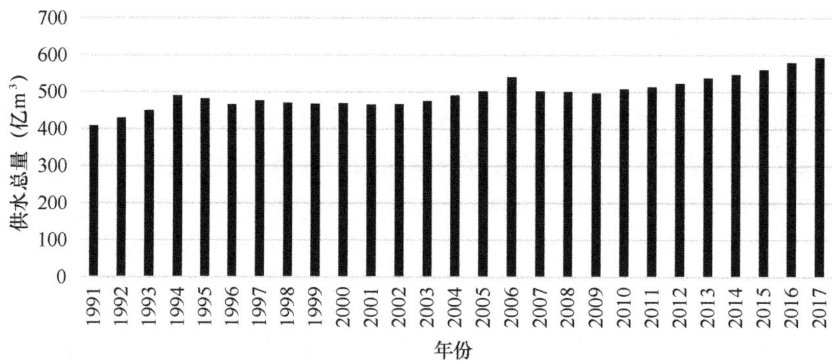

图 1-9　我国城市供水量

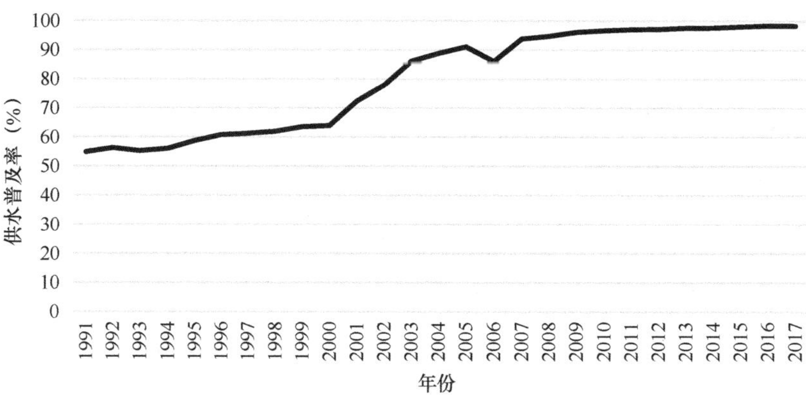

图 1-10　我国城市供水普及率

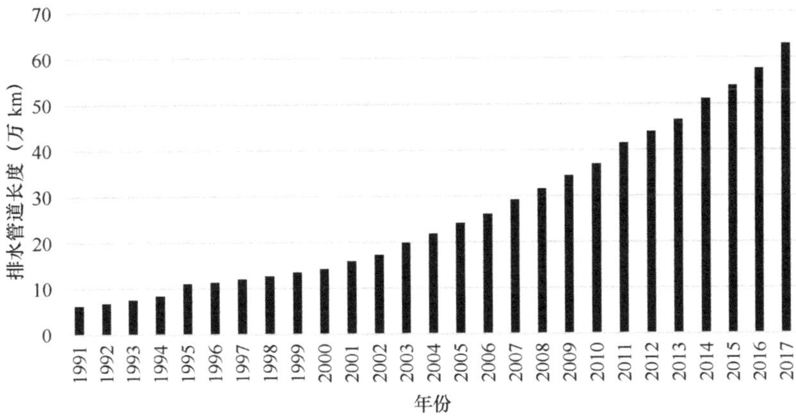

图 1-11　我国城市排水管道长度

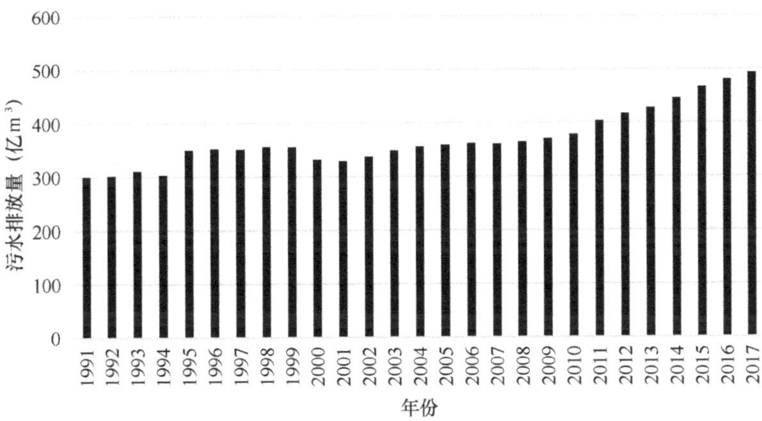

图 1-12　我国城市污水排放量

在污水处理设施方面，截至 2017 年，我国建成污水处理厂 2209 座，污水处理能力 1.57 亿 m^3/日，全年污水处理量 465.49 亿 m^3，污水处理率 94.54%；污水处理厂数量、处理能力、处理量分别是 1991 年的 25.39 倍、29.66 倍和 10.45 倍，污水处理率增长了 79.68%。参见图 1-13～图 1-16。

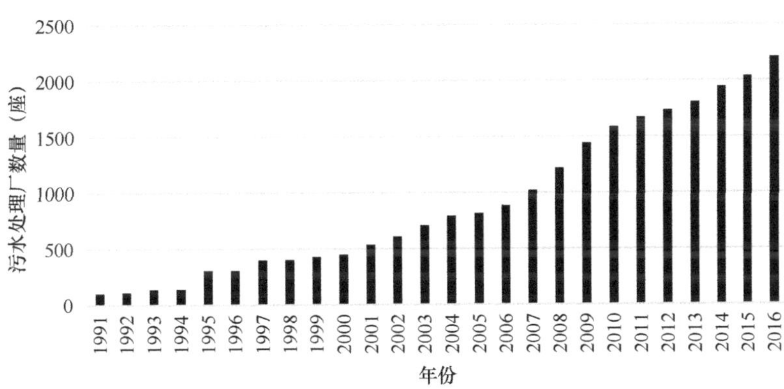

图 1-13　我国城市污水处理厂数量

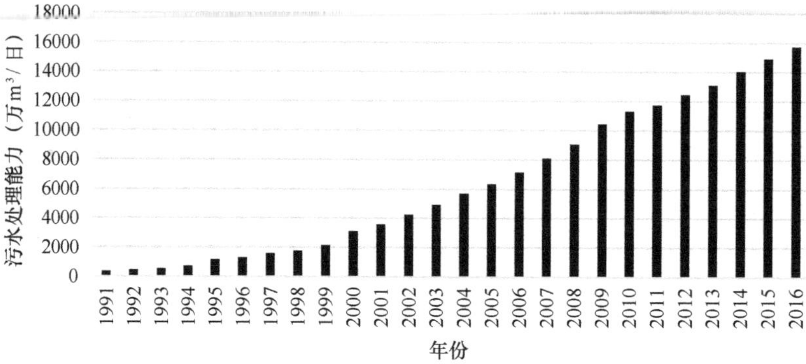

图 1-14　我国城市污水处理能力

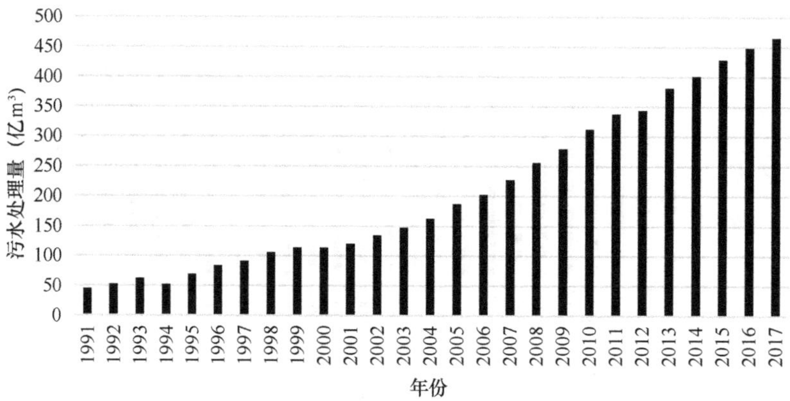

图 1-15　我国城市污水处理量

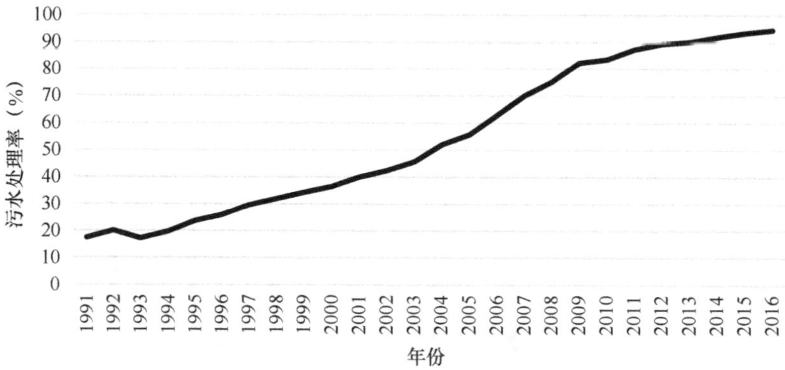

图 1-16　我国城市污水处理率

2. 城市水系统建设存在问题

住房和城乡建设部、国家发展和改革委员会联合发布的《全国市政基础设施建设“十三五”规划》中提到，虽然我国城市涉水基础设施建设取得了巨大成就，但与扎实推进新型城镇化进程的发展需求相比，相关基础设施依然是今后一个时期影响我国城市健康发展的短板，与此同时，建设水平偏低、发展不均衡和产业集中度低等问题也日益突出，成为新的约束瓶颈。

一是投入不够，总量不足。市政基础设施供需矛盾缺口大仍是今后一个时期的主要矛盾。长久以来，我国市政基础设施建设的投入远低于合理水平，历史欠账巨大。“十二五”以来的投入总量有了很大增长，但设市城市的市政基础设施投资占基础设施投资和全社会固定资产投资的比例持续下降。同时，市政基础设施服务需求持续扩大，服务标准不断提高，进一步加剧了市政基础设施总量不足的形势，影响和制约了城镇化的健康发展。

二是设施水平偏低，“城市病”问题突出。市政基础设施建设水平低是导致“城市病”普遍的根本原因。城市污水的收集与处理达不到水生态环境质量要求，城市排水管网现状水平大大低于新修订的国家设计标准要求。城市开发建设用地挤占山水林田湖生态空间，导致城市生态功能严重退化。总体来看，城市市政基础设施老化，旧账未还、又欠新账，一些城市的市政基础设施建设距离绿色、低碳和循环理念要求差距很大，由此引发的城市内涝、水体黑臭、交通拥堵、“马路拉链”“垃圾围城”、地下管线安全事故频发等各类“城市病”呈现出集中爆发、叠加显现的趋势，严重影响城市人居环境和公共安全。

三是发展不均衡，服务水平差异较大。中西部地区市政基础设施发展水平总体上仍落后于东部地区。西部地区污水处理率仍然落后东部地区 10 个百分点左右；中西部地区建成及在建轨道的交通密度为 10.5km/百万人，不足东部地区的 1/2；西部地区垃圾焚烧处理占比仅为 24%，与东部地区 55%的水平仍有较大差距。老城区市政基础设施由于建成时间长、建设标准低、改造难度大等原因，设施水平明显低于城市新区，尤其是供水、排水、供热、燃气等设施的“最后一公里”，改造和维护长期不到位，严重影响老城区居民生活品质的提升。

四是产业集中度低，服务效率和质量参差不齐。市政公用企业“小、散、弱、差”成为制约服务水平提高的瓶颈。以供水行业为例，对 858 个县城的抽样调查表明，共有 891 家供水企业，供水能力前 10 位的供水企业只占调查总供水能力的 13%，84%的供水企业供水能力不超过 5 万 m^3/日，24%的供水企业供水能力不超过 1 万 m^3/日，距离成熟的产业发展模式差距较大。由于缺乏专业化、规范化、规模化的建设和运营管理，城市市政基础设施的运行效率、服务质量难以有效提高，设施效能不能得到有效发挥，同时安全隐患也较多。另一方面，由于市政基础设施监管信息化水平普遍偏低，监管手段缺乏，难以实现对大量、分散的小企业的有效监管，距离规范化、精细化和智慧化管理仍有较大差距。

3. 城市水污染治理现状

根据《2018中国生态环境状况公报》，全国地表水监测的1935个水质断面（点位）中，Ⅰ-Ⅲ类比例为71.0%，比2017年上升3.1个百分点；劣Ⅴ类比例为6.7%，比2017年下降1.6个百分点（图1-17）。

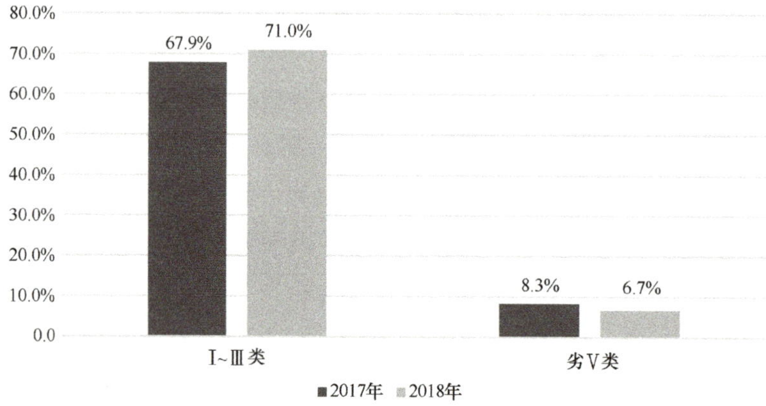

图1-17　2017~2018年全国地表水水质类别年际比较

2018年，长江、黄河、珠江、松花江、淮河、海河、辽河七大流域和浙闽片河流、西北诸河、西南诸河监测的1613个水质断面中，Ⅰ类占5.0%，Ⅱ类占43.0%，Ⅲ类占26.3%，Ⅳ类占14.4%，Ⅴ类占4.5%，劣Ⅴ类占6.9%；与2017年相比，Ⅰ类水质断面比例上升2.8个百分点，Ⅱ类上升6.3个百分点，Ⅲ类下降6.6个百分点，Ⅳ类下降0.2个百分点，Ⅴ类下降0.7个百分点，劣Ⅴ类下降1.5个百分点（图1-18）。

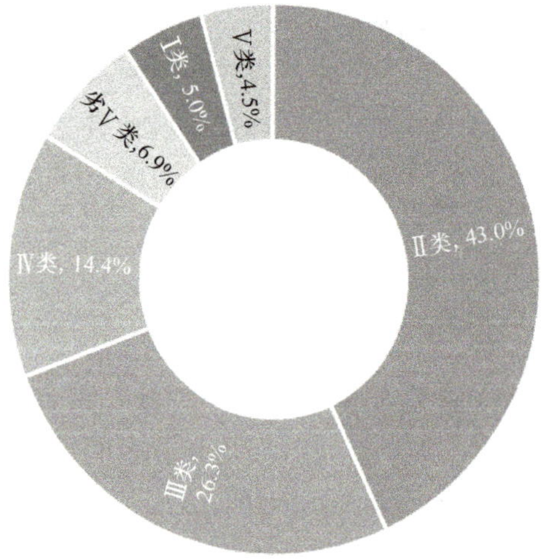

图1-18　2018年全国流域总体水质状况

西北诸河和西南诸河水质为优，长江、珠江流域和浙闽片河流水质良好，黄河、松花江和淮河流域为轻度污染，海河和辽河流域为中度污染（图1-19）。

根据全国城市黑臭水体整治监管平台数据，截至2019年10月，全国共认定黑臭水体2869个，分布在30个省（市、自治区），大陆地区仅西藏未发现黑臭水体。其中，广东、江苏两个经济较发达地区黑臭水体数量远高于其他省市；中南、华东两个区域的黑臭水体占全国黑臭水体的70%以上（图1-20、图1-21）。

以深圳市为例，由于环境治理落后于城市高速发展，水污染治理欠债沉重，黑臭水体问题突出。根据多轮摸查结果，治理前全市310条河流中共有159个黑臭水体；茅洲河、深圳河、观澜河、龙岗河、坪山河、珠江口、大鹏湾、大亚湾九大流域中，仅大亚湾流域无黑臭水体；黑臭总长度为470.603km，约占全市河道总长999km的47.1%；黑臭水体总面积为20.4176km^2，约占全市水体面积109.85km^{2}的18.6%（图1-22~图1-24）。

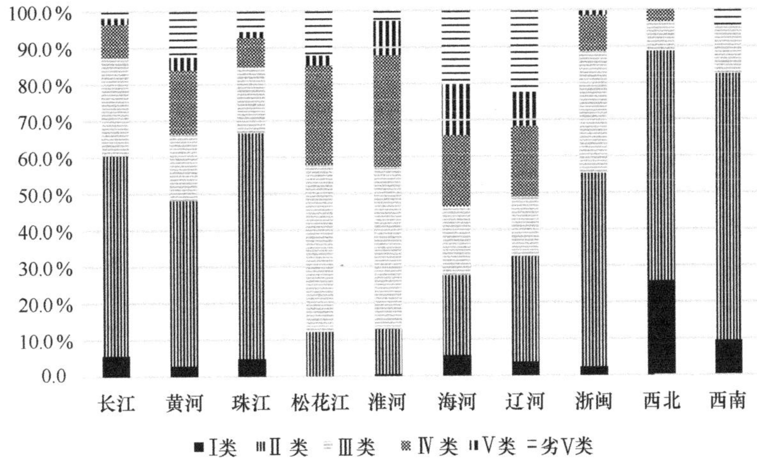

图 1-19　2018 年七大流域和浙闽片河流、西北诸河、西南诸河水质状况

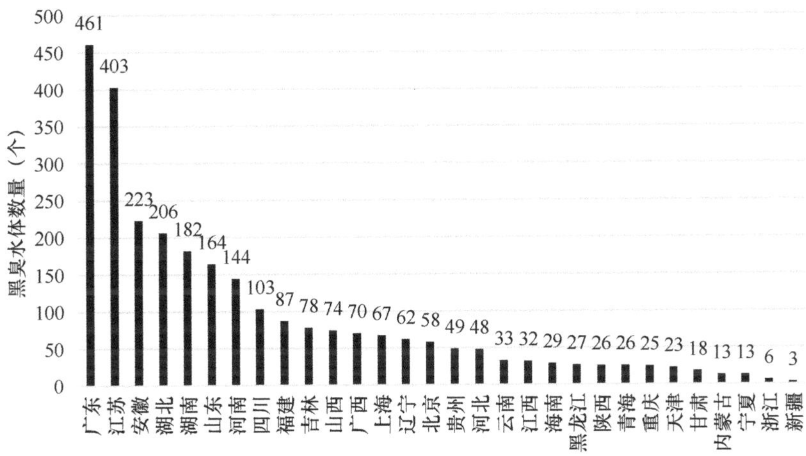

图 1-20　2019 年全国黑臭水体省市分布

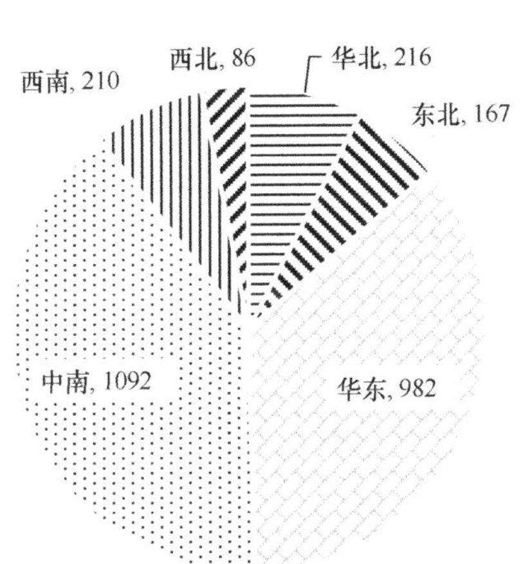

图 1-21　2019 年全国黑臭水体区域分布

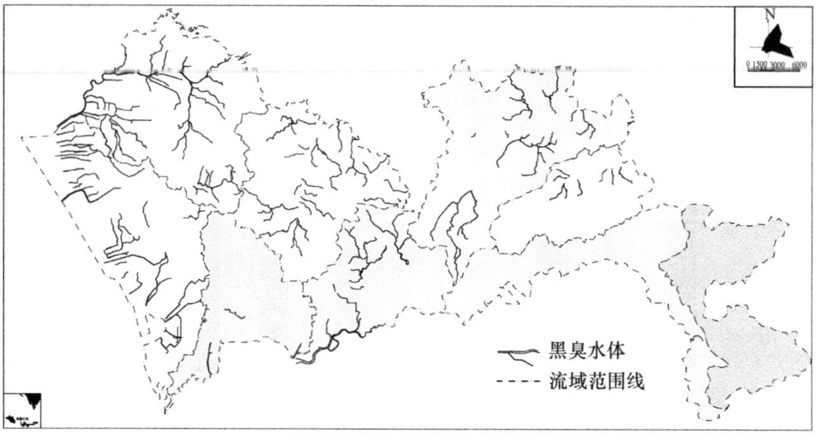

图 1-22 深圳市黑臭水体分布图

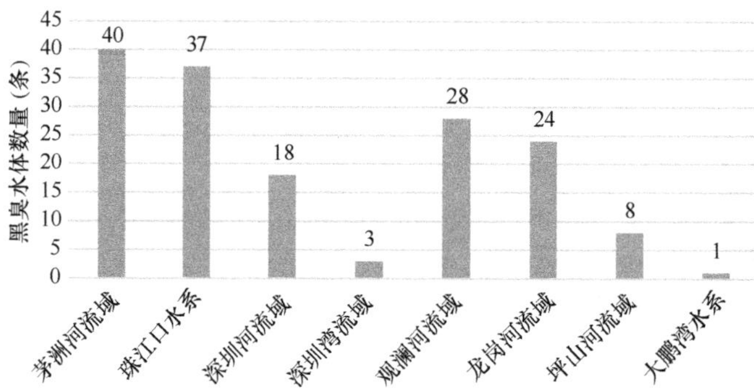

图 1-23 深圳市黑臭水体流域分布

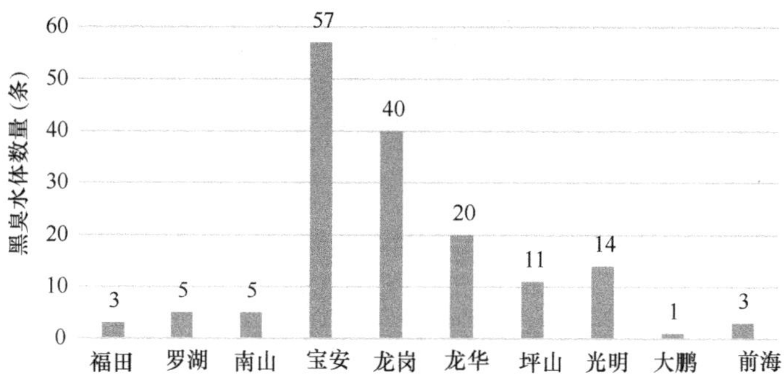

图 1-24 深圳市黑臭水体区域分布

1.3 治水技术与理念

城市是社会经济发展的中心，是人口、工商业聚集地。而水是城市的命脉和灵魂，水对城市的发展既有促进也有制约作用。水是最基本的自然资源，但在今天，人均水资源量日益减少，因水环境恶化所造成的水质性和功能性缺水现象也日益突出，已成为全球性问题。欧美一些国家对水环境污染的研究与防治开始较早，各国为控制水环境污染投入了大量的时间和精力。如美国的华盛顿湖，耗资1.3亿美元，在经过长达17年的治理之后达到目标；瑞典的Frumman湖，历经22年，耗资90万美元才完成水污染治理目标等。在中国，随着各级政府环境保护意识的不断加强，近年来，地方政府的城市发展观念逐渐由重生产、重产值、以提高GDP为首要目的转变到重视城市的水环境建设，从城市水环境的具体状况、具体条件的角度出发，因地制宜地布局城市及发展方向上。在水环境治理的技术和理念上，也从日本、美国、德国、瑞士等发达国家吸取生态治水新思路，尊重河湖系统的自然规律，恢复和保护自然生态，展现河湖的综合服务功能，实现以改善环境质量为核心的目标任务。

1.3.1　治水技术发展

总体来说，国外在城市水环境改善上大致经历了“先污染，后治理”的过程。过去，对城市水环境管理多集中在城市水源地保护、水污染治理技术以及水生态修复技术等方面；如今，城市水环境管理研究开始从微观技术管理尺度向宏观管理尺度逐渐拓展，研究内容更加丰富[6]。

1. 城市水源地保护技术

城市经济活动的高度集聚促使大量的物质和能量在城市生态系统中循环和流动，给城市水环境带来了巨大的压力。国际上各国都重视水源地的保护，通过建立水源保护区、水源工程等方式保护水源。例如，德国柏林地区的地下水在含水层周围按不同的距离划分了3级水源保护地带，采水点周围10m内为1级保护带，禁止一切有污染的物质渗入，这些保护良好的水，在收集后，还要经过净化、沉淀、过滤、消毒等一系列处理才能饮用。以色列的自来水厂在处理之前，先把湖水引入一个养有鱼的调节池中，再进入沼气池，通过自然净化的方式除掉一些有害物质。日本是通过绿色水源工程保护水源地水质，因地而建各种主题广场、休闲公园等，不仅保护了生态、水质，更为生态城市的建设提供条件。目前，国外很多水厂通过专门的计算机软件来监控鱼的运动状态，采集鱼游动的轨迹数据，对水源进行分析。

2. 城市污水处理技术

城市污水是城市水环境污染的主要来源之一，从控源的角度出发，建设集中式城市污水处理厂是解决城市污水污染的有效措施。基于排放水质的目标要求不同，城市污水处理一般包括3段处理工艺。其中，一级处理（物理处理）主要用于去除粗粒固体、悬浮固体和大粒径胶体等。二级处理（生物处理）主要是利用微生物的生命活动过程，对废水中的污染物进行转移和转化，从而净化废水，这也是国外普遍采用的处理工艺。三级处理是对废水的深度处理，一般指去除氮、磷和其他微量的杂质。近年来，城市污水处理技术的创新发展主要集中在以生物处理方式为代表的活性污泥法的流程工艺上。如吸附生物降解（AB）工艺、序批式间接反应器（SBR）、膜分离活性污泥法、氧化沟工艺等。

3. 城市河流生态修复技术

河流生态修复技术是对水体自净能力的强化，是人们遵循生态系统自身规律的尝试。

实施河流生态修复技术的前提是对水域的水环境污染进行有效治理，控制污染源。河流修复技术大体可分为生态工程措施和生物工程措施，其中生态工程措施包括化学、物理、生态 3 个方面。20 世纪 80 年代末，瑞士、德国等国家提出了全新的“近自然河流”概念和“自然型护岸”技术，如除去河道硬化层、允许水流自然侵蚀等；90 年代初，日本开始了多自然型河流建设基本技术的探索。近十余年来，日本、美国、德国、瑞士等发达国家打破了对以往水环境治理的思路，提出了生态治水的新理念，尊重河湖系统的自然规律，注重自然生态的恢复和保护，使河湖的综合服务功能完全展现。

(a)　　(b)

图 1-25　生态河道实景图

(a) 美国伊利诺伊大学香槟分校生态河道；(b) 新加坡碧山公园加冷河生态河道

图片来源：任心欣，俞露，等. 海绵城市建设规划与管理［M］. 北京：中国建筑工业出版社，2017

4. 基于自然基础设施的城市系统水管理技术

在城市化进程中，城市范围不断扩大，占用大量生态用地，城市人口迅速增长，人类活动强烈，产生了一系列的生态环境问题，如雨洪、雨污现象频发且产生的后果越来越严重等，导致生态系统退化，环境污染突出，自净能力降低。在一定程度上也降低了人类居住环境质量，影响了社会、经济和环境的协调发展。将城市作为系统来考虑，通过一系列自然措施的实施，使城市整体的水环境得到改善、水生态健康。如墨西哥通过提高城市径流渗透、建立洪水分流以减少下游洪水、提供河岸缓冲带以保持水质和减少侵蚀、净化城市污水等方式综合对水进行管理，这些生态系统基础设施服务还包括淡水供应、突发环境事件的应对、水流量的调节、废物处理/水净化、养分循环等。这些措施已取得了一定的成效，使得自然基础设施更为安全，并且提高和恢复生物多样性和生态系统，提供能源，节约用水，促进城市绿色经济发展。

1.3.2 治水理念转变

1. 从水量分配到水质提升

在很长一段时间，所谓治水指的是兴修水利，采取各种措施，对自然界的水和水域进行控制和调配，以防治水旱灾害，开发利用和保护水资源。公元前 7 世纪，也门修建的马里卜水坝，使也门从蛮荒之地变成丰饶之地，成为阿拉伯半岛的“谷仓”；公元前 256 年，李冰父子修建的都江堰，因势利导，变害为利；乃至近代以兴修水库大坝、疏浚河道、加固堤防为主要任务的水利建设，都是对自然界的水量进行分配，满足人类发展的需要。

随着城市规模的扩大和人口集中，传统的仅对自然界的水量进行分配的治水理念已经不能解决日益突出的水资源短缺、水环境污染问题。这时候的城市治水，一方面要控制污染排放，防治地表水和地下水污染，保障水源安全，另一方面要提升污水处理标准，实现水资源再生回用，补充日益增长的水资源需求。

20 世纪 60 年代，美国提出了具有超前思维的“21 世纪水厂”概念，即将污水处理标准提升至饮用水标准。1975 年加州橙郡日处理量约 39 万 t 的 21 世纪水厂开始运行，将传统处理工艺的出水，再通过“微滤＋超滤＋紫外消毒”处理后注入地下含水层，实现间接饮用的目的。这一勇敢的尝试对污水再生利用产生了深远的影响。21 世纪初，新加坡也研发了传统生物处理加双膜法的工艺，生产的新生水“NEWater”能间接用于饮用水，计划 2030 年 NEWater 能满足 50％以上的供水需求。

2. 从工程治水到生态治水

传统的治水模式过于粗暴简单，对生态系统的服务功能产生了极大的破坏，如河道防洪仅仅依靠加高堤防去阻挡洪水，或者追求最快的排放速度而将河道进行“三面光”铺砌，将灌草、芦苇等水生植物认作“阻水物体”清除。这种单一的价值取向忽视了水作为生态系统中主导因子的价值，人为地将其与土地、生物分离，导致地下水得不到补充，河道的自净能力丧失，生物栖息地退化，甚至使河流成为容纳和传输污水的渠道。随着海绵城市建设，工程治水理念发生改变，人们越来越认识到需要在充分保护自然环境的基础上，采用生态的手段对受到人类干扰甚至破坏的水系、湿地和其他自然环境进行修复和恢复。

3. 从末端处理到源头减排

西方国家在面临土地资源过度消耗、生态系统平衡破坏等问题时发现，仅仅依赖灰色基础设施（Grey Infrastructure）进行集中处理，也就是通过管网收集输送到处理厂集中处理的模式可以实现污染物的转移和治理，但并不能解决污染的根本问题，也不能有效指导土地利用和经济发展模式向更高效、更可持续的方向发展。在此情况下，具有源头减排作用的绿色基础设施（Green Infrastructure）的概念被提出，其定义为：一个由河流、林地、绿色通道、公园、保护区、农场、牧场和森林以及维系天然物种、保持自然的生态过程、维护空气和水资源并对人民健康和生活质量有所贡献的荒野及其他开放空间组成的互通网络（由 Green Infrastructure Work Group 提出）。1999 年 5 月，美国可持续发展委员会（PCSD）发布了题为《创建 21 世纪可持续发展的美国》的工作报告，强调将绿色基础设施作为保障城市可持续发展的重要战略之一，能够为土地和水资源等自然生态要素的保护提供一种系统性强且整体的战略方法。

低影响开发也是一种源头减排措施，具体包括生物滞留池、绿色屋顶、透水铺装、植草沟等源头相对小型分散的绿色基础设施，可以通过对雨水的渗透、储存、调节、转输与截污净化等功能，有效控制径流总量、径流峰值和径流污染。根据美国流域保护中心（Center For Watershed Protection，CWP）的研究数据，低影响开发设施径流控制功能和污染物去除率如表 1-1 所示。

低影响开发设施功能及其径流污染去除率　　表 1-1

低影响开发设施	功能				污染物去除率（以 SS 计）
	集蓄利用雨水	补充地下水	削减峰值流量	净化雨水	
透水砖铺装	○	◎	◎	◎	80%～90%
透水水泥混凝土	○	○	◎	◎	80%～90%
透水沥青混凝土	○	○	◎	◎	80%～90%
绿色屋顶	○	○	◎	◎	70%～80%
下沉式绿地	○	●	◎	◎	—
简易型生物滞留设施	○	●	◎	◎	—
复杂型生物滞留设施	○	●	◎	●	70%～95%
渗透塘	○	●	◎	◎	70%～80%
渗井	○	●	◎	◎	—
湿塘	●	○	●	◎	50%～80%
雨水湿地	●	○	●	●	50%～80%
蓄水池	●	○	◎	◎	80%～90%
雨水罐	●	○	◎	◎	80%～90%
调节塘	○	○	●	◎	—
调节池	○	○	●	○	—
转输型植草沟	◎	○	○	◎	35%～90%
干式植草沟	○	●	○	◎	35%～90%
湿式植草沟	○	○	○	●	—
渗管/渠	○	◎	○	○	35%～70%
植被缓冲带	○	○	○	●	50%～75%
初期雨水弃流设施	◎	○	○	●	40%～60%
人工土壤渗滤	●	○	○	●	75%～95%

注：1. ●—强，◎—较强，○—弱或很小；

2. SS 去除率数据来自美国流域保护中心（Center For Watershed Protection，CWP）的研究数据。

图 1-26　生物滞留带实景图

（澳大利亚黄金海岸 South Broadwater Parklands）

图片来源：任心欣，俞露等. 海绵城市建设规划与管理［M］. 北京：中国建筑工业出版社，2017

图 1-27　植草沟实景图
(德国汉堡-Wilhelmsburg Inselpar)
图片来源：任心欣，俞露等. 海绵城市建设规划与管理 [M]. 北京：中国建筑工业出版社，2017

4. 从点源污染控制到径流污染控制

点源污染及面源污染是地表水体污染的两大来源，其对地表水体污染的分担率随着人们对点源及面源污染的认识程度及采取的相应治理措施的效果而发生变化，在点源污染极其严重时，面源污染常常会被忽视。1972 年，美国国会通过了《水污染法案》，规定 1985 年达到零排放，期望从此能达到完全控制污染。经过花费大量资金建设许多污水处理厂后，实际上却没能达到目标。在俄亥俄河、五大湖，当把所有工业废水和城市生活污水全部收集处理后，水体污染问题并未得到解决。究其原因，发现是由于暴雨径流把广大地面上的各种污染物都带入了水体。于是，美国国家环境保护局在 1977～1981 年的科研计划中，正式提出了面源污染控制的研究课题，开始了对面源污染的研究。其研究范围既包括广大农村地区地表雨水径流引起的水体污染，也包括城市地表雨水径流引起的水体污染。

1990 年美国关于水体污染的调查表明[7]，约 30%的水体超标是由面源污染所造成的。其原因是，在城镇地区，暴雨径流将城镇地面上的有毒污染物带入水体，这些有毒污染物种类多、数量大；在广大的农业耕作区，雨洪会冲刷泥沙以及化肥、农药和各类饲养场的废物，这些物质都将进入水体。据美国国家水质委员会在 20 世纪 80 年代初估算[8]，美国来自点源污染和面源污染的悬浮物总量为 348×10^3t/d，其中面源污染中的悬浮物负荷为 319×10^3t/d，占 92%；氮负荷总量为 78.6×10^3t/d，其中面源污染中的氮负荷为 62.3×10^3t/d，占 79%；磷负荷总量为 8.0×10^3t/d，其中来自面源污染中的磷负荷为 4.25×10^3t/d，占 53%；大肠杆菌的数目 98%以上来自面源污染。面源污染所占比例是随着对点源污染的控制而在不断增大的。目前，在西方发达国家，面源污染已成为主要的水环境污染问题[9]

在我国，滇池流域的大青河，暴雨期悬浮物浓度比平时均值高 22 倍，亚硝酸盐氮则高达 163 倍；宝象河暴雨期最大悬浮物浓度是非暴雨期的 106 倍[10]。近年来，我国对滇池污染、太湖污染、淮河流域污染等重大河流湖泊污染问题的调查研究结果都表明面源污染在其中起着重要的作用，其中滇池富营养化问题的研究结果表明工业废水、城市污水及面源的污染贡献率分别为 9%、24%和 67%。

长期以来，我国面临着极其严重的工业废水和城市污水的污染问题，防治任务艰巨，所以，主要工作放在了点源污染控制方面；对于面源污染，工作重点主要是针对农村耕作区水土流失等面源污染问题，对于城市地表径流污染尚未给予足够的重视，开展这方面研究的报道也较少。随着流域整体水质的逐步改善、随机性暴雨径流和突发排放事件所带来的对水体生态系统的冲击，已日益成为流域污染控制的主要内容。大量案例表明，现有的城市雨污分流排水体制并不能经济有效地解决暴雨污染负荷问题。与此同时，虽然现有的污水处理系统具有较好的抗冲击负荷性能，但系统一旦失稳，则缺乏有效的控制手段去恢复系统。

我国今天所面对的城市发展速度和规模，以及其所带来的污染的规模和强度，在人类历史上是前所未有的。近年来，随着我国对工业废水及城市污水治理力度的加大，城市地表径流污染问题将会越来越突出。中国工程院组织的《中国可持续发展水战略研究》表明，即使我国未来50年的城市污水处理率达到95%的水平，城市废水排放的COD总量也仅可以控制在当前水平，水质型缺水将在相当长的时期无法有效解决。因此，城市雨水径流污染控制将成为下一阶段的工作重点。

第 2 章　概 念 与 特 征

随着城市化的快速发展，城市不透水下垫面面积增大，在暴雨或强降雨的淋洗和冲刷下，大气、地面和排水管道中的污染物随雨水径流冲入排水系统，再直接排放或溢流到受纳水体，导致城市水体污染，给城市生态环境造成直接的破坏和影响。

本章首先介绍了城市雨水径流污染的基本概念与特点，其次分析了城市雨水径流污染的来源、污染物种类、影响因素等特征，本章还对不同排水体制下雨水径流污染的传输过程进行了梳理和分析。

2.1　城市雨水径流污染概念与特点

2.1.1　城市雨水径流污染基本概念

雨水径流污染是指在降雨作用下，大气悬浮污染物被雨水淋洗带到地面或地面累积污染物被径流冲刷，经由排水系统收集、输送，最终排入河流、湖泊等受纳水体而形成的水污染。

对于分流制系统，雨水径流污染主要是通过径流过程的地面冲刷作用而产生的，具有分散性和广泛性，所以又称为面源污染或非点源污染。

对于直排式合流制排水系统，在降雨过程中，雨水径流与生活污水及工业废水混合，通过排水管道输送，未经处理直接排入水体，造成受纳水体污染；对于截流式合流制排水系统，混合雨水和污水一般经截流管道收集和输送到污水处理厂，经处理后再排放到受纳水体。然而随着降雨量增加，当雨污混流水的流量超过合流管道的过流能力时，部分雨污混流水经溢流井溢出，排放到水体，造成合流制管道的溢流污染。合流制管道的污染呈现“集中排放”的特点，因此合流制溢流污染通常被认为是点源污染。

2.1.2　雨水径流污染的特点

1. 雨水径流污染一般特征

与城市点源污染相比较，城市雨水径流污染是晴天积累、雨天排放，发生机理较为复杂，影响因素众多，受人为干扰强，具有如下的特征：

（1）时间上的突发性和间歇性

城市雨水径流污染的发生主要受降雨—径流过程的影响，而降雨过程受复杂的气象因素控制，具有很高的随机性，因此城市雨水径流污染的发生具有突发性，难以人为控制。此外，在不同的年份和季节，雨水径流污染的水量和负荷变化也很大，但符合一定的周期变化规律，因此可以认为雨水径流污染具有间歇性。

（2）空间上分布的广泛性

随着城市化的发展，城市区域扩张，人为活动产生的各种化学物质广泛分布在大气和地面；在降雨过程中受雨水冲刷形成径流污染，排放入自然水体，对生态环境产生广泛的影响。另外，城市雨水径流污染没有特定的排放口，是在整个排水区域内发生的，城市区域内的任何一块受到人为因素干扰的土地上都可能发生，因此雨水径流污染的发生地点具有广泛性。

（3）污染负荷的不均匀性

由于城市雨水径流污染主要来自晴天的累积，在降雨初期雨水的冲刷效果下，产生的径流中污染负荷会比较高，往往高于城市生活污水。但如果降雨历时较长，随着降雨的持续，晴天累积的污染物被冲刷干净，后续雨水径流中污染负荷将显著降低。这个现象为城市雨水径流污染管控和后续洁净雨水的回用提供了契机。

（4）发生机理的复杂性

城市雨水径流污染的发生和传输机理涉及了多个科学的研究范畴，包括水文学、水力学、土壤学等，发生机理的复杂性远远超过了点源污染。地面污染物的淋洗也是一个非常复杂的过程，影响因素众多，如降雨特性、产汇流过程及污染物特性等，尤其是产流前雨滴冲击污染物时的分离过程一直是研究城市雨水径流污染的难点。这些机理对城市雨水径流污染的监测、模拟、控制提出了巨大的挑战。

（5）污染物组成和负荷的不确定性

城市雨水径流污染负荷不仅和地面硬化程度、地面坡度、降雨类型、降雨前期条件有关，还受到人类活动的影响（如交通、工业、城市农业等），不确定因素很多，使得径流污染负荷的定量计算和预测非常困难。

面源污染物发生以后并不直接污染水体，大多是堆存在地面上，在产生降雨径流以后随之进入水体。在地面堆积期间，一部分污染物被土壤吸附或进入地下水，一部分则在大气中蒸发；在随径流迁移的过程中，污染物还会被截留，能够进入地面水环境中的面源污染物只是其中的一部分。污染物进入水环境之后，在迁移的过程中会继续降解。因此，雨水径流污染对目标水体的贡献与降水强度、历程有关，与径流距离有关，与产生径流的地面性质（如土壤类型、植被覆盖度等）也有关。

2. 城市合流制溢流污染的特征

城市溢流污水主要由生活污水、工业污水及降雨径流三部分组成。城市排水系统是随着城市建设的逐步形成而完善的，所以现今大多数的城市排水系统并不能将三种污水完全分离开来。对于工业污水往往采取个别处理的方法，然后在满足排放要求的条件下排入城市污水管道或直接排放。而对于生活污水和降雨径流，可以采取分流制排水系统分别收集、处理和排放，但大多数城市的排水系统是由老式直排式排水系统发展而来的，在改造方面有一定局限性，所以一般采取合流收集、雨天溢流的方法，也就是截流式合流制排水系统。

因此，城市合流制管网溢流污染有如下三个特点：

（1）因降雨过程中雨量的变化，流量变化很大；

（2）因各地气候、降雨量的不同，浓度变化大；

（3）对某些合流管道系统，在暴雨天气时，由于地表径流在短时间内累积，流入管道，在溢流污染过程初期，形成了污水流量的高峰，并且由于初期暴雨对地表和管道中累积污染物的冲刷，形成了污染物浓度的高峰。随着流量的增加，污水得以稀释，污染物浓度下降至平均水平。这种现象被称作初期冲刷（First Flush），是雨天对水体造成重大污染的主要原因。正因为如此，溢流污染的产生使得城市合流制管网溢流污水水质与城市生活污水水质相比有较大的差别。

径流污染过程分析见图 2-1。

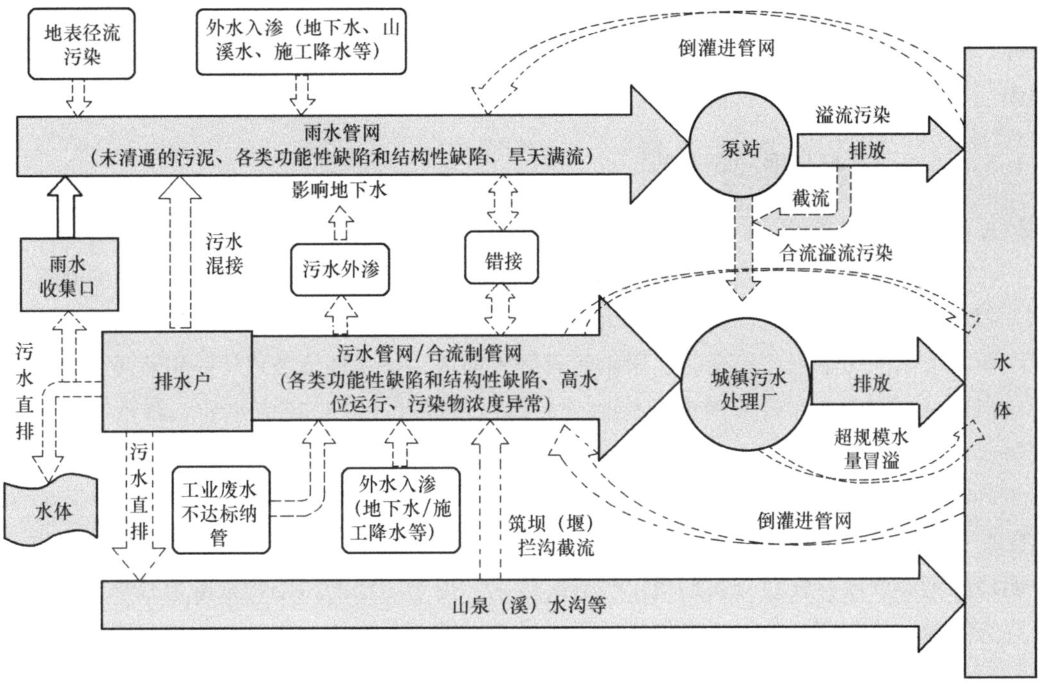

图 2-1　径流污染过程分析

图片来源：唐建国，张悦，梅晓洁．城镇排水系统提质增效的方法与措施［J］．给水排水，2019，55（4）：30-38

3. 雨水径流污染的危害

雨水径流污染物来源广泛、种类繁多、成分复杂，对受纳水体的生态和环境质量带来较大的危害，主要包括以下方面：

（1）高浓度的悬浮物改变水生环境

雨水径流中往往夹带了地表和管道沉积物，径流中悬浮物颗粒含量较多。当高浓度的悬浮物进入受纳水体，会增加水体的浊度，减少透光性，改变水生环境。细微的悬浮物会堵塞鱼鳃或其他水生动物的呼吸器官，降低鱼类繁殖率和幼鱼的存活率。特别是含有有毒物质和微量金属的悬浮物进入水体，会进一步威胁水生生物的生命。

（2）过量有机物输入破坏水体氧平衡

雨水径流中的过量有机物进入受纳水体，在以微生物为媒介而进行的氧化过程中需要消耗大量的溶解氧，导致受纳水体的溶解氧减少。当受纳水体中的生化需氧量 BOD 超过

10～20mg/L 时，在水深较浅且流动缓慢的水体中甚至会形成厌氧环境，造成厌氧细菌大量繁殖，水质急剧恶化，污染水体环境。而当土壤中的或地面残留的 N、P 类有机物随雨水径流进入下游的河流和湖泊时，在水体流动缓慢且气候适宜的条件下，水中的藻类和浮游生物迅速繁殖，水体溶解氧量下降，水生动物死亡。

（3）有毒物质和病原微生物危害水生态系统健康和人类安全

人类生产生活中产生的有毒物质（如 Cu、Zn、Pb 等重金属）在水体中不能被微生物降解，而是以不同的价态在水、底泥和生物之间转化迁移。当有毒物质在水生生物体内累积到一定程度时，会破坏生物生长发育，甚至死亡，从而影响水生生态系统的结构和功能。被污染的水和鱼类被人类食用，重金属则会在人体内累积，导致重金属中毒。另外，水中的病原微生物是水源性传染病的重要来源，会直接威胁饮用水源安全和人类健康。

2.1.3 初期雨水与初期冲刷效应

1. 初期雨水的概念

在城市雨水径流污染控制中，初期雨水是指一场降雨事件中降雨形成径流初期的某一部分雨水。由于降雨初期，雨水溶解大气中的污染物气体、悬浮物以及地表累积污染物，导致初期雨水的污染程度较高，经雨水管直排入河道，给水环境造成了一定程度的污染。

当前对初期雨水和后续雨水进行划分的指标主要有三种：径流水质、降雨时间和降雨量。

（1）以径流水质划分

在一个集流区域的总排出口安装监测设备，实时掌握排出口雨水的污染物浓度，以一个明确的污染浓度界限划分初期雨水与后续雨水。由于雨水的污染物浓度值总体来说是呈下降态势的，将前期污染物浓度值高的雨水视为初期雨水进行收集，对后期污染物浓度值低的雨水直接排放。此理论从现象出发，技术理论上最为可靠，但监控设备经济投入大，推广运用难度高。

（2）以降雨时间划分

即认为降雨历时前期一段时间内的降雨所形成的径流为初期雨水。然而，以某一特定时间内形成的径流作为初期雨水，忽视了产流汇流的原理，在相同时间内暴雨和小雨产生的径流量差别很大，对地表的冲刷程度也不一样，所以这种分析方法的理论意义是有限的。

（3）以降雨量划分

即认为降雨历时前期一定厚度的降雨所形成的径流为初期雨水。众多研究和规范均以此种方式给出了初期雨水的定义值。以降雨量划分的分析方法可以与地表产流汇流原理结合，既具有理论意义，也具有实际运用价值。

2. 初期冲刷效应

受地表污染物累积情况、降雨强度、径流量、土地利用类型以及下垫面特征等因素的影响，在不同场次降雨条件下，雨水径流污染物冲刷浓度和冲刷负荷的测定值均不相同；

而在同一场降雨过程，径流污染物浓度及排放速率随降雨过程的变化而变化。

在通常情况下，雨水径流污染呈现降雨初期冲刷效应（First Flush Effect），即初期雨水径流的污染物含量高于后期。研究径流污染的初期冲刷效应，从而估算径流污染物在降雨过程中的排放量，有利于通过合理设置截流设施，科学控制径流污染的排放，减轻初期雨水径流对受纳水体的污染或对污水处理厂承载能力的压力。

（1）雨水径流冲刷的类型

雨水径流冲刷主要作用于汇水面和排水管渠，因此，根据冲刷发生点位的不同，雨水径流冲刷可分为源头冲刷和管道冲刷。

源头冲刷是指屋面、道路、人行道、停车场、绿地等透水或不透水的汇水面上的径流冲刷过程。源头冲刷的污染物来源主要有随降雨或降雪沉降的悬浮污染物、汽车汽油泄漏和尾气排放、屋面道路等硬化面累积的污染物、城市垃圾和土壤流失等。汇水面的规模、材质、坡度、平整度、植被情况等因素综合影响源头冲刷的效果。大规模汇水面的径流路径和集水时间较长，初期冲刷现象较不明显。不同材质汇水面的初期雨水径流水质不同，呈现的初期冲刷效应存在差异。在其他条件相同的情况下，坡度越大、表面越平整，初期冲刷效应越明显。

管道冲刷是雨水径流汇入雨水口后在排水管道输送过程中发生的冲刷。管道冲刷的污染物包括汇水面冲刷进入排水系统的污染物和管道原有的沉积物。由于汇水面规模及污染程度不同，汇水面远端的初期雨水与近端的后期雨水混合进入排水管道，一定程度上削弱了管道的初期冲刷。另外，排水管道的峰值流量与汇水面的峰值流量相较滞后，而管道沉积物的流失量与径流量存在相关关系；因此，峰值流量出现的时间、污染物浓度变化过程、汇水面特征等多因素叠加影响了管道是否出现初期冲刷现象及其程度。

（2）浓度和质量的初期冲刷

早期初期冲刷的研究重点在于雨水径流污染物浓度随降雨历时的变化规律，当降雨初期径流污染物浓度明显高于后期径流时，则认为发生初期冲刷。这种基于径流污染物浓度变化的初期冲刷现象又称为浓度初期冲刷（Concentration First Flush）。然而，仅考虑污染物浓度随降雨历时的变化过程并不能反映污染物负荷在径流过程中的分配；在初期雨水径流污染物浓度较高的情况下，随径流冲刷的污染物负荷占污染物冲刷总量的比例不一定高。因此，应用浓度变化描述初期冲刷存在一定的局限性。

因此，随着国内外相关研究的深入，质量初期冲刷（Mass First Flush）的概念被提出并广泛地应用在初期冲刷效应的研究中。当雨水径流初期污染物的累积输送速率大于径流量累积输送速率时，即降雨初期占径流总量较小比例的雨水径流中挟带了占径流污染负荷较大比例的污染物时，则认为存在初期冲刷，可用下式表示[11]：

$$\frac{M(t)}{V(t)}=\frac{\int_0^t Q(t)C(t)\mathrm{d}t \Big/ \int_0^T Q(t)C(t)\mathrm{d}t}{\int_0^t Q(t)\mathrm{d}t \Big/ \int_0^T Q(t)\mathrm{d}t} \tag{2-1}$$

式中　$M(t)$——t 时刻的污染物输送速率；

$V(t)$ ——t 时刻的径流量输送速率；
$Q(t)$ ——t 时刻的径流流量；
$C(t)$ ——t 时刻雨水径流中的污染物浓度；
t——降雨历时；
T——降雨总历时；
$\overline{Q}(t)$ ——连续测样的平均流量；
$\overline{C}(t)$ ——连续测样的污染物平均浓度；
Δt——连续测样的时间增量。

当 t 处于降雨历时 T 的初期且 $M(t)/V(t)>1$ 时，则说明发生初期冲刷现象。而实际研究中，径流流量 Q 和径流污染物浓度 C 的连续变化关系较难取得，因此可以采用下式的近似变化替代：

$$\frac{\sum_{i=0}^{k}\overline{Q}(t_i)\,\overline{C}(t_i)\Delta t\Big/\sum_{i=0}^{n}\overline{Q}(t_i)\,\overline{C}(t_i)\Delta \mathrm{t}}{\sum_{i=0}^{k}\overline{Q}(t_i)\Delta t\Big/\sum_{i=0}^{n}\overline{Q}(t_i)\Delta t}>1 \tag{2-2}$$

（3）初期冲刷曲线及量化

大量对降雨初始冲刷效应的定量化研究是以污染物的累积污染负荷与累积径流量的相关性为基础的，以两者所形成无量纲累积曲线，即 $M(V)$ 曲线的发散性来确定是否存在初始冲刷。图 2-2 列举的几种曲线形式代表了不同的冲刷规律。

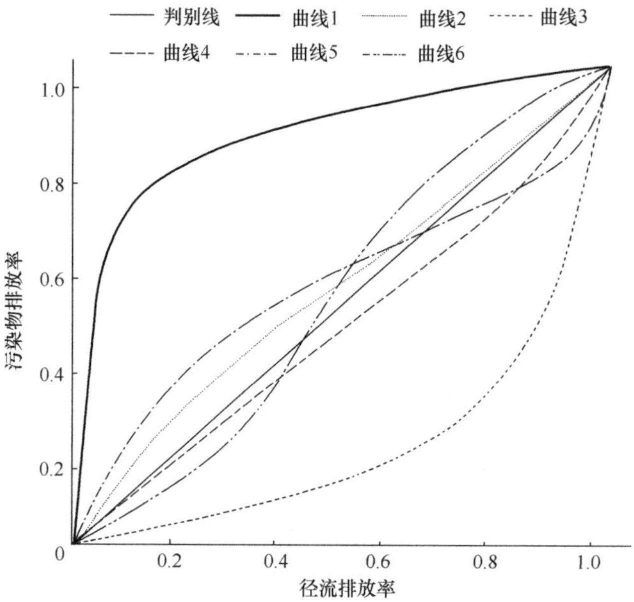

图 2-2 典型的初期冲刷 $M(V)$ 曲线示意图

图片来源：车伍，张伟，李俊奇. 城市初期雨水和初期冲刷问题剖析［J］. 中国给水排水，2011，27（14）：9-14

上图中的对角线表示 $M(t)/V(t)=1$，即整个降雨过程中污染物排放速率在降雨径流过程中是不变的。对角线可作为是否发生初期冲刷的判别线。当曲线前段位于对角线上方时，初期径流中污染物排放速率大于径流排放速率，则存在初期冲刷现象（如曲线 1、2 和 5）；并且曲线前段越陡，初期冲刷现象越显著。当曲线前段位于对角线下方时，污染物排放速率小于径流排放速率，则不存在初期冲刷（如曲线 3、4 和 6）。

国外学者根据 $M(V)$ 曲线对初期冲刷进行定义。Geiger[12] 提出当 $M(V)$ 曲线与对角线的距离大于 0.2 时，说明发生了初期冲刷。Gupta 和 Saul[13] 则将初始冲刷定义为污染物累积曲线与径流累积曲线之距离达到最大之前的初始径流。根据车伍[14] 对部分国外学者对初期冲刷现象的量化比例的界定进行了梳理，具体如表 2-1 所示。

部分国外学者提出的界定初期冲刷的量化比例　　表 2-1

项　目	初期径流的体积所占比例 p_1（%）	初期径流中污染物所占总比例 p_2（%）	提出时间
Stahre and Urbonas	20	>80	1990 年
Wanielista and Yousef	25	>50	1993 年
Hsaget 等	30	>80	1995 年
Bertrand-Krajewski 等	30	>80	1998 年
Deletic	20	>40	1998 年

（4）合流制排水系统的初期冲刷

国内外学者对合流制排水系统的初期冲刷效应进行了监测和研究。部分学者的研究显示合流制排水系统的溢流污染呈现一定的初期冲刷规律。Barco[15] 等对意大利某合流制区内的 23 场降雨事件下的排水系统初期冲刷进行了分析，结果显示该区域 8 场降雨中的 7 种污染物指标都表现出较强的初期冲刷，平均前 20%的径流体积包含 40%的污染物。Kim[16] 等对韩国大田市某合流制系统的研究发现，在溢流过程中前 30%的溢流体积排放了超过 60%的污染物。李立青[17] 等在武汉某合流制区域监测了 12 场合流制溢流事件，平均前 30%的溢流体积包含 53.4%的 COD。

然而，一些学者的研究结果显示，合流制排水系统的初期冲刷效应不明显或不存在。Bertrand[18] 等研究发现，初期冲刷在合流制系统中出现较少，在对合流制系统的监测中，50%的降雨事件里初期 79%的体积输送了 80%的总污染质量。谭琼[19] 等采用 M（V）曲线和拟合幂函数 b 参数方法对上海市苏州河沿岸 5 个合流制系统溢流的初期冲刷进行了研究，结果显示 CSO 具有微弱初期冲刷。杨逢乐[20] 等用拟合幂函数法研究了昆明某合流制系统的初期冲刷，除 NO_3-N 没有表现出初期冲刷，其余污染物均表现出一定的初期冲刷，初期冲刷并不明显。而 Sztruhar[21] 等通过对斯洛伐克的合流制系统的 3 年连续监测，并对 8 次溢流事件进行了分析发现，合流制溢流中的有机物均不存在初期冲刷。Scherrenberg[22] 的研究显示荷兰合流制管道溢流的初期冲刷不常出现，甚至污染物的高负荷有时会出现在溢流后期，即存在“后期冲刷”。Hochedlinger[23] 等对奥地利某合流制溢流口监测取样也观察到部分溢流事件存在“后期冲刷”现象。

2.2 城市雨水径流污染的来源与组成

2.2.1 城市雨水径流污染的来源

城市雨水径流的污染来源多种多样，与人类的活动密切相关，其主要来源包括：大气降尘、城市表面累积、排水系统沉积和混合污水。

1. 大气降尘

大气降尘是指大气中的粉尘类沉积物，其来源分为自然来源（如土壤侵蚀）和人为来源（如居民生产生活）中产生的粉尘。大气中的污染物质是不稳定的，在天晴时产生旱沉积（Dry Deposition），污染物沉积于城市表面，沉积量随着无降雨天数的增加而增加[24]；在降雨或降雪过程中，大气中悬浮的污染物产生湿沉积（Wet Deposition），随降雨或降雪落到城市表面成为径流污染物。

2. 城市表面累积

除大气旱沉积外，城市不透水面累积的污染物种类多样，包括城市垃圾、动物粪便、建筑工地堆积物等固体废弃物以及交通工具排放物等。其中，车辆活动是雨水径流中重金属和油类的主要来源，车辆轮胎磨损、汽车尾气以及燃料泄漏等释放 Zn、Cr、Pb 等重金属及油类。建筑表面或屋面由于建筑材质随时间腐蚀和雨水的冲刷作用，也会产生 Zn、Cu、Pb 和 Cd 等重金属[25]。另外，雨水径流冲刷绿地或裸土造成土壤流失，将植物生物作用和农药化肥残留在土壤中的 N、P 类营养物质带入雨水径流；加上径流冲刷地面残留的动物粪便中的有机物，导致雨水径流 N、P 等有机物超标，增加受纳水体的富营养化水平。

3. 排水系统沉积

雨水径流经雨水口汇集，污染物随雨水径流在排水管道中传输和迁移。由于水量和流速不足、污染负荷较大、管道坡度较小或施工质量不良等原因，雨水径流中的悬浮污染物发生沉淀和淤积；对于合流制的排水系统，晴天时以生活污水排放为主，水中污染物负荷较高而更容易发生沉积。如果管渠系统没有定期进行清理和养护，在暴雨时，淤积的污染物会被雨水径流冲刷，排放到受纳水体。

4. 混合污水

居民生产活动和日常生活排出的废水（生活污水和工业废水）含有大量的污染物，包括有机物、大量病原微生物和有毒金属物质，这些污染物在合流管道中与雨水径流混合，成为雨水径流污染的重要来源，并通过合流管道直接排放到水体（直排式合流制排水系统）或因截流干管截流能力有限从而溢流到水体（截流式合流制排水系统）。

2.2.2 城市雨水径流污染物的种类

雨水径流中所包含的污染物质主要有：悬浮固体、可降解有机物、营养物质、有毒有害物质等。

图 2-3　雨水径流污染来源示意图

图片来源：When we pave over the land, pollution ends up in our water [Online Image]. [2019-8-21]. http: //www.cleanwaterfrederick.org/pollution-threats

1. 悬浮固体（SS）

把水样用滤纸过滤后，被滤纸截留的滤渣在 105～110℃的烘箱中烘干至恒重后的固体称为悬浮固体。悬浮固体是流入河流、湖库等受纳水体中总量最大的、最广泛的非点源污染物。悬浮固体对水生生态系统的危害主要包括：降低水体的透明度，增加浑浊度；能夹带其他污染物一起迁移，如高分子有机物等；破坏水生生物栖息地；造成河道和湖库淤积。

2. 可降解有机物

在自然界中，微生物对有机物的降解需要消耗氧气，所以一般用生化需氧量（BOD）和化学需氧量（COD）来衡量水体中有机污染物水平。其中，化学需氧量不仅可以较精确地表示水中有机物含量，且测定时间短，操作方便。水生生态系统中氧气的过量消耗可能造成水生生物缺氧而死亡、营养物质再同化和沉积物中的重金属释放等。

3. 营养物质

氮、磷是水中微生物和植物必需的营养物质，同时也是引起湖库水体富营养化的主要原因。在许多水体中，非点源污染对营养物质的贡献已经超过了点源污染，而且由于营养物质氮和磷是水体中藻类和水生植物生长的主要限制因子，使得氮和磷成为水污染控制中重点受关注的非点源污染物。

4. 有毒有害物质

非点源污染中的有毒有害物质主要包括各类重金属和有毒害的有机化合物，如各种农药、PCB（多氯联苯）等。这些物质一般毒性极大且难于降解，会在自然界不断积累，造成二次污染。这些物质易于富集到生物体内并进入食物链，严重威胁处于食物链顶端的人类的健康。这类有毒有害物质通常来源于城市内的农地、工矿企业和大气沉降等。

2.2.3　雨水径流污染的浓度及总量

1. 雨水径流污染的浓度研究

国内外对城市雨水径流水质研究较多，本书列举美国、欧洲城市的雨水径流水质数据，国内则以北京、苏南地区、滇池流域的重要城市为代表，对不同排水体制下的雨水径流污染物浓度进行比较分析。

（1）国外雨水径流污染浓度研究

国外的城市排水系统建设较早，合流制排水系统的雨天溢流污染和城市面源污染也较早得到关注，并且开展了很多相关研究。

1979～1983年间，美国环保局（EPA）组织开展了国家城市径流计划（Nationwide Urban Runoff Program，NURP），通过在全美28个主要城市地区对共计2300场降雨事件进行排放口的径流采样和水质分析，研究城市雨水径流污染情况。研究表明，城市暴雨径流的污染物水平与地理位置、用地情况等因素并没有显著的关系，而从整体分析，在城市建设程度不相同的地区，径流污染物的场地降雨污染物平均浓度（Event Mean Concentration，EMC）存在差异，如表2-2所示。

美国城市雨水径流场地降雨污染物平均浓度 **表2-2**

污染物浓度	EMC变化系数	EMC中位数	
		中等建设程度的城市区域	高密度建设的城市区域
TSS（mg/L）	1～2	100	300
BOD（mg/L）	0.5～1	9	15
COD（mg/L）	0.5～1	65	140
Tot. P（mg/L）	0.5～1	0.33	0.70
Sol. P（mg/L）	0.5～1	0.12	0.21
TKN（mg/L）	0.5～1	1.50	3.30
NO_{2+3}-N（mg/L）	0.5～1	0.68	1.75
Tot. Cu（ug/L）	0.5～1	34	93
Tot. Pb（ug/L）	0.5～1	144	350
Tot. Zn（ug/L）	0.5～1	160	500

James T. Smullen[26]等人对美国合流制排水系统的雨天溢流污染物浓度进行研究，并与国家城市径流计划的径流污染物数据进行对比，得到各项溢流污染物指标：BOD浓度为115mg/L，TSS浓度为70mg/L，TN浓度为10 mg/L，TP浓度为1.9mg/L，Pb浓度为0.37mg/L，总大肠菌群为102～104MPN/100mL。该研究的分析结果与NURP的数据对比存在差异，主要体现在除TSS浓度较NURP数据低30%左右外，其他污染物浓度均较NURP分析结果要高。

为评估分流制和合流制排水系统在控制污染物向受纳水体排放的能力，Hansjoerg Brombach[27]等人基于综合数据库“ATV-DVWK Datanpool 2001”，分析NURP和欧洲国家在不同排水体制下的雨水径流污染物的统计数据，得到分流制和合流制排水管道的雨水径流污染物浓度中位数，并与德国污水处理厂的出水水质进行对比。结果显示分流制排水系统的营养物质、大部分重金属和COD排放浓度要明显低于合流制排水系统。

城市雨水径流污染物的典型浓度值 表 2-3

污染物浓度	分流制系统雨水径流污染物浓度	合流制系统溢流污染物浓度	德国污水处理厂平均出水污染物浓度	参考
TSS (mg/L)	141	174.5	7.5	
SS (mg/L)	1.18	1.59	—	
BOD (mg/L)	13	60	5	ATV-DVWK (2003)
COD (mg/L)	81	141	32	ATV-DVWK (2003)
TOC (mg/L)	19	30.6	9.2	NRW (2000)
P_{tot} (mg/L)	0.42	1.25	0.8	ATV-DVWK (2003)
NH_4-N (mg/L)	0.8	1.94	2	ATV-DVWK (2003)
NO_3-N (mg/L)	0.8	1.13	7.8	NRW (2000)
N_{tot} (mg/L)	2.4	12.6	9	ATV-DVWK (2003)
Cd (ug/L)	2.3	1.4	0.2	UBA (2002)
Cr (ug/L)	16	21	3	UBA (2002)
Ni (ug/L)	22.6	12	7.8	UBA (2002)
Pb (ug/L)	118	70	2.6	UBA (2002)
Cu (ug/L)	48	97.5	12.4	UBA (2002)
Zn (ug/L)	275	280	46.7	UBA (2002)

然而，Carleton[28]对比分析了法国里昂的合流制排水系统和澳大利亚悉尼分流制系统的雨水径流水质情况，发现里昂和悉尼的合流制溢流、分流制污水与分流制雨水的各类污染物指标的平均浓度相差不大。在平均污染物负荷方面，合流制溢流的年平均污染负荷比分流制污水的年平均污染负荷低50%左右，而分流制雨水的年平均污染负荷是合流制的10～14倍，可见雨水径流的面源污染对水体环境质量产生重大影响。

(2) 国内雨水径流污染浓度研究

近年来，随着城市快速发展，国内城市水体环境问题和面源污染愈发严重，因此对城市雨水径流污染的研究也越来越多。

刘翠云[29]等于2003～2004年对北京合流制管道的溢流口和雨水干管的雨水径流进行采样，分析合流制溢流和分流制雨水的污染物浓度水平（表2-4）。受初期冲刷影响，分流制雨水的高值范围浓度均高于合流制溢流浓度，合流制溢流的污染物浓度处于分流制雨水径流污染物的低值或中值。

北京城区分流制雨水与合流制溢流污染物浓度比较 表 2-4

污染物指标	分流制管道雨水浓度		合流制溢流浓度均值
	低值	高值	
COD_{Cr} (mg/L)	106.8～661.5	865.6～2637.8	190
SS (mg/L)	110～210	680～1560	350
TN (mg/L)	1.5～22.2	50.4～103.2	26.4
TP (mg/L)	0.75～4.9	9.6～26.4	2.36

喻晓琴[30]以滇池流域呈贡地区内的城中村明渠、老城小区合流制支管及新城小区分流制管道等代表三种不同排水管道，进行水质水量规律分析（表2-5）。该研究发现，不同类型的管道雨水径流差别较大，波动范围广。分流制管道由于位于新建小区，人口和社

会活动较少，雨水径流中的污染物浓度明显比合流制管道污染物浓度低。

滇池流域分流制与合流制管道的污染物指标值范围　　表 2-5

管道类型		常规监测指标（mg/L）					
		COD_{Cr}	SS	TN	NH_3-N	TP	pH
呈贡地区	合流制	39～889	7～1120	8.9～73	0.87～68.4	0.04～9.71	7.22～7.8
	分流制	6～363	4～812	0.3～12.7	0.1～10.4	0.09～2.69	7.50～8.97
	明渠	69～1058	1.5～761	14.1～88.9	2.0～67.6	0.20～12.1	7.06～7.83
	合计	6～1058	1.5～1120	0.3～88.9	0.1～68.4	0.04～12.1	7.06～8.97
昆明主城区合流制		55～864	30～655	6.59～112	5.59～91.8	0.82～8.89	6.99～7.95

李思远[31]等对常州市合流制管网溢流污水的水质特征进行分析，通过溢流口水样采集和试验分析得到溢流污染物浓度平均值：COD 浓度为 309.03mg/L，TN 浓度为 12.66mg/L，TP 浓度为 0.97mg/L，NH_3-N 浓度为 7.28mg/L，SS 浓度为 115.40mg/L。该研究结果表明，溢流污水的水质受到降雨历时、降雨强度、干旱期等降雨特征的影响，并且污染物浓度对降雨强度存在一定的滞后现象。

2. 雨水径流污染的总量研究

国内学者通过污染源调查、污水处理厂运行情况及水体底质污染物含量、雨水径流水质模型及截排系统溢流模型等调查分析与模型搭建相结合的方法，评估雨水径流污染对水污染负荷总量的贡献。根据研究，雨水径流污染对水污染负荷总量的贡献较大，其对水体水质的影响不能忽略。

张旭东[32]等基于过程模拟的源解析方法，建立污染负荷模型，对 2014 年全年昆明主城区入湖水污染负荷源进行解析（图 2-4），得到 2014 年全年昆明主城区入湖污染负荷为 COD 为 20527t，TN 为 6226t，TP 为 253t，NH_3-N 为 1199t。从污染源对污染负荷排放的贡献来看，合流制溢流、直排雨水和内涝产生的污染物负荷 COD、TN、TP 和 NH_3-N 分别占入湖污染负荷总量的比例为 25%、27%、75%和 76%；另外，COD、TN、TP 和 NH_3-N 的雨季排放负荷占全年排放总量的比例为 75%、60%、73%和 72%。可见，雨水径流污染是入湖污染的重要来源，城市雨季排放的污染物负荷比重较大。

宋芳[33]等采用实际断面水文水质监测数据，结合流域水质模型和溢流模型，估算深圳河湾流域的溢流污染和面源污染负荷，评估雨水径流对河道水质的影响。分析结果显示：深圳河湾流域的 2015 年全年污染物入河负荷总量：COD 为 2.55 万 t/a，NH_3-N 为 4462.37t/a，TP 为 376.6t/a；其中全年非点源 COD 为 3701.44t/a，NH_3-N 为 41.91t/a，TP 为 7.92t/a；全年雨季溢流 COD 为 1434.72t，NH_3-N 为 113.46t，TP 为 10.98t。在入河污染物贡献率方面，非点源污染和溢流污染占入河污染负荷的比例为：COD 为 20.1%，NH_3-N 为 3.5%，TP 为 5.0%；然而，暴雨日的单日非点源负荷量和溢流负荷量不低于其他点源污染和内源污染的负荷量，带来较大的瞬时污染，对水体水质造成严重的冲击。

李立青[34]等对武汉合流制集水区的降雨径流污染负荷，对受纳水体的贡献的研究成果与宋芳等的成果相近。降雨径流排放的污染负荷来源，包括被冲刷的地表累积污染物、

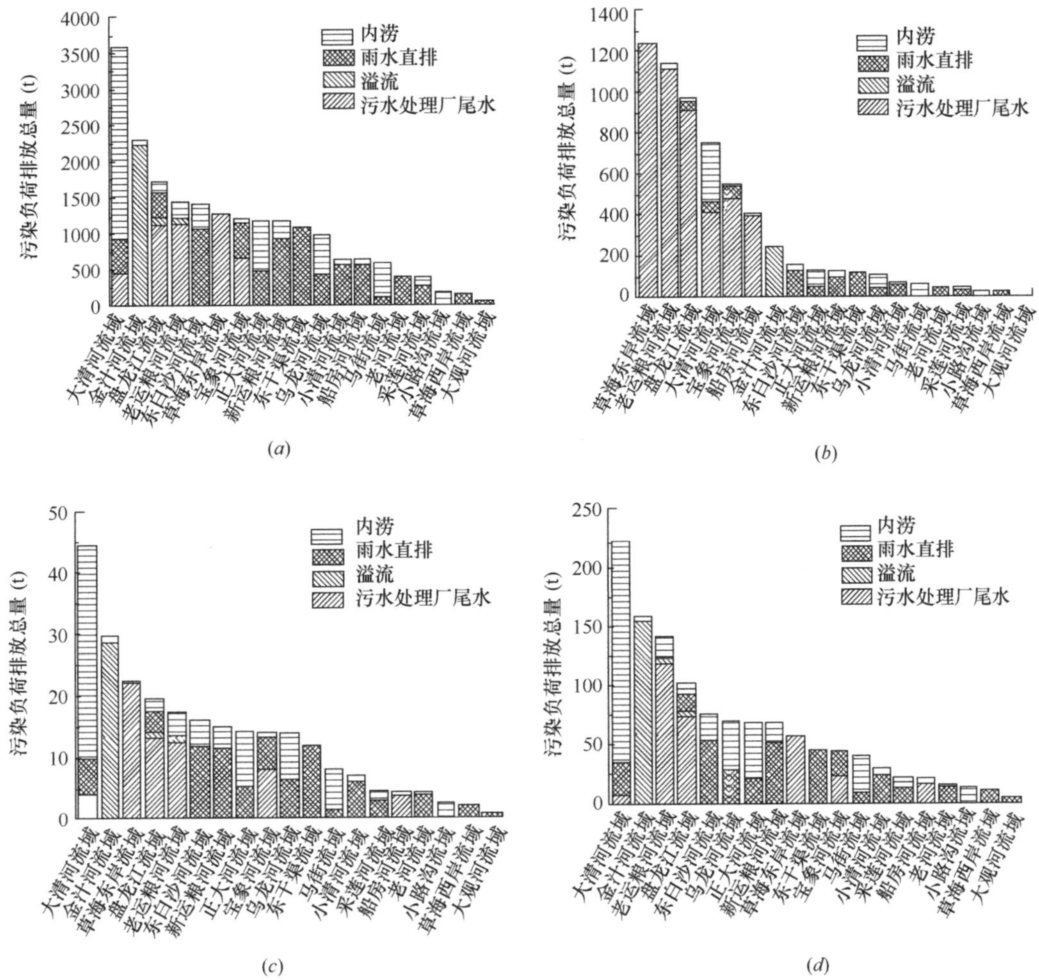

图 2-4　昆明主城区不同子流域的污染负荷排放

(*a*) COD; (*b*) TN; (*c*) TP; (*d*) NH_3-N

图片来源：张旭东，黄海伟，曾思育，董欣. 昆明主城区水污染负荷源解析及其减排潜力估算 [J]. 给水排水，2019，55 (S1)：116－121＋125

管道累积污染物以及市政污水。通过对市政污水和降雨径流的水质、水量特征分析，得到降雨径流输出的污染物 TSS、COD、TN 和 TP 的负荷量分别占研究城市集水区总污染负荷的 59.4%、26.3%、11.2%和 10.1%。各集雨区的降雨径流污染负荷对集水区年污染负荷的贡献比例如表 2-6 所示。

3 个城市集水区年径流量与径流污染负荷对集水区年污染负荷的贡献　　表 2-6

集水区	TSS			COD			TN			TP		
	W (t)	*R* (t)	*P* (%)	*W* (t)	*R* (t)	*P* (%)	*W* (t)	*R* (t)	*P* (%)	*W* (t)	*R* (t)	*P* (%)
十里铺	326.9	631.4	65.9	1117.3	505.3	31.1	197.3	28.88	17.1	21.2	4.37	12.8
七里庙	183.8	144.8	44.1	558.5	86.6	13.4	80.7	6.33	6.2	9.1	0.59	7.3
五里墩	116.6	248.5	68.1	341.5	178.1	34.3	58.2	6.63	10.4	5.3	0.61	10.2

注：*W* 代表市政污水；*R* 代表降雨径流；*P* 代表降雨径流污染负荷与总负荷的比例。

2.3 城市雨水径流污染影响因素

城市雨水径流污染的成因复杂，影响因素众多，主要包括降雨特征、大气污染状况、城市下垫面类型、城市功能区划分、海绵城市建设程度、城市排水体制、城市卫生管理等方面。

2.3.1 降雨特征

降雨特征包括降雨量、降雨强度、降雨历时和雨前干旱天数等。其中，雨前干旱天数影响城市大气旱沉积和地面污染物的累积程度，而其他因素则主要影响雨水径流冲刷地面污染物的时间和强度。

车伍等[35]研究发现降雨强度和降雨量对屋面污染物具有冲刷、稀释和溶解等多重作用。降雨强度影响地表污染物的淋溶和冲刷的强度，而降雨量决定稀释污染物的水量。降雨强度越大，雨水径流对城市下垫面的冲刷效果就越明显；而在相同的污染物累积负荷下，由于降雨对地表污染物的稀释、溶解和冲刷作用增强，造成源头污染物的消耗，径流污染物浓度降低。王海东[36]的研究发现降雨量对径流总重金属和溶解态重金属污染负荷的初期效应影响较显著；而对颗粒态重金属而言，降雨量、雨前干旱天数和平均降雨强度这三者的影响均较为明显。另外，李俊奇[37]等通过分析各类污染物 EMCs 与平均降雨强度和最大雨强的变化趋势得出，污染物的冲刷存在临界降雨强度（或范围），当降雨强度小于临界降雨强度时，污染物以冲刷和溶解为主，污染物浓度随降雨强度的增加而升高；当大于临界降雨强度时，污染物以稀释为主，随着降雨强度的增加，污染物浓度降低。根据李俊奇等的研究，降雨历时影响污染物被冲刷和传输的时间。降雨历时的增加使地表污染物充分释放而浓度减小。下垫面累积的污染物随雨前干旱天数增加而增加，污染物在降雨初期被径流冲刷而浓度升高，形成初期冲刷效应。

在影响作用大小比较方面，张科峰等[38]利用聚类分析的方法进行研究，结果表明不同降雨参数对屋面径流中重金属 EMC 影响的大小关系为：雨前干旱天数＞降雨强度＞累积降雨量。而李贺等[39]同样采用聚类分析发现对于屋面径流污染的影响，雨前干旱天数＞降雨强度和累积降雨量＞降雨历时，这表明大气沉降等污染物累积效应对屋面径流污染的影响大于雨水的冲刷作用。

2.3.2 大气污染状况

大气污染状况决定大气旱沉降作用的污染物累积以及湿沉降作用的天然雨水污染物浓度。屋面上人为活动产生的污染物较少，大气降尘是屋面污染物的重要来源。因此，屋面雨水径流水质受大气污染状况的影响较大。王力玉等[40]的研究发现，大气湿沉降是屋面径流中 TOC、F^- 和 NO_3^- 组分负荷的重要来源，并且雨前大气环境质量对湿沉降组分浓度有显著影响。

2.3.3　城市下垫面类型

城市下垫面类型是影响城市雨水径流污染的重要因素。城市下垫面包括屋面、路面和绿地等类型。受下垫面的材质、透水性以及人类活动产生的污染物等因素的影响，不同类型的下垫面对雨水径流的截留作用、污染物累积负荷以及冲刷强度均不相同。

国外对城市不同下垫面雨水径流污染研究较早。Gromaire[41]对巴黎市中心的屋面、庭院和街道等 3 类下垫面共 13 个点位进行雨水径流的监测，研究表明，庭院和街道径流中的 SS 和 COD 浓度比屋面径流大，并且高于欧盟对污水处理厂排放的规定；屋面径流的污染物主要体现在重金属浓度过高，可能对受纳水体和地下水构成危害。根据 Duncan[42]对墨尔本市典型下垫面雨水径流污染的分析，TSS、TP 和 TN 的场次降雨平均浓度呈现对数正态分布；其中，TSS 在不同下垫面的场次降雨平均浓度的大小规律为：道路＞屋面＞绿地，高城市化区域＞中城市化区域＞低城市化区域（图 2-5）。

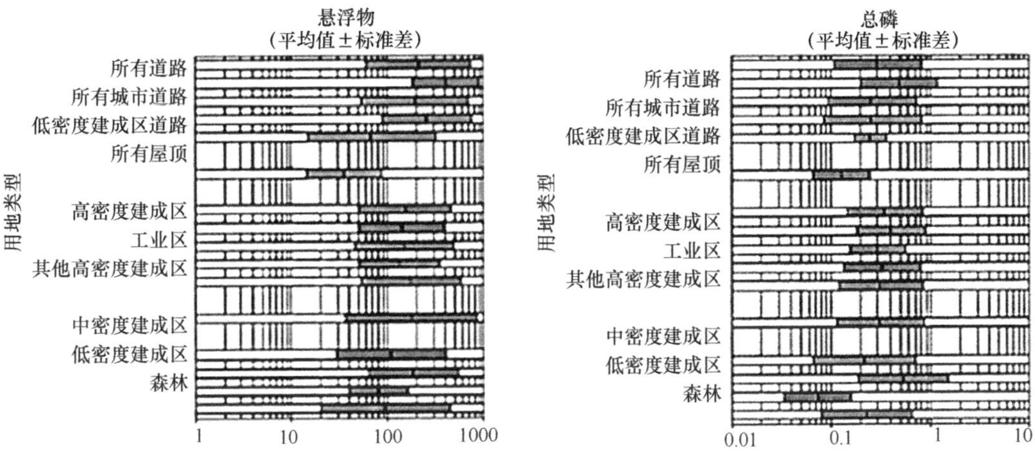

图 2-5　不同下垫面的雨水径流污染物场次平均浓度关系图

图片来源：Duncan，H. P.（1999），Urban Stormwater Quality：A Statistical Overview，Report 99/3，Cooperative Research Centre for Catchment Hydrology，February 1999

近年来，国内开始对雨水径流污染的规律、水质特征和影响因素开展研究。侯培强等[43]分析了我国各大城市现有的城市非点源污染研究数据发现，SS、COD 和 BOD_5 在不同径流类型中表现出天然雨水＜屋面径流＜排污口径流＜道路径流的规律；而 TN 和 TP 的相应大小规律为：天然雨水＜屋面径流＜道路径流＜排污口径流。根据前期相关研究表明[44]，汇水面性质对径流水质有着重要影响：屋面径流的污染程度取决于屋面材料，而路面类型的差异造成了道路路面的污染比小区路面的污染严重。针对屋面径流中的重金属污染物 EMC 进行分析，Cu 和 Cd 的 EMC 平均值遵循沥青屋面＞瓦屋面＞混凝土屋面的顺序，而 Zn 和 Pb 则为瓦屋面＞沥青屋面＞混凝土屋面。

总的来说，天然降雨的水质优于雨水径流；绿地由于对径流量和径流污染物的削减作用，其产生的雨水径流的水质相对屋面和路面水质较好，而道路径流因频发的人为活动导致水质相对最差。

2.3.4 城市功能区划分

城市土地利用类型对应于地区社会和经济功能分类，可分为居住区、商业区、工业区、文教区等。个别城市交通枢纽面积较大，也可对交通区进行单独分类。受区域人口密度、交通状况、工业生产活动等因素影响，不同城市功能区的地表污染物的累积程度有所差异。在大城区范围内，旧城区的总体污染状况要比新城区严重。

李明远等[45]在不同降雨条件下对深圳市旧村、市政道路、商业区、工业区、居住区、绿地等不同土地利用类型的雨水径流进行监测，检测结果表明，土地利用类型对初期雨水污染水平具有重要影响，总体污染水平为旧村＞工业区＞市政道路＞商业区＞居住区＞绿地。Zhang[46]的研究结果表明，郑州市地表径流中的 COD 和 SS 浓度呈现出工业区＞商业区＞居民区的规律。针对雨水径流中的重金属，王海东[47]研究发现不同功能区中 Zn 的 EMC 分布呈交通区＞工业区＞居民区＞商业区＞文教区的顺序，而 Pb、Cd、Cu、Cr、Ni、Mn 等重金属均为交通区＞工业区＞居民区＞文教区＞商业区。然而，不同城市、不同功能区的雨水径流污染程度存在差异。根据李倩倩等[48]的研究分析，天津市地表径流输出污染物负荷呈现出工业区＞居民区＞商业区＞文教区的规律；王业雷[49]研究发现，南昌市地表径流 TSS、COD、NH_3-N、TP 的 EMC 值呈现出交通区＞商业区＞居民区＞工业区的规律，而重金属则表现为工业区＞交通区＞商业区＞居民区。

2.3.5 海绵城市建设程度

海绵城市是通过加强城市规划建设管理，充分发挥建筑、道路和绿地、水系等生态系统对雨水的吸纳、蓄渗和缓释作用，有效控制雨水径流，实现自然积存、自然渗透、自然净化的城市发展方式。

对城市建成区以地块为单位落实海绵城市建设，主要采用雨水花园、下沉式绿地、调蓄池等绿色基础设施及灰色基础设施相结合的方式进行源头就地净化；在市政管网的末端或关键节点，通过结合河道周边公园、绿地以及调蓄水体构建雨水湿地及植被缓冲带，实现面源污染的末端控制。因此，海绵城市建设程度决定了雨水径流污染的源头控制程度及向受纳水体排放污染物的负荷水平。

根据美国流域保护中心（Centre for Watershed Protection，CWP）的研究数据，不同类型的海绵设施的污染物去除能力（以悬浮物 SS 计）有所差异，具体如表 2-7 所示。

海绵设施污染物去除能力（以悬浮物 SS 计）一览表　　表 2-7

海绵设施	SS 削减	海绵设施	SS 削减
透水砖铺装	80%～90%	透水沥青	80%～90%
蓄水池	80%～90%	植草沟	35%～90%
透水混凝土	80%～90%	绿色屋顶	70%～80%
雨水罐	80%～90%	渗透管/渠	35%～70%

续表

海绵设施	SS 削减	海绵设施	SS 削减
生物滞留设施	70%～95%	人工土壤渗滤	75%～95%
植被缓冲带	50%～75%	湿塘	50%～80%
初期雨水弃流设施	40%～60%		

2.3.6　城市排水体制

不同的城市排水体制决定城市排水系统对雨水径流污染的拦截作用。对于分流制的排水系统，雨水径流污染主要来自城市面源污染，地面和管道污染初期冲刷的效果显著，并且通过雨水管道直接排入受纳水体。而对于合流制排水系统，雨污合流导致管道中的污染负荷增加，但是初期雨水径流被合流管输送到污水处理厂使之得到有效控制；当径流量超过排水管道过流能力时发生溢流，产生溢流污染。

Carlet[50]的研究发现，合流制溢流年平均污染负荷比分流制污水和分流制雨水低，仅分别为分流制污水年平均污染负荷的 1/2 和分流制雨水年平均污染负荷的 1/14～1/10。刘翠云等对北京城区分流制管道和合流制管道溢流口的调查取样表明，分流制管道雨水径流受雨水初期冲刷影响，其浓度的高值比合流制溢流的污染物平均值要高 3～10 倍，合流制溢流污染物的平均值基本处于分流制雨水污染物浓度的低值或中值范围内。可见，在环境条件较差的城市区域，分流制排水系统下的雨水径流污染可能对受纳水体水质造成严重的影响。

针对截流式合流制排水系统，管道截流倍数 n_0 是影响径流污染物溢流到城市水体的重要因素。截流倍数是指被截流的雨水流量与旱流污水流量的比值，可根据旱流污水的水质和水量、排放水体的环境容量、水文、气候、经济和排水区域大小等因素经计算确定，一般采用 2～5。当管道混合雨污水流量大于（n_0+1）倍的旱流污水流量时，超出的那部分污水就会经溢流井溢流到城市水体，影响受纳水体水质。

2.3.7　城市卫生管理

城市地表清扫的频率和效果决定晴天地表污染物的累积量，直接影响雨水径流污染物冲刷负荷。李俊奇等根据对深圳市光明新区典型下垫面清洁时间、方式的调查发现，下垫面清洁后不久的降雨，由于雨前污染物累积量相对较少，雨水径流污染物浓度变小。因此，加强城市卫生管理，提高城市街道清扫频率是减少污染物累积的重要措施，相关研究表明[51]，城市街道清扫能够去除 30%～50%的典型污染物。

2.4　雨水径流污染物的传输过程

城市排水系统是雨水径流污染物迁移的主要途径，不同体制的排水管网系统决定了雨水径流污染传输和排放的形式，关系到城市环境保护和可持续发展。

2.4.1 直排式合流制系统径流污染传输过程

直排式合流制系统将雨水及污（废）水混合收集到一套排水管网中，不经处理和利用，由不同的排放口直接就近排放到水体（图2-6）。在早期的城市建设中，为改善城市卫生条件、保障居民安全健康，国内外很多旧城区采用直排式合流制系统。该类排水体制只有一套排水管网，工程量小、造价低、施工方便。由于直排式合流制系统未设置污水处理厂，旱季时，污水未经无害化处理直接排放；在雨天，雨水径流污染物与径流冲刷的管道沉积物混合排放到受纳水体。因而，直排式合流制系统对受纳水体环境质量造成严重影响，同时不符合环境保护和城市卫生要求。目前，新建城市已不再采用这种排水系统，原有的直排式合流制系统通过建设截污管道和污水处理厂进行改造。

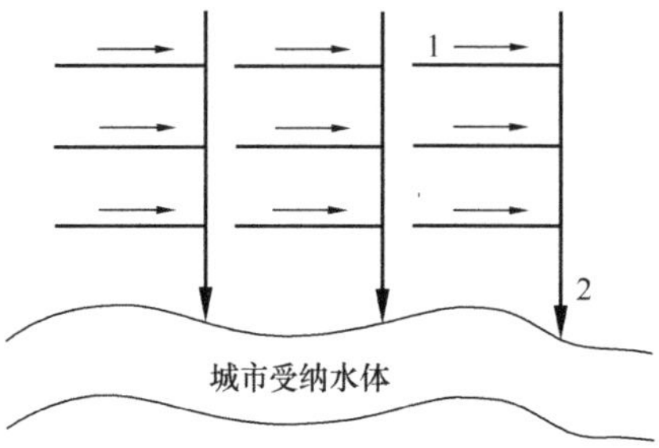

图2-6 直排式合流制系统传输过程示意图
1—合流支管；2—合流干管

2.4.2 截流式合流制系统污染物传输过程

对于截流式合流制排水系统，地表径流及其携带的污染物、生活污水以及工业废水被合流管道收集，雨水径流冲刷旱季管道中的沉积物并与之混合，由截流干管输送到污水处理厂。随着降雨量的增加，超过合流管道的输送能力的那部分混合污水会通过截流井溢流排放到受纳水体，形成瞬时的污染源；当截流的混合污水超过污水处理厂的处理能力时，还会发生厂前溢流。

截流式合流制排水系统截留污（废）水和污染物负荷较大的初期雨水，将其输送到污水处理厂进行处理，有效控制初雨和污水的污染物（图2-8）。与直排式相比，截流式合流制系统大大减少了进入受纳水体的污染物，减小了对水体环境的危害；然而当发生溢流时，仍会对受纳水体造成局部和短期的污染。截流式合流制系统工程量和造价适中，但截流式合流制管内流速较低，易发生沉淀，并且晴天和雨水的水量和水质变化波动大，易对污水处理厂各处理单元产生冲击，因此截流式合流制系统的运行维护成本更高且更复杂。

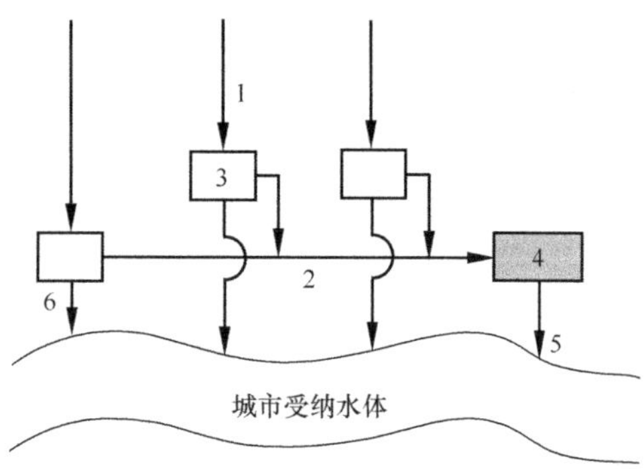

图2-7 截流式合流制系统传输过程示意图
1—合流干管；2—截流主干管；3—截流井；4—污水处理厂；5—出水口；6—溢流出水口

截流式合流制溢流污染的产生、输送过程、排放负荷及其分配受降雨特点、下垫面条件、管道及截流井分布、截流能力（截流倍数）、污水厂处理能力等许多因素的综合影响，其水质水量变化较大，随机性强。针对不同城市区域、不同降雨条件、不同截流倍数和污水厂处理能力，合流制溢流发生的位置和时间、溢流污染物总量都有所不同。

2.4.3　完全合流制系统污染物传输过程

在降雨量较小且对水源水质要求较高的区域，可以采用完全合流制。完全合流制系统将混合污水全部输送到污水处理厂，经过处理后排放到水体（图 2-8）。完全合流制系统对受纳水体的污染最小，对水体环境质量的影响仅取决于污水处理厂的出水水质。完全合流制系统要求铺设大管径的排水管道收集和输送混合污水，同时对污水处理厂的处理规模和承载能力提出更高的要求，以保障雨天排水系统的正常运行，因此导致系统建设投资大、资金利用率低。另外，完全合流制系统在晴天和雨天的水量和水质变化更显著，影响了污水处理厂、泵站等附属设施的安全稳定运行，增加了排水系统的运行维护费用。在实践过程中，考虑到污水处理厂对混合污水的承载能力和排水系统的安全运行，很难实现完全合流制的排放方式。

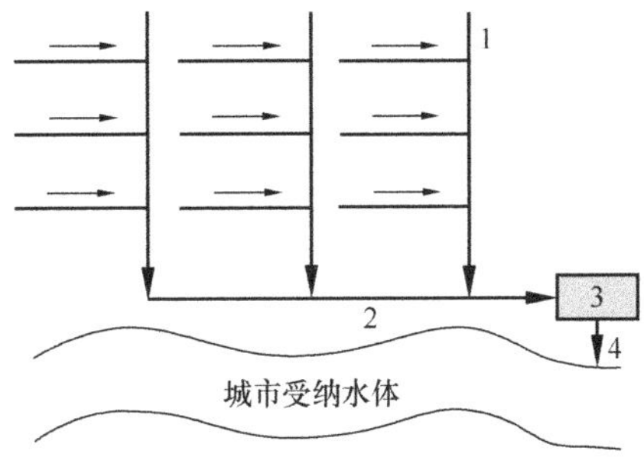

图 2-8　完全合流制系统传输过程示意图
1—合流干管；2—合流主干管；3—污水处理厂；4—出水口

2.4.4　完全分流制系统

完全分流制系统分设了污水和雨水两个互不联通的排水管道系统，污水通过污水管道收集并输送到污水处理厂，经处理后排放或进行再生处理后再利用；雨水径流由雨水管道收集，直接排入水体（图 2-9）。

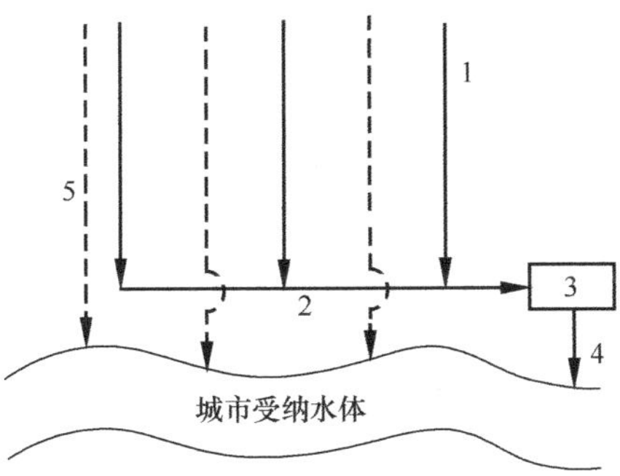

图 2-9　完全分流制系统传输过程示意图
1—污水干管；2—污水主干管；3—污水处理厂；4—出水口；5—雨水干管

完全分流制系统控制污水污染物，保障水环境质量，但仍存在初期雨水径流污染问题。在建设投资方面，据国外经验，完全分流制系统管道工程的投资造价比合流制系统要高 20%～40%。在系统管理方面，分流制系统管道沉积较少，维护成本较低，并且污水厂的运行管理易于控制。

完全分流制系统的雨水径流污染主要是面源污染，面源污染的累积和冲刷规律受到所在区域的降雨特点、下垫面条件、管道维护情况等因素的综合影响。

2.4.5　截流式分流制系统

近年来，含有较高浓度污染物的初期雨水径流对受纳水体水质的影响逐渐受到重视，为严格控制初期雨水径流污染，提出截流式分流制系统。在截流式分流制系统中，城市污

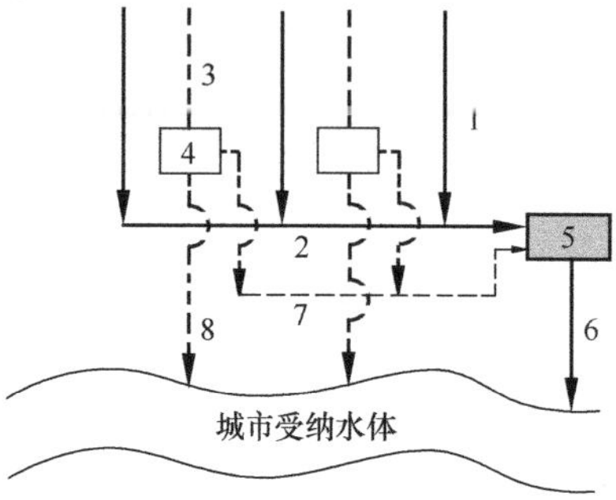

图 2-10　截流式分流制系统传输过程示意图
1—污水干管；2—污水主干管；3—雨水干管；4—截流井；5—污水处理厂；6—出水口；7—截流主干管；8—溢流出水口

水经污水管道输送到污水处理厂，经处理后排放到受纳水体；初期雨水径流通过截流系统截留送至污水处理厂，与污水共同处理，后期较干净且超过截流系统设计流量的雨水径流通过截流系统的溢流设施直接排到水体（图 2-10）。

截流式分流制系统收集和控制污水和初期雨水的直接排放，能够较好地防治雨水径流污染，保护水体环境。该排水系统在建设两个排水系统的情况下，还要求建设截流系统，总投资和建设难度较大；但是截流管道比截流式合流制系统的管径小，进入截流管的水量和水质相对稳定，可降低污水处理厂和污水泵站的运行管理费用。

2.4.6　不完全分流制系统

不完全分流制系统通常只有污水排水系统，未建设雨水排水系统，雨水沿地面、边沟、水渠等原有渠道系统排放；或者为节约投资，在原有渠道系统的基础上，修建部分雨水排水系统（图 2-11）。不完全分流制系统适用于常年少雨、气候干旱、地形利于雨水径流排放以及具有较健全明渠水系的地区，地势平坦或低洼且气候多雨的地区不宜采用该排水系统。

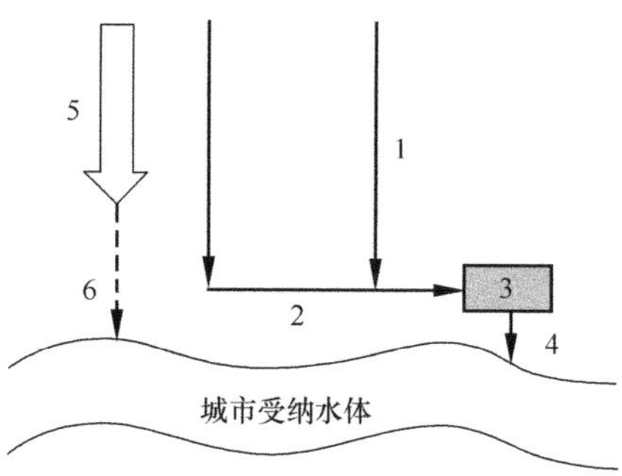

图 2-11　不完全分流制系统传输过程示意图
1—污水干管；2—污水主干管；3—污水处理厂；4—出水口；5—原有排放渠道；6—雨水干管

不完全分流制系统和完全分流制系统一样，地表和管网系统累积的污染物被雨水冲刷并随雨水径流经雨水管道输送，未处理直接排放到受纳水体。

第 3 章　政策与案例

随着城市污水系统的建设和完善，生活污水和工业废水直接排放入城市水体的现象得到控制；然而城市水污染问题并未得到根本解决，其原因在于雨水径流将大量的污染物带入水体。因此，城市水污染来源和治理方法的研究开始从点源污染转为雨水径流污染，雨水径流污染控制的策略和措施得到广泛关注。国内外出台一系列相关政策，对雨水管理和径流污染控制提出要求，并通过河道综合治理、污水系统功能提升等工程措施，治理雨水径流污染，改善城市水环境。

本章对国内在雨水径流污染治理方面的发展历程、政策法规及实践案例等进行阐述，并选取了美国、澳大利亚、英国、德国、日本和新加坡等雨水管理经验丰富的国家，对其雨水径流污染政策法规和相关案例进行叙述说明。

3.1　国内政策与案例

3.1.1　国内政策法规

纵观我国雨水管理领域的发展历史，对于雨水的管理大致可以分为以雨水集蓄利用为主的水资源管理、以城市内涝防治为主的水安全管理，以及包括径流污染控制在内的综合雨水管理三个阶段。在国外低影响开发（LID）、最佳管理实践（BMPs）、可持续城市排水系统（SUDS）等理论与实践基础上，我国于 2012 年第一次提出了“海绵城市”理念，为系统治水提供了新的思路和方法。

1. 城市雨水管理发展历程

我国自 1984 年开始颁布水资源管理相关法律，包括水污染控制、水土保持、防洪和水资源管理等内容，但未涉及城市雨水管理的内容，城市雨水系统仍以末端快速排放为核心目标，现有法律对雨水径流污染控制的约束不足。

我国水资源管理相关法律　　表 3-1

颁布时间	关键内容	主要法律法规
20 世纪 80 年代至 90 年代	1. 防治水污染 2. 保障饮用水安全 3. 预防和治理水土流失 4. 减轻水灾害 5. 防治洪水，减轻洪涝灾害	《中华人民共和国水污染防治法》（1984 年） 《中华人民共和国水土保持法》（1991 年） 《中华人民共和国防洪法》（1997 年）
21 世纪以来	合理开发利用、保护水资源、防治水害	《中华人民共和国水法》（2002 年）

自20世纪80年代末，我国在城市雨水管理领域开展了大量的科研和工程实践，出台了一系列的规范、标准。在国家层面，有《绿色建筑评价标准》GB/T 50378，《建筑与小区雨水控制及利用工程技术规范》GB 50400、《雨水集蓄利用工程技术规范》GB/T 50596。在地方层面，北京市自2000年开始围绕城市雨水利用工程、城市雨水利用策略等方面开展了一系列的研究，先后颁布了《21世纪初期首都水资源可持续利用规划》《关于加强建设工程用地内雨水资源利用的暂行规定》《北京市雨洪利用近期建设规划》等文件；深圳市在雨洪利用方面亦开展了大量的工作，颁布了《雨洪管理规划》《雨水利用工程技术规范》SZDB/Z、《深圳市蓝线规划》《居住小区雨水利用规划》《深圳市雨洪利用系统布局规划》《深圳市居住小区雨水综合利用规划指引》等多项规范。但是，无论从国家还是地方政府层面，最初关注点多集中在雨水集蓄利用方面。

伴随着我国城市建设的高速发展，雨洪管理工作的滞后导致各地内涝频发，排水防涝成为国家及地方工作的重点。国务院、住房和城乡建设部密集出台了以排水防涝为核心的多部重要政策法规，如《关于做好城市排水防涝设施建设工作的通知》（2013年3月）、《城市排水（雨水）防涝综合规划编制大纲》（2013年6月）、《关于加强城市基础设施建设的意见》（2013年9月）、《城镇排水与污水处理条例》（2013年10月）等；多部规范标准也相继出台，如2014年版《室外排水设计规范》GB 50014、《绿色建筑评价标准》GB/T 50378、《城市排水工程规划规范》GB 50318、《城镇内涝防治技术规范》GB 51222等。同时，我国对基于“低影响开发（LID）”与“绿色雨水基础设施（GSI）”理念的城市雨水系统也开展了较为深入的研究和工程示范。2010年我国启动了“低影响开发城市雨水系统研究与示范”国家重大水专项，低影响开发的理念与方法也相继被国家及地方的相关政策法规及规范标准所采纳，并于2014年10月发布了《海绵城市建设技术指南——低影响开发雨水系统构建（试行）》。

在不同时期，我国对城市雨水问题的认识程度及面临的突出问题不同，雨水管理的重点经历了由雨水排放向雨水资源化利用及内涝防治能力提高的转变，并取得了良好进展。另一方面，随着污水处理率和达标率的不断提高，城市可持续发展面临雨水径流带来的污染问题、水文条件改变造成的地下水得不到补充、河道枯竭、水土流失等生态问题，相关研究和政策法规也随之成为城市雨水管理工作的重点。

2. 径流污染治理相关政策与规范

（1）《水污染防治行动计划》

2015年4月2日，国务院印发《水污染防治行动计划》（简称《水十条》），首次明确了严格的治理效果考核考评制度，要求切实加强水环境管理体系建设，深化污染物排放总量控制，提出七大重点流域水质达到或优于Ⅲ类的比例于2020年、2030年分别达到70%、75%以上的主要指标（图3-1）。

《水十条》针对城市雨水径流污染的控制集中体现在管网建设方面，提出在城中村、老旧城区和城乡接合部，应强化污水截流、收集；现有合流制排水系统的地区，应加快实施雨污分流改造；难以改造的，应采取截流、调蓄和治理等措施。新建污水处理设施的配套管网应同步设计、同步建设、同步投运。除干旱地区外，城镇新区建设均实行雨污分

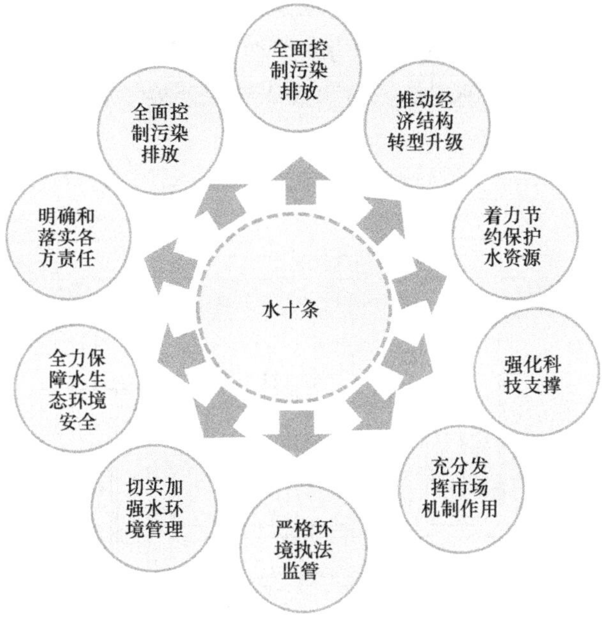

图 3-1　《水十条》目标分解图

流，有条件的地区要推进初期雨水收集、处理和资源化利用。并明确提出，到 2017 年，直辖市、省会城市、计划单列市建成区污水基本实现全收集、全处理，其他地级城市建成区于 2020 年底前基本实现全收集、全处理。

《水十条》的实施，将全面减少因雨污混流造成的 CSO 污染，也将有效推进针对初期雨水的收集、处置工作，其提出的“2017 年建成区污水基本实现全收集、全处理”的工作目标，对于削减雨水径流污染中的“混流污水”部分起到了关键作用，从管网的过程控制层面出发，为进一步实现雨水径流污染控制奠定了基础。

（2）《城市黑臭水体整治工作指南》

为贯彻落实《水十条》要求，加快城市黑臭水体整治，住房和城乡建设部会同生态环境部（原环境保护部）、水利部、农业部于 2015 年 8 月组织制定了《城市黑臭水体整治工作指南》，提出了自 2015～2030 年的黑臭水体整治工作目标（表 3-2），并对整治方案、整治技术及整治效果评估等提出了具体要求。

《城市黑臭水体整治工作指南》工作目标　　表 3-2

序号	年限	工作目标
1	2015 年底前	地级及以上城市建成区应完成水体排查，公布黑臭水体名称、责任人及达标期限
2	2017 年底前	地级及以上城市建成区应实现河面无大面积漂浮物，河岸无垃圾，无违法排污口；直辖市、省会城市、计划单列市建成区基本消除黑臭水体
3	2020 年底前	地级及以上城市建成区黑臭水体均控制在 10%以内
4	2030 年	城市建成区黑臭水体总体得到消除

据《城市黑臭水体整治工作指南》要求，在城市黑臭水体整治的方案编制中，需在系

统分析城市黑臭水体水质水量特征及污染物来源的基础上，结合环境条件与控制目标，筛选技术可行、经济合理、效果明显的技术方法，初步确定黑臭水体整治的技术路线，预估所需的工程措施、工程量和实施周期，预测水体整治效果，形成黑臭水体整治方案（图 3-2）。

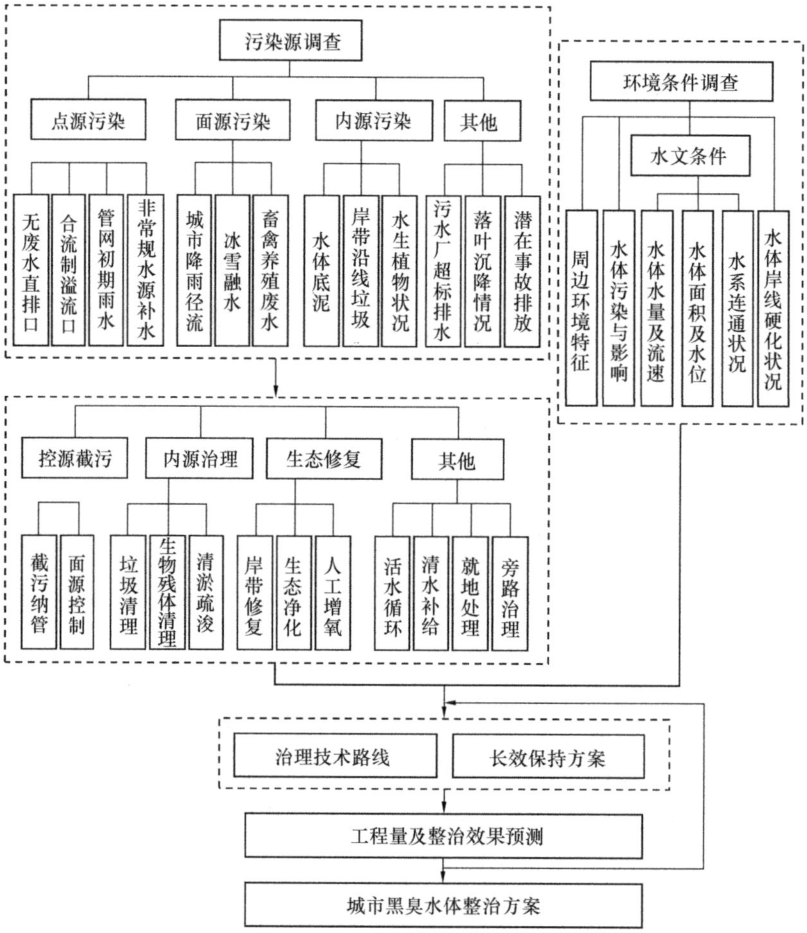

图 3-2　城市黑臭水体整治方案编制流程

《城市黑臭水体整治工作指南》明确提出，需对面源污染进行调查分析，包括城市降雨、冰雪融水的污染特征及时空变化规律、城市下垫面特征、畜禽养殖类型及其污染治理情况等，并列举了雨水径流污染的控源截污技术措施，提出“对老旧城区的雨污合流制管网，应沿河岸或湖岸布置溢流控制装置”的截污纳管技术；并可结合海绵城市的建设，采用各种低影响开发（LID）技术、初期雨水控制与净化技术、地表固体废弃物收集技术、土壤与绿化肥分流失控制技术以及生态护岸与隔离（阻断）技术等，进行面源污染的控制。

(3)《水体达标方案编制技术指南》

为深入贯彻《环境保护法》和《水十条》，加强达标方案的科学编制，生态环境部（原环境保护部）于 2015 年 10 月印发了《水体达标方案编制技术指南》，进一步规定了水体达标方案编制的总体要求、工作步骤、技术路线及达标方案框架。

《水体达标方案编制技术指南》的技术路线包括工作大纲和达标方案两个方面，要求“明确控制断面和水质目标，以汇水分区为单位，通过深入调查评估水环境现状及问题，建立污染排放与水质的响应关系，通过规定各污染源的许可排放量，最终形成总量控制方案”。

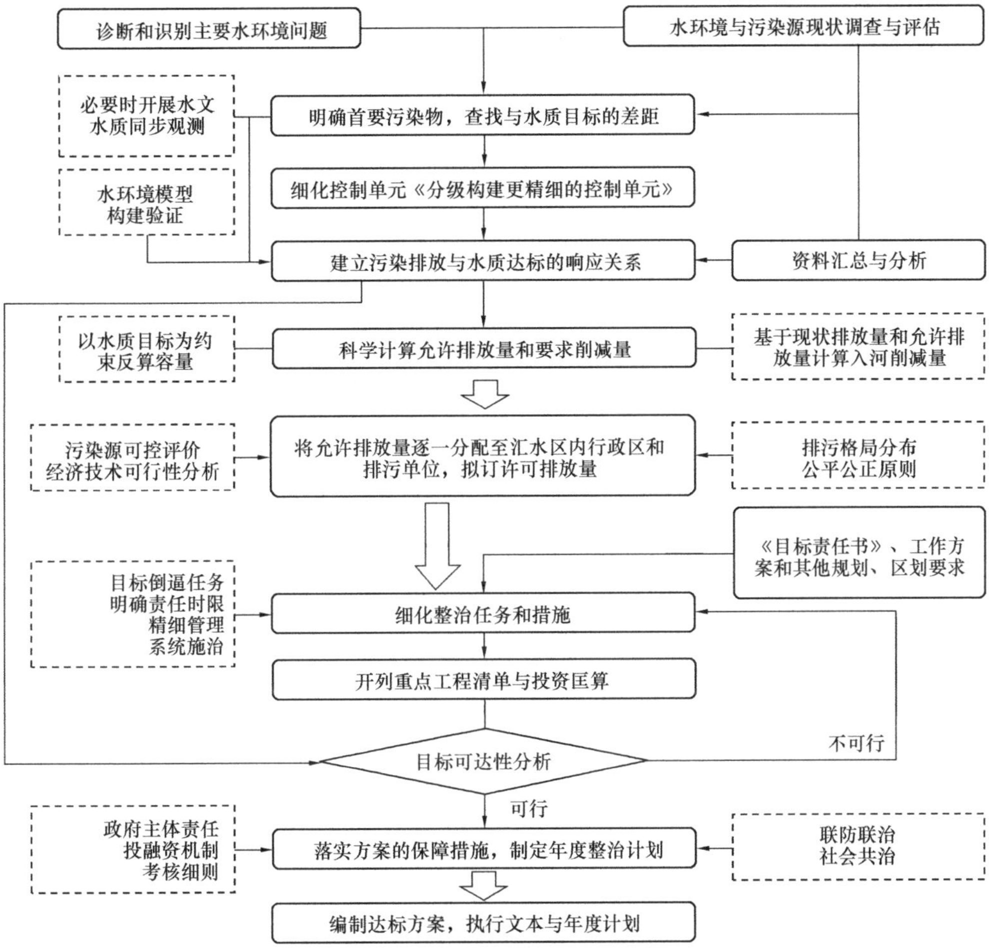

图 3-3　达标方案编制的技术路线图

（4）《城市水系规划规范》GB 50513（2016 年修订版）

《城市水系规划规范》GB 50513 于 2016 年 8 月完成局部修订，2016 年 10 月 1 日颁布实施。根据其条文说明所述，城市水系规划应贯彻落实绿色发展理念和海绵城市建设要求，故在此次修编过程中，强化了面源污染控制和生态修复在水质保护中的应用；并明确了不同排水体制的汇水区面源污染控制的重点。

在水质保护方面，由于城市水系中不同的水体受污染的程度、污染物来源以及水体纳污能力都不完全相同，故该规范提出“源头控制、水陆统筹、生态修复，实施分类型、分流域、分区域、分阶段的系统治理”的水质保护技术路线，要求水系水质保护应分情况进行系统治理。针对不同排水体制下的径流污染控制，该规范提出，对截留式合流制排水系统，应控制溢流污染总量和次数；对分流制排水系统，应结合海绵城市建设，削减城市径流污染。

另外，在水生态保护方面，该规范进一步明确了水生态保护可采用的低影响开发设施，并提出低影响开发设施与传统管渠系统、超标雨水径流系统、下游水系的衔接要求。

(5)《城市防洪规划规范》GB 51079

《城市防洪规划规范》GB 51079 由住房和城乡建设部于 2016 年 6 月完成修编，2017 年 2 月 1 日起实施。根据其总则要求，城市防洪规划应除害与兴利相结合，转变对雨洪的传统认识，注重雨洪利用；雨洪利用是解决防洪问题的重要手段，当前雨洪利用技术主要是基于低影响开发（LID）理念的源头控制机制和设计技术，强调分散、小规模的源头控制，通过因地制宜地采取入渗、调蓄、收集回用等各种雨洪利用手段，削弱或控制暴雨所产生的径流和污染，在减少暴雨带来的城市洪涝灾害和水质污染的同时，还可达到净化空气，减轻“热岛效应”，促进自然水力循环，优化生态环境等功效。

(6)《城市排水工程规划规范》GB 50318

《城市排水工程规划规范》GB 50318 在 2000 年版的基础上进行修编，于 2017 年 7 月 1 日颁布实施。该规范在总则中明确提出，城市排水工程规划的主要内容应包括：确定规划目标与原则，划定城市排水规划范围，确定排水体制、排水分区和排水系统布局，预测城市排水量，确定排水设施的规模与用地、雨水滞蓄空间用地、初期雨水与污水处理程度、污水再生利用和污水处理厂污泥的处理处置要求；并因地制宜地推行低影响开发建设模式，削减雨水径流、控制径流污染、调节径流峰值、提高雨水利用率、降低内涝风险。

其中，针对雨污分流制系统，该规范提出，城市排水工程规划应提出雨水径流污染控制目标与原则，并应确定初期雨水污染控制措施，达到受纳水体的环境保护要求。雨水径流污染控制应采取源头削减、过程控制、系统治理相结合的措施。处理处置设施的占地规模，应按规划收集的雨水量和水质确定。

而针对合流制系统，该规划不仅对排水分区与系统布局、合流水量、合流泵站及合流制污水处理厂的规划提出相关要求，并特别针对合流制溢流污染，提出合流制溢流污水的处理方式有调蓄后就地处理和送至污水厂集中处理等方式。

(7)《室外排水设计规范》GB 50014（2016 年版）

根据住房和城乡建设部《关于印发 2016 年工程建设标准规范制定、修订计划的通知》建标函〔2015〕274 号的要求，《室外排水设计规范》GB 50014（2016 年版）由 2014 年版进行修订而成。

根据条文说明所述，该设计规范在原有基础上，将“推进海绵城市建设，加强降雨初期的污染防治”等内容纳入其中，并增加了按照低影响开发理念进行雨水综合管理的规定，提出“雨水综合管理是指通过源头削减、过程控制、末端处理的方法，控制面源污染、防治内涝灾害、提高雨水利用程度”，要求在城镇规划时，应采用渗透、调蓄等设施减少雨水径流量，减少进入分流制雨水管道和合流制管道的雨水量，减少合流制排水系统溢流次数和溢流量，不仅可有效防治内涝灾害，还可提高雨水利用程度。

在具体规定中设计流量和设计水质方面，针对合流制系统，该规范提出“截流倍数 n_0 应根据旱流污水的水质、水量、排放水体的环境容量、水文、气候、经济和排水区域大小等因素经计算确定，宜采用 2～5。同一排水系统中可采用不同截流倍数”。

在排水管渠和附属构筑物方面，针对用于合流制、分流制系统雨水径流污染控制的调蓄池设计，分别提出基于截流倍数和调蓄量的容积计算公式；同时提出，应构建雨水渗透设施及雨水综合利用设施，用于减少雨水径流，提高雨水利用程度。

(8)《城镇内涝防治技术规范》GB 51222

《城镇内涝防治技术规范》GB 51222 于 2017 年 7 月颁布实施。该规范将城镇内涝防治技术分为源头减排设施、排水管渠设施及排涝除险设施，其同时也是径流污染控制的主要措施。其中，源头减排设施按照主要功能，分为渗透、转输和调蓄三大类；排水管渠设施主要包括管渠系统和管渠调蓄设施；而排涝除险设施主要用于解决超出源头减排设施和排水管渠设施能力的雨水控制问题，是城镇内涝防治系统的重要组成部分，排涝除险设施主要包括城镇水体、调蓄设施和行泄通道等。

(9)《城镇雨水调蓄工程技术规范》GB 51174

《城镇雨水调蓄工程技术规范》GB 51174 于 2017 年 7 月颁布实施。该规范强调，在水量方面，雨水调蓄设施的主要功能是削减峰值流量、防治内涝、控制雨水径流污染和雨水综合利用。雨水调蓄设施的设计调蓄量应根据主要功能要求，经计算确定。当雨水调蓄设施具有多种功能时，应分别计算各种功能所需要的调蓄量并根据不同功能发挥的时序，确定取最大值或是合计值作为设计调蓄量。在水质方面，用于控制雨水径流污染和雨水综合利用时，雨水调蓄工程水质受空气质量、前期降雨情况、下垫面类型和清洁程度、排水系统类型和管道沉积情况等因素影响，变化范围大，应以实测数据作为主要设计依据。

而在雨水调蓄工程设计方面，提出源头调蓄工程、管渠调蓄工程和排涝除险调蓄工程。其中，源头调蓄工程可与源头渗透工程等联合用于削减峰值流量、控制地表径流污染和提高雨水综合利用程度，一般包括小区景观水体、雨水塘和源头调蓄池等；管渠调蓄工程主要用于削减峰值流量和控制雨水径流污染，一般包括调蓄池和隧道调蓄工程等；排涝除险调蓄工程主要用于内涝设计重现期下削减峰值流量，一般包括内河内湖、下凹式绿地、下沉式广场和隧道调蓄工程等。

(10)《海绵城市建设技术指南（2014)》

海绵城市理念的提出，是我国径流污染控制理念的转折点，对今后的城市雨水管理起到重要作用。我国《海绵城市建设技术指南（2014)》（以下简称《指南》）由住房和城乡建设部于 2014 年 10 月颁发，旨在指导各地新型城镇化建设过程中，推广和应用低影响开发建设模式，加大城市径流雨水源头减排的刚性约束，优先利用自然排水系统，建设生态排水设施，充分发挥城市绿地、道路、水系等对雨水的吸纳、蓄渗和缓释作用，使城市开发建设后的水文特征接近开发前，有效缓解城市内涝、削减城市径流污染负荷、节约水资源、保护和改善城市生态环境，为建设具有自然积存、自然渗透、自然净化功能的海绵城市提供重要保障。

根据《指南》，城市人民政府应作为海绵城市建设责任主体，提出在城市总体规划、详细规划（控制性详细规划、修建性详细规划）中应开展海绵城市相关专题，并落实海绵城市指标内容；对于有条件的城市（新区）可编制基于低影响开发理念的雨水控制与利用专项规划；生态城市和绿色建筑作为国家绿色城镇化发展战略的重要基础内容，应将低影响开发控制目标纳入其标准中。

在城市总体规划阶段，应加强相关专项（专业）规划对总体规划的有力支撑作用，提出城市低影响开发策略、原则、目标要求等内容；在控制性详细规划阶段，应确定各地块的控制指标，满足总体规划及相关专项（专业）规划对规划地段的控制目标要求；在修建性详细规划阶段，应在控制性详细规划确定的具体控制指标条件下，确定建筑、道路交通、绿地等工程中低影响开发设施的类型、空间布局及规模等内容；在建设用地规划或土地出让、建设工程规划、施工图设计审查及建设项目施工等环节，应加强对海绵城市相关目标与指标落实情况的审查，通过设计、施工、验收环节实现低影响开发雨水系统的实施（图 3-4）。

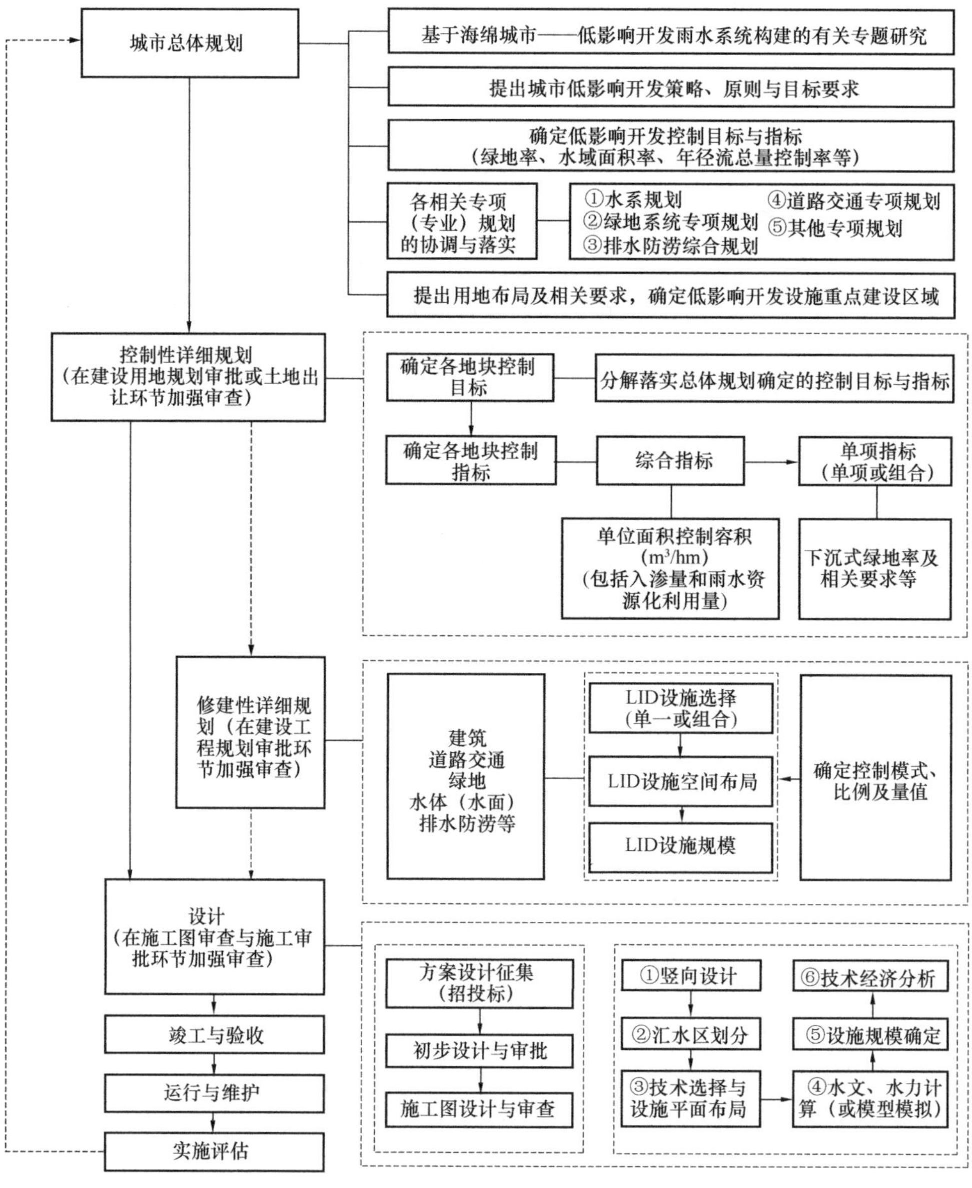

图 3-4　海绵城市——低影响开发雨水系统构建技术框架

3.1.2　国内案例

1. 上海苏州河环境综合治理

苏州河又称吴淞江，发源于太湖瓜泾口，全长 125km。在上海境内，苏州河由赵屯至河口与黄浦江交汇处共 53.1km，由西向东穿越 9 个行政区。市区段长 23.8km，平均河宽 50～70m。苏州河具有泄洪、排水、航运和灌溉等功能，在上海是仅次于黄浦江的重要河道。苏州河见证了上海工业的发展进程，也付出了沉痛的代价，是中国最早被污染的河流之一，成为系在这座繁华都市腰间的一条“黑丝带”（图 3-5）。

图 3-5　苏州河与黄浦江泾渭分明

图片来源：《回到苏州河》纪录片. [2018-12-30]. https://images.shobserver.com/news/news/2018/12/30/04cf3d2d-20f6-4eba-af65-b58cbc5fc0cf.jpg

1996 年，上海全面启动苏州河环境综合整治（图 3-6），并成立苏州河环境综合整治

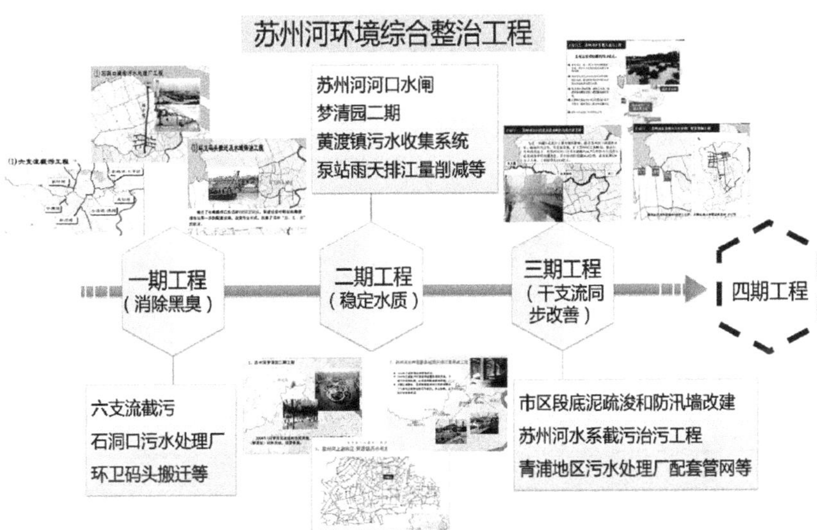

图 3-6　苏州河综合整治工程

图片来源：《苏州河整治走过 20 年！一图看懂苏州河治理的前世今生》. [2018-12-30]. https://images.shobserver.com/news/news/2018/12/30/ed35164c-cff0-498a-8683-d2d30c1df63b.png

领导小组，由市长亲自担任组长，下设专职办公室。此后，上海投入 140 多亿元，实施了三期苏州河环境综合整治工程，通过持续 10 多年的治理，苏州河干流全部消除黑臭。

其中，一期工程于 1998 年 5 月立项，总耗资 68.9 亿元人民币，分 5 年实施。主要实施以消除苏州河干流黑臭以及与黄浦江交汇处的黑带为目标的 10 项工程，涉及支流污水截留、污水处理厂、调水、支流建闸、底泥疏浚、环卫码头搬迁、水面保洁、防汛墙改造等工程。至 2000 年，苏州河与黄浦江交汇处的“黄黑线”基本消失，水环境得到有效提升，生态系统逐步恢复。

2003 年，上海启动苏州河环境综合整治二期工程，总投资约 37.7 亿元人民币，主要实施以稳定水质、环境绿化建设为目标的 8 项工程。该工程进一步改善了苏州河和两岸支流的水质，灵活控制调整内河水位，满足景观和两岸亲水要求，提高防汛能力；改变了苏州河水系环境旧貌，提升城市的环境品质，缓解了中心城区的“热岛效应”；改善了两岸及周边地区环境，解决了普陀、长宁、黄浦区的生活垃圾、粪便的出路，提高了通航能力，改善了两岸面貌（图 3-7）。

图 3-7 苏州河“两湾一宅”段改造前后

图片来源：20 年前的“两湾一宅”. [2018-7-9]. https://images.shobserver.com/news/news/2018/7/8/e7845c85-3f00-4e90-84d5-47d21ac1171b.jpg

2007 年 11 月 7 日，苏州河环境综合整治三期工程开工，总投资 31.4 亿元，具体任务包括苏州河市区段防汛墙加固改造和底泥疏浚工程、苏州河水系截污治污工程、苏州河青浦地区污水处理厂配套管网工程及苏州河长宁区环卫码头搬迁工程（图 3-8）。

图 3-8 苏州河底泥清淤疏浚现场

图片来源：市中心城区段底泥疏浚工程正式全线启动. [2011-1-7]. http://dfdaily.eastday.com/d/20110107/images/00212728.jpg

三期工程完成后，苏州河干流全部消除黑臭，水系水质有了进一步改善，实现了苏州河下游水质与黄浦江水质的同步改善，苏州河支流水质与干流水质的同步改善，但苏州河干支流水质尚未达到国家要求的Ⅴ类水标准，干流（上、中段）还存在防汛安全隐患，两岸仍存在脏乱差现象。因此，对照国家水污染防治行动计划和上海建设卓越的全球城市的要求，上海市政府于 2017 年 12 月发布《苏州河环境综合整治四期工程总体方案》。

四期工程整治范围大幅增加，西自江苏省界，东至黄浦江，北起蕰藻浜，南到淀浦河，共 855km^2，涉及苏州河水系内 12 个片区（图 3-9）。主要有 14 项工程，分别涉及三大领域：污染治理、防汛安全、两岸整治，投资估计在 254.47 亿元，大约是前三期工程投资加在一起的 1.8 倍。力争到 2021 年，苏州河干流和支流全面消除劣Ⅴ类水体，干流堤防工程全面达标，航运功能得到优化，生态景观廊道基本建成。

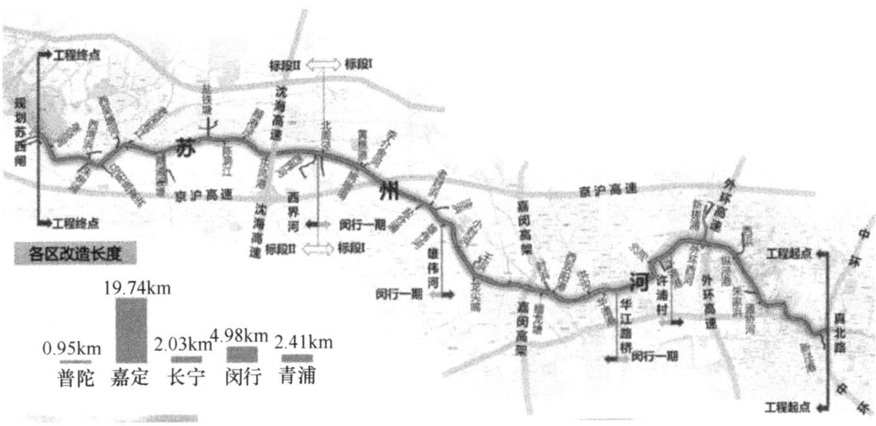

图 3-9 苏州河（真北路至蕰藻浜）堤防达标及底泥疏浚工程

图片来源：苏州河（真北路至蕰藻浜）堤防达标及底泥疏浚工程.［2019-1-4］. http：//imgs.h2o-china.com/news/2019/01/1546566825698905.jpg

其中，支流的整治覆盖到苏州河两翼 2012 条（段）中小河道（含 36 条主要支流）。整治的方法包括：治理所有河道两侧各 1km 范围内的“五违”，疏通约 130 条（段）断头河，采取疏拓河道、新建生态护岸、种植绿化等措施治理 938 条（段）1008km 中小河道等。针对雨污混接这一影响苏州河水质的“老大难”问题，苏四期将完成市政排水管道、企事业单位及沿街商户的混接整治，并结合老旧小区改造计划，逐步消除住宅小区雨污混接。

防汛安全方面，苏四期将实施苏州河段深层排水调蓄管道系统工程，提高苏州河沿线 25 个排水系统的排水能力，将设计暴雨标准提高到 5 年一遇并有效应对 100 年一遇强降雨。同时，依托吴淞江工程，疏拓苏州河蕰藻浜以西段河道，建设两岸堤防；完成苏州河（蕰藻浜至真北路）的堤防达标建设及底泥疏浚。

两岸整治方面，苏四期将积极推进苏州河两岸城市更新及用地转型，建设生态廊道。期间，苏州河青浦段 101ha、嘉定段 86ha、闵行段 84ha 生态景观廊道将基本建成，长宁段 10km 慢行步道（江苏路桥桥墩东侧至外环线）、普陀段 1.39km 贯通工程（真北路至千阳路）、静安段 4.7km 的两岸贯通改造工程也将基本完成。

届时，苏州河将打通滨水通道、增加滨水空间、营造水陆景观、提升生态质量，打造成为“一江一河”世界级滨水区（图 3-10）。

图 3-10　苏州河形式多样的生态岸线布局规划

图片来源：三种不同风格令人眼前一亮.［2019-1-4］. http：//imgs. h2o-china. com/news/2019/01/1546566825250793. jpg

2. 南宁那考河生态综合整治

那考河片区位于南宁市兴宁区，片区属于竹排江流域，由长虹路、兰海高速、厢竹大道围合而成，总面积为 890.75ha。那考河为竹排江的主要支流之一，下游的竹排江穿过南宁琅东 CBD 核心片区，流经广西药用植物园 AAAA 级景区、国际会展中心、民歌湖-南湖景区等重要节点（图 3-11、图 3-12）。

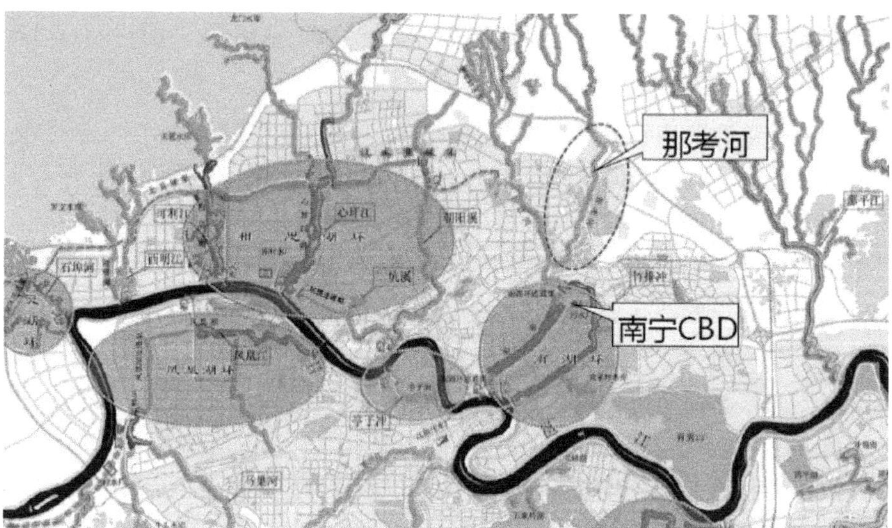

图 3-11　那考河区位位置图

那考河曾属重度黑臭水体。片区内有 52 处排污口，多为雨污合流，加之于水源地上游靠近一批养殖企业，养殖废水污染严重。由于河道上游来水量不能满足水体更新及环境

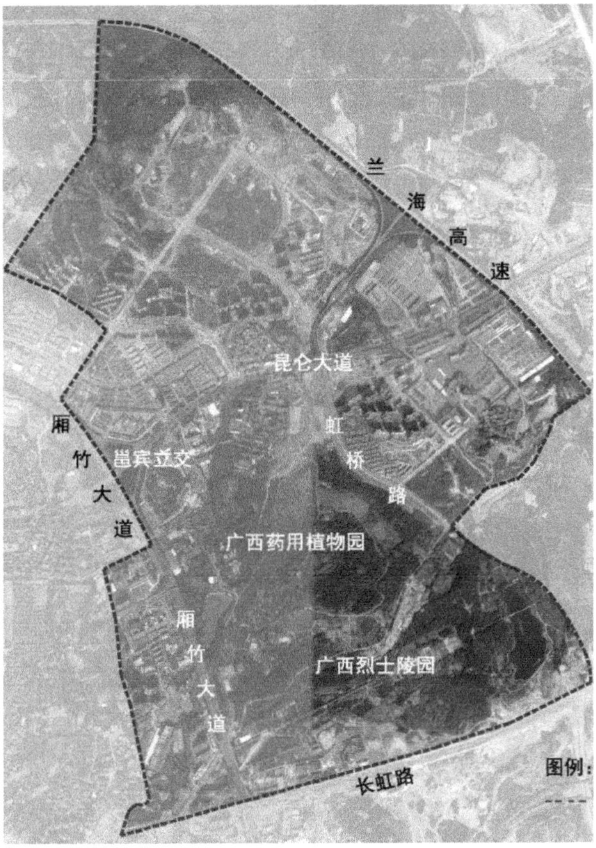

图 3-12　那考河片区平面图

景观用水要求，给竹排江上的河湖水体带来了富营养化风险，也极大影响了城市环境风貌。另外，由于那考河建筑垃圾倾倒、私搭乱建等挤占了河床，导致河道断面过流能力远不能满足 50 年一遇行洪要求。

为彻底改变那考河“黑脏臭”的面貌，围绕“水畅、水清、岸绿、景美”的目标，2015 年 2 月，南宁市政府对那考河流域进行治理，整治范围为南起茅桥湖北岸，穿湘桂铁路、长罡路、厢竹大道、药用植物园、昆仑大道，北至环城高速路；治理主河道长 5.15km，支流河道 1.2km，全长 6.35km。项目内容包括河道整治工程、截污工程、污水处理工程、河道生态工程、河道沿岸景观工程、海绵城市示范工程和信息监控工程共 7 个子项工程内容，总投资近 10 亿元。项目于 2015 年 3 月 31 日正式开工建设，2017 年 2 月完工。

在那考河整治计划中，控源截污、内源控制、生态修复以及活水循环四种技术手段有序衔接，不仅形成了一个呼应的系统，还有利于避免周期性“复臭”的河水整治难题。在源头截污方面，项目计划在上游新建 1 座日均处理量 5t 的污水处理厂，将处理后的尾水经生态净化后排入拟建河道，作为补水水源。利用曝气增氧工程、生态浮岛工程、水生植物工程等一系列河道生态工程，恢复河道的生态；同时将污水处理厂尾水经送至湿地进一步净化后排入河道作为补充水源，这是内源控制和生态修复技术手段的积极应用。

除了常规的河道整治手段外，那考河整治项目在实施过程中，积极引入了“海绵城市”的建设理念，通过设置大量下沉式绿地、雨水湿地、植草沟“海绵体”，对雨水进行自然调节。针对那考河河道沿线雨水排放口、合流制排水口及高速公路雨水排放，南宁市因地制宜地建设下沉式湿地、生物滞留池等渗蓄净化设施，减少雨水污染负荷，改善河道生态环境；在河岸步道、广场等区域实施透水铺装，步道内侧设植草沟，多举措提高“海绵体”质量，防止雨水直接进入河道（图 3-13）。

图 3-13　那考河滨河梯级湿地

图片来源：层层的梯田景观绿化带是天然的雨水净化器．[2017-5-3]. http://nn.wenming.cn/wmcj/201705/W020170503384667263794.jpg

根据整治计划，那考河将按 50 年一遇防洪标准，20 年一遇内涝标准进行设计。同时，在河道两侧 8～120m 绿地范围，南宁市还计划打造一条以植物多样性为主的生态绿道走廊。通过在河道两岸错落栽种大量桂花树和朱槿，打造成“万米桂花溪谷，花香飘溢两岸”的绿色景观（图 3-14）。

图 3-14　生态综合整治后的南宁那考河景观

图片来源：生态综合整治后的南宁那考河景观. [2017-4-22]. http://i2.chinanews.com/simg/2017/170422//66166060.jpg

3.2 国外政策与案例

3.2.1 国外政策法规

1. 美国

自 19 世纪中期，美国开始广泛建设城市排水系统。早期的城市排水方式以直排式合流制为主，随着城市污水系统逐渐完善，美国城市原有的合流制排水系统进行截流或分流制改造，将城市污水排入污水处理厂进行处理后再排放。由于雨污分流的改造难度和资金投入均较大，美国少有城市进行完全或大规模的雨污分流改造。截至 2004 年，美国共有 32 个州 746 个地区存在合流制管道，如纽约、费城至今仍有 70%以上的合流制区域[52]。因此，美国的城市雨水径流污染在很大程度上来自合流制管道的溢流污染。

为有效控制 CSO 污染，美国于 1972 年制定《清洁水法》，以污染排放限值作为 CSO 污染排放的标准；经过数十年的研究后，发布《CSO 控制策略》（*CSO Control Strategy*）（1989）和《CSO 控制政策》（*CSO Control Policy*）（1994），为 CSO 控制策略和实施路径等提供指引。近年来，随着合流制分流改造或 CSO 溢流污染得到控制，雨水径流的面源污染（非点源）控制和治理逐渐得到美国联邦政府的重视，并于 2007 年开始鼓励推广采用绿色基础设施进行 CSO 和雨水径流污染控制。

(1)《清洁水法》（*Clean Water Act*，CWA）

《清洁水法》最早于 1948 年由国会通过，当时称《联邦水污染控制法》，是美国联邦管理地表水污染的第一个主要法律。经过多次修订，于 1972 年改名为《清洁水法》，其主要目的是恢复和维持国家水域的化学、物理和生物成分的完整性。

《清洁水法》严禁向国家水域排放污水，规定向水域排放的污水应满足污水排放的限值，并且达到指定用途的水体所要求的水质标准。污水排放限值是制定 CSO 污染控制标准的主要依据，排放限值的确定主要基于技术和水质：①在考虑对受纳水体的影响的基础上，根据现有技术的污染物处理能力（负荷或浓度）而确定的排放限值；②基于水质的排放限值指根据保护指定用途的水体所要求达到的水质标准而确定的排放限值。

污水处理厂的排放限值一般根据对二级处理出水的相关规定或州一级处理标准确定；其他处理设施的排放限值根据美国环保局（EPA）发布的排放指南、州一级处理标准或项目具体条件确定。各州水域的水质标准由州一级制定并报 EPA 审批，未通过审批的水质标准由 EPA 确定；各州必须每 3 年对水域的水质标准进行复查并提交 EPA 审批。

《清洁水法》通过构建国家污染物排放控制系统许可制度（NPDES Permits），授权满足污染排放限值的污染物排放行为，落实污染排放管控。通常由 EPA 负责颁发污染物排放控制系统许可证，通过 EPA 授权的各州也可对排放许可进行管理，EPA 也有权在 90 天内对州一级管理的许可证的合规性进行审查。另外，《清洁水法》要求各州针对因非点源污染而不能达标的水域，分析造成污染的具体原因，并制定相应的管理计划，控制和解决非点源污染问题。

（2）CSO 控制策略和政策

1989 年 8 月，EPA 发布《CSO 控制策略》，开始有针对性地控制 CSO 造成的城市水体污染。该控制策略的主要目的是：①确保合流制排水系统旱天不发生溢流；②在雨天条件下，所有 CSO 排放量满足《清洁水法》基于技术和基于水质的排放限值要求；③使溢流的混合雨水和污水对水体水质、水生生物、人类健康的影响最小化。

1994 年 4 月，EPA 正式发布《CSO 控制政策》，详细阐述 CSO 控制策略的实施路径和相关内容，以达到污水排放限值。该政策详细介绍了 CSO 排放许可持证发放人与许可撰写人、国家污染物排放控制系统许可管理部门、州水质标准部门的责任，为各相关部门和企业制定和实施 CSO 控制方案提供了操作指南。2000 年，《清洁水法》修订案规定所有国家污染物排放控制系统许可均应符合《CSO 控制政策》的要求。《CSO 控制政策》提出，国家污染物排放控制系统许可持证人需制定和实施 CSO 九项基本控制措施（Nine Minimum Controls，NMC）和长期控制规划（Long-term Control Plan，LTCP）。

CSO 九项基本控制措施包括：①制定排水系统和 CSO 控制系统的定期运营维护计划；②最大化地利用排水系统的储存空间；③核查和完善污水预处理要求以减小 CSO 的影响；④最大化进入污水处理厂的污水流量；⑤消除旱季 CSO 溢流；⑥控制 CSO 中的固体和漂浮物；⑦消除污染；⑧对 CSO 的基本概念和影响进行公共宣传教育；⑨CSO 对水质影响及 CSO 控制有效性的监测。

CSO 长期控制规划包括：①对合流制排水系统开展特征研究、监测和模拟；②加强公众参与，由地方纳税人、工厂以及居住在 CSO 排水系统下游的居民共同决策长期控制规划；③进行敏感区域的识别和分析；④对适宜的控制措施和方案的研究和评估；⑤投资成本和控制效果的分析评估；⑥制定工作计划；⑦最大化污水处理厂的运行效率和承载能力；⑧制定分期实施计划；⑨建设后评价监测计划。

《CSO 控制政策》要求将控制措施和规划纳入不同阶段或相关的污染物排放许可（如污水处理厂排放许可），并上报 EPA 或其授权的州一级许可管理部门审批，同时还要对各许可周期内 CSO 控制措施的实施、效果监测及达标情况进行报审。EPA 或其授权的州一级许可管理部门负责配合许可撰写人、持证人进行许可的编制和报批，并监管九项基本控制措施和长期控制规划的实施与达标情况。州水质标准部门负责审议和修订受 CSO 影响的水体水质标准，如在特殊空间或时间内需对部分情形的 CSO 排放进行豁免时，州水质标准部门需配合持证人编制水质达标分析报告并报 EPA 审批。

（3）绿色基础设施（Green Infrastructure，GI）

2007 年，EPA 正式开始推广使用 GI 缓解 CSO 污染和其他城市水问题，并鼓励将 GI 纳入 CSO 长期控制规划，通过制定《绿色长期控制规划模板：小型社区 CSO 控制规划工具》《绿色化 CSO 控制规划：GI 控制 CSO 的规划与模拟》等技术规程进一步推进和指导 GI 与 CSO 长期控制规划的整合。2012 年 EPA 发布《市政雨污水综合规划方法框架》，统筹协调 CSO 污染控制与雨水、污水等水问题，强调 GI 应用于流域综合管理的重要性，以实现市政雨污水综合管理。地方政府在 CSO 裁定协议中加入 GI 相关条款，促进 GI 成为地方 CSO 污染控制的重要措施。另外，EPA 还统筹制定一系列绿色基础设施的指导手册和技术规程，促进绿色基础设施技术的推广和应用。

2. 澳大利亚

澳大利亚的排水系统采用雨污分流制，19 世纪 90 年代开始在城市地区大规模建设污水管网和污水处理厂，实现城市雨水和生活污水系统的分流。早期的雨水管理以排水通道建设和滞留区/洪泛区恢复为主，直到 20 世纪 70 年代，雨水径流的面源污染才逐渐受到关注，雨水管理理念开始从“管道末端集中式处理”向“分散式源头处理”转变。

以澳大利亚维多利亚州为例，1970 年维多利亚州政府颁布《环境保护法案》，严禁污水的直接排放，加强污水收集和处理，强调保护和管理水体水质对水生态系统、物种多样性和人类健康的重要性。2003 年维多利亚州发布的《维州环境保护政策》（*State Environment Protection Policy*，SEPP）强调雨水径流污染应实施相应的控制措施以降低其对环境的负面影响。2006 年发布的《维州规划规定》强制执行第 56 条（Clause56），即使用水敏性城市设计进行综合水管理，以减少雨水径流和径流污染的排放，收集利用雨水资源。

根据澳大利亚国家水工程委员的定义，水敏性城市设计（Water Sensitive Urban Design，WSUD）是一种土地规划和工程设计方法，WSUD 将城市水循环的概念（包括雨水、地下水、污水处理和供水等环节）纳入城市设计，以减少城市开发对自然系统和水循环的负面影响，改善人居环境，实现可持续的水资源管理。在雨污分流的排水体制下，WSUD 关注城市雨水径流管理和自然水系统的保护和强化。在场地内采用有利于雨水滞蓄和渗透的 WSUD 设施，包括生物滞留池/生物滞留带（雨水花园）、人工湿地、渗透设施、湿塘、植草沟等，取代传统的管道和排水系统，增加雨水滞留时间，减少雨水径流总量和峰值流量；发挥 WSUD 设施的土壤介质和植物的过滤净化功能，削减径流污染，从而控制排放到自然环境的雨水径流水质；减少高耗水的器具和电器，增加雨水的收集利用；将 WSUD 设施融入景观设计，提升都市休闲娱乐和环境的品质。通过采用 WSUD 设施，新开发用地应满足污染物削减率为：总固体悬浮物（TSS）＞ 80%，总氮去除率（TN）＞45%，总磷去除率（TP）＞45%。

基于 1992～1996 年对菲利普海湾的环境评估，墨尔本确定了以年总氮排放量作为指标控制雨水径流面源污染。2006 年，墨尔本水务部门创新性地提出了雨水水质补偿项目，要求开发项目实施雨水水质控制措施，以削减开发范围内的污染物排放。住宅项目的雨水水质补偿量根据开发类型和开发量由当地主管部门确定是否需在现场建设雨水处理设施或实施雨水补偿。针对不能满足污染物排放限值（以总氮排放量为指标）的项目，要求对超标的总氮排放缴费补偿，2014 年的雨水补偿费用为 6645 澳元/kg 年总氮排放量。

3. 英国

19 世纪上半叶，由于工业革命的成功，英国城市排水基础设施建设得到发展，英国成为世界上最早建立完善的排水系统的国家之一。在英国的主要城市，排水沟和自然河道被改造为暗渠和合流制的排水管道，以改善城市排水状况和卫生条件。由于城市化发展和排水系统的老化，原有的合流制排水系统较难满足现在的排水需求，合流制溢流污染和城市污水系统的雨天出水对受纳水体的生态环境质量造成严重的影响。20 世纪 90 年代初期，英格兰和威尔士地区共发生 25000 次合流制溢流事件（单个排放口的单次溢流计为 1 次溢流事件），其中约 8000 次溢流事件引起受纳水体的污染。

1991 年，欧盟颁布《城市污水处理法令》(*Urban Wastewater Treatment Directive*)，要求欧盟成员国采取措施改善和控制合流制系统、雨水调蓄池和污水处理厂的间歇性雨天混合污水溢流排放事件。2000 年，《欧盟水框架指令》（Water Framework Directive）正式实施，提出到 2015 年实现水体生态和环境达到良好状态的目标。欧盟水框架指令强调流域综合管理，并规定成员国采用统一的排放标准，家庭、农业和工业均要承担水资源管理费用。另外，在欧盟水框架指令颁布之前，英国通过《环境保护法》（*Environmental Protection Act* 1990）、《水资源法》（*Water Resources Act* 1991）等法律规定污染物向水体的排放标准，提出对水体生态环境的保育和改善。而上述法律后来也经过修订，使其与欧盟水框架指令的要求相适应。

为减少合流制溢流污染、保障城市水体生态环境，自 1995 年 4 月，英国政府要求水务公司开展资产管理计划（Asset Management Plans，AMPs），实施推进合流制排水系统和雨水调蓄池改造工程；截至 2010 年，英国共完成约 8000 个 CSO 系统和雨水调蓄池的改造提升，使系统满足设计排放标准。而为应对气候变化对排水系统的挑战，2016 年伦敦开始建设泰晤士潮汐隧道，通过雨季污水储存和滞蓄，控制泰晤士河沿岸合流制雨季溢流污染。

1999 年英国提出可持续城市排水系统（Sustainable Urban Drainage System，SuDS），并于 2010 年将其纳入《洪水与水资源管理法》(*Flood and Water Management Act* 2010)。可持续城市排水系统以环境保护和可持续发展为前提，通过建立分散式的地表径流控制设施系统实现自然排水，并利用绿色基础设施增加雨水径流下渗和滞蓄，控制径流峰值，削减径流污染，从而保护和改善水质，维护水生态系统、环境和城市的可持续发展。可持续排水系统包括雨水收集与利用、源头消纳、集中调蓄和区域控制等四种雨水控制和管理措施，是控制城市雨水径流面源污染的重要措施。

4. 德国

在 19 世纪末，随着城市化的发展，德国开始在城市区域建设排水系统，最早的合流制排水系统建于法兰克福和汉堡，随后分流制排水系统得到发展。德国南部城市大多选择合流制排水系统，而北部和东部的城市更倾向于选择分流制排水系统。

在合流制排水模式下的德国现代雨水径流控制理念发展于 20 世纪 70 年代早期，建设与生物污水处理厂相连接的 CSO 调蓄池得到推广，以截流处理合流制管道的溢流污染，并被纳入合流制雨水管理系统设计指南《ATV-A 128，1977》。建设雨水滞蓄设施（雨水调蓄池或生物滞留设施）则是分流制排水体制下的雨水径流污染控制的有效措施，实现雨水径流污染的分散式源头削减和净化。到 2004 年，德国共建设 41569 座调蓄池，包括 CSO 调蓄池、雨水滞蓄设施和雨水沉淀净化池。德国总调蓄容积高达 46753000m^3，平均每座污水厂拥有近 4 座雨水池。在设计指南（ATV-A 128，1977）的基础上，德国还发布了集中雨水处理滞蓄设施结构设计手册（ATV-DVWK-A 166，1999）和集中雨水处理滞蓄设施设备设计和建造说明与实例（ATV-DVWK-M 176，2001），为CSO调蓄池和雨水调蓄池提供设计指引[53]。

作为欧盟成员国之一，德国在《欧盟水框架指令》（*EU Water Framework Directive*，Directive2000/60/EC）的框架下，实施水资源的保护和管理。2010年，德国联邦政府修订了《联邦水法》（Federal Water Act），该法案于1957年开始被采用，将《欧盟水框架指令》的要求融入德国国家法律体系，并允许各地政府调整当地水法以适应《欧盟水框架指令》的规定。《联邦水法》的修订为跨领域、可持续的水管理奠定了法律基础，构建了德国的水资源管理体系，并提出到2027年实现所有水体在水生态和水环境方面都处于良好的状态。《联邦水法》涵盖了地下水污染与退化、城市污水处理、环境保护与洪水风险以及社区行动网络框架等内容，并通过《废水条例》（*Waste Water Ordinance*）、《地表水条例》（*Surface Waters Ordinance*）、《地下水条例》（*Groundwater Ordinance*）等关键法令来规范《联邦水法》的实施。

目前，德国并没有对地表雨水径流的水质排放标准作出明确的规定。然而，地方政府允许根据各地实际情况，规定和执行通用的雨水处理措施、特定的处理要求或针对不同的雨水径流污染物提出允许排放的限制。为减轻系统的排水压力、减少合流制溢流污染、保障受纳水体的水质，柏林通过《家用水法》（*Water Household Law* 2010）规定：应采用分散的源头雨水滞蓄设施储存场地雨水，并进行渗透和消纳，仅允许紧急雨水排泄到合流制排水系统。并且，柏林还对场地雨水径流向排水系统的排放收取雨水费用，针对地表雨水径流需向市政排水系统排放的场地，2014年的雨水排放费用为1.825欧元/m^2。另外，北莱茵威斯特法利亚州（NRW）则对地表径流的类型及对应的雨水处理措施和允许的排放标准做出明确的规定[54]（图3-15）。

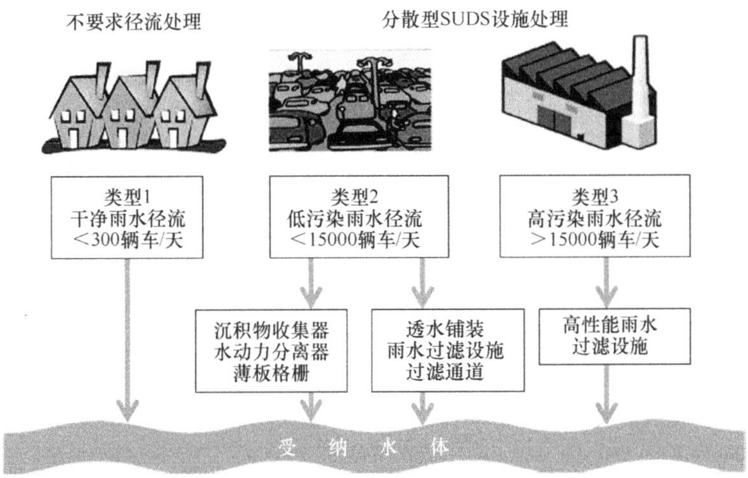

图3-15 北莱茵威斯特法利亚州（NRW）地表径流及对应雨水处理设施分类[54]

5. 日本

为改善城市卫生条件、预防疾病感染以保障居民健康，日本从20世纪初开始建设城市排水系统。考虑到同时满足洪水和污染控制的要求，日本早期的排水系统以合流制管道系统为主，采用合流制系统的城市共192个。

到20世纪70年代，公共水污染严重，扩大污水处理服务的范围、采取必要的措施实施污水处理十分必要。1970年，日本政府通过“污染控制方针”（Pollution Diet），构建环境和卫生政策框架。“污染控制方针”重要的贡献包括《水污染控制法》（*Water Pollution Control Law*）的制定以及对《排水法》（*Sewerage Law*）的修订。《水污染控制法》规定了全国范围内的工厂和商业设施的污水排放标准，要求控制生活污水的排放及沿海封闭海域污染物的总量，并且实行公众水域的水质监测。《排水法》要求编制区域污水收集总体规划以改善公共水域的水质，制定污水项目实施主体结构标准、出水水质标准及污水系统个人使用收费标准，建立国家建设补助机制等。

污水处理设施的建设和优化保障了旱季城市水体环境质量，却突出了雨后的合流制溢流污染问题。2003年，CSO的控制要求被纳入《排水法》。日本政府还成立了合流制管道系统顾问委员会，开展CSO污染控制研究，包括格栅、高效过滤、沉淀和分离、消毒、检测仪器和控制方法等相关技术。地方公用事业部门和国土交通部同意改进合流制管道系统，以实现以下三个目标：

① 合流制排水系统的总污染负荷应等于或小于同一区域分流制排水系统假设情景下产生的污染负荷；

② 采取必要措施使合流制溢流事件的次数减少为原来的一半；

③ 所有的溢流设施应具备固体服务总量控制措施。

以大阪市为例，大阪市约97%的地区采用合流制排水系统。根据调查，城市公共水体70%的BOD负荷和80%的SS负荷来自于雨季的合流制溢流。为解决CSO污染问题，大阪市政府于2006年制定合流制管道系统改善计划，采取活性污泥处理雨季混合污水、引进平板沉降设施和混凝剂促进颗粒物沉降、建设雨水调蓄池或利用大管径雨水干管的调蓄空间储存雨水等措施，以提升雨季合流制管道溢流污染控制能力。

6. 新加坡

新加坡毗邻马六甲海峡南口，属于热带多雨气候，常年受季风、苏门答腊暴风和海风引发的雷暴影响，导致严重的城市内涝问题。为实现有效雨水管理、缓解城市内涝，新加坡环境部于1972年成立雨水管理部门，以集水区为单位规划、建设和管理城市排水系统。新加坡的排水体制采用完全分流制，通过整体统筹规划，三分之二的新加坡国土面积被划分为东部、西部和中部三个主要集水区，雨水通过纵横的雨水管道和明渠系统（总长度约8000km），被收集到岛内的17个供水蓄水池。因此，控制雨水径流污染是保障新加坡水源地安全和水质达标的重要措施。

新加坡政府构建全面环境立法体系，并严格落实环境法律。新加坡现行的水管理相关法规主要包括：

①《污染控制法》（*Pollution Control Act*，2002），该法案规定了污水排放系统和开放水道的允许污染物排放限值，包括温度、pH、BOD_5、COD、TSS等。

②《环境及公众卫生条例》[*Environmental Public Health*（*Toxic Industrial Waste*）*Regulations*]，该条例规定了对有毒工业废水排放的控制要求。

③《污水和雨水排水法》(*Sewergae and Drainage Act*，2001)，该法案规定了新加坡公用事业局（PUB）全面负责新加坡供水、排水、水源保护、水回收处理、集水区等一系列水务管理工作。

2005 年新加坡绿色规划修编，在“清洁的水”的声明中强化可持续水城的愿景。2006 年新加坡公用事业局启动“活力、美观、清洁”水项目（Active，Beautiful，Clean Waters Programme）（以下简称 ABC 水设计），整合城市水系统和绿地系统，将水系统与城市社区空间、景观和雨洪管理相结合，实现活力的滨水娱乐空间构建、滨水景观和生物多样性提升、雨水径流和面源污染控制的可持续发展目标。其中，“清洁”部分强调雨水径流污染的控制，通过采用 ABC 水设计理念及设施实现场地内的雨水滞蓄和水质净化。新加坡公用事业局将 ABC 水设计要求纳入地表排水系统实施规程，并组织编制了 ABC 设计导则和 ABC 工程规范，指导 ABC 水设计的规划、设施选择、技术设计、施工和维护等方面，还通过建立 ABC 水项目认证制度（ABC Waters Certification）及将雨水管理纳入绿色建筑认证（Green Mark Certification），促进 ABC 水设计及设施在新加坡的推广和应用。

3.2.2　国外案例

1. 纽约绿色基础设施计划——清洁用水的可持续性发展（NYC Green Infrastructure Plan——A Sustainable Strategy for Clear Waterways）

2010 年，为维护清洁的水系统、构建绿色可持续的城市，纽约市政府在《可持续雨水管理计划》的基础上颁布《绿色基础设施计划》。该计划根据对城市下垫面、现有排水系统以及现状用水情况的分析，结合灰绿基础设施，制定 CSO 污染减排策略和框架。《绿色基础设施计划》提出减少合流制管道溢流次数的主要措施，估算全市的 CSO 减排量和投资运维成本，并且以流域为层级预测策略实施的效果。减少合流制管道溢流次数的主要措施包括：

(1) 建造高性价比灰色基础设施：为降低纽约市每个流域 CSO 流量，2007 年环保部提出投资额高达 29 亿美元的高性价比灰色基础设施建设计划；高性价比灰色基础设施主要包括改进下水道系统、升级泵站、清理和评估下水道、改进截留装置、建设/升级 CSO 设施等。

(2) 采用绿色基础设施控制 10%不透水面的雨水径流：加强源头雨水径流控制，鼓励新建项目采用绿色屋顶、雨水花园、透水人行道和雨水植草沟等绿色基础设施，已建项目、公共用地和公园等则可通过安装雨水桶、透水铺装、雨水花园和人工湿地等控制雨水径流；纽约市预备在 20 年时间里投入 15 亿美元发展绿色基础设施，并通过创建行动小组、制定技术规程、简化设计和许可流程、将绿色基础设施计划纳入流域层面规划，促进绿色基础设施的发展和应用。

(3) 优化现有排水系统：通过构建纽约市合流和生活污水收集系统的水文水利模型，评估现有排水系统的排水能力；对现有截流管道、截流设施和防潮门进行勘探和监测，评估现有排水系统的排水能力和截流设施的适用性，提出修复计划；加强排水系统包括排水管道、节流设施和调节池等的巡查、清理和维护。

（4）通过需求管理减少用水量：跟踪用水量，制定节水法规和措施（如鼓励使用节水装置等），调整水费结构。

（5）利益相关者参与管理：设立 CSO 排放标示，并公示 CSO 的位置；通过公开会议、网站介绍等方式加强绿色基础设施和雨水管理的公众教育和参与度；政府通过与大学、社区组织和其他城市机构建立伙伴关系，促进绿色基础设施的研究，开展雨水试点项目等（图 3-16）。

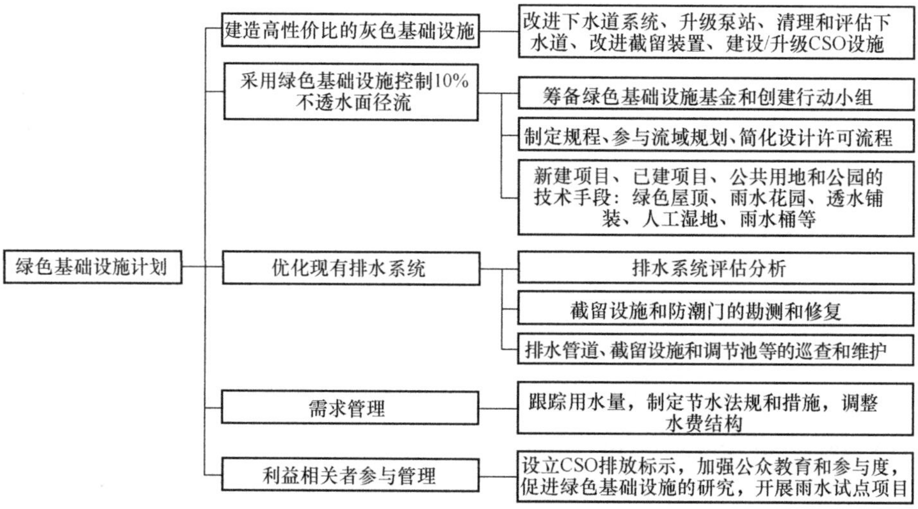

图 3-16　绿色基础设施计划的主要措施

为估算全市 CSO 排放量，评估污水处理厂、排水系统建设和优化对水质的改善情况以及绿色基础设施建设对控制 CSO 的有效性，美国国家环境保护部对 CSO 排污口、污水处理厂进厂流量、CSO 滞留设施的溢流量、纽约港口的 57 个排放口的水质以及绿色基础设施建设示范区的设施性能开展连续监测。

以哈钦森河示范区为例（图 3-17），该示范区位于布朗克斯东北部，总面积为 24.1 英亩（约为 9.75 公顷）。哈钦森河示范区以高层电梯建筑为主，不透水面包括街道、人行道、屋顶、操场、私人车道和停车场，约占示范区总面积的 81%。示范区的土壤为查特菲尔德和绿地土系，透水性较好。沿哈钦森河示范区的主干道共建设 22 个道路生物滞留设施，尺寸在 1.8m×3m 到 1.8m×6m 之间。

在示范区排口安装流量监测设备，对绿色基础设施建设前后的 61 场暴雨（建成前监测 24 场暴雨，建成后监测 37 场暴雨）的排口流量进行监测可得：①在绿色基础设施建成后的暴雨峰值强度普遍降低；②对于总降雨量大于 1 英寸（1 英寸约为 25.4mm）的暴雨，测算的平均雨量径流系数由建设前的 35%下降到建设后的 28%；③对于总降雨量大于 1 英寸的暴雨，测算的平均雨量径流系数由建设前的 53%下降到建设后的 47%；④总体而言，绿色基础设施建设实现 14.3%的不透水面雨水径流控制（图 3-18）。

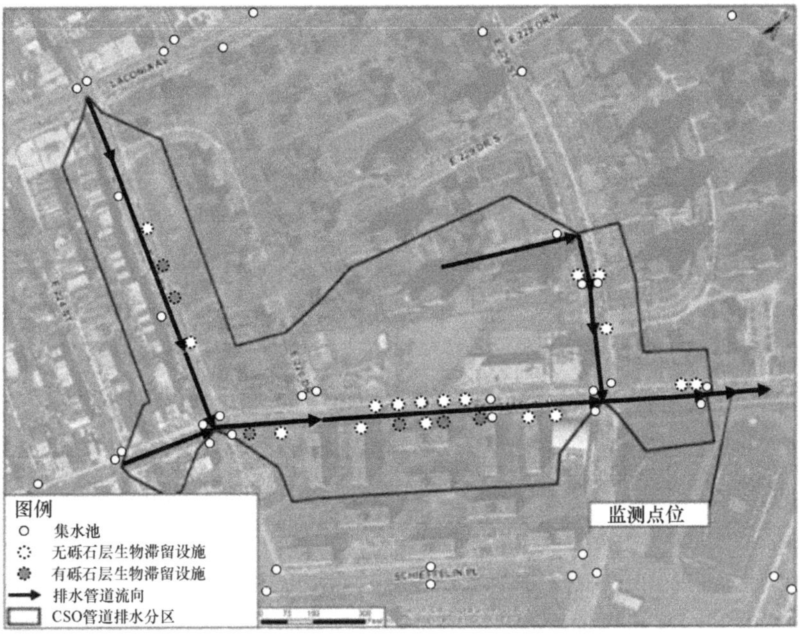

图 3-17　哈钦森河示范区生物滞留设施位置图

图片源自：NYC Dapertment of Environmental Protection，Report for Post-construction Monitoring Green Infrastructure Neighnorhood Demonstration Areas. December 2014

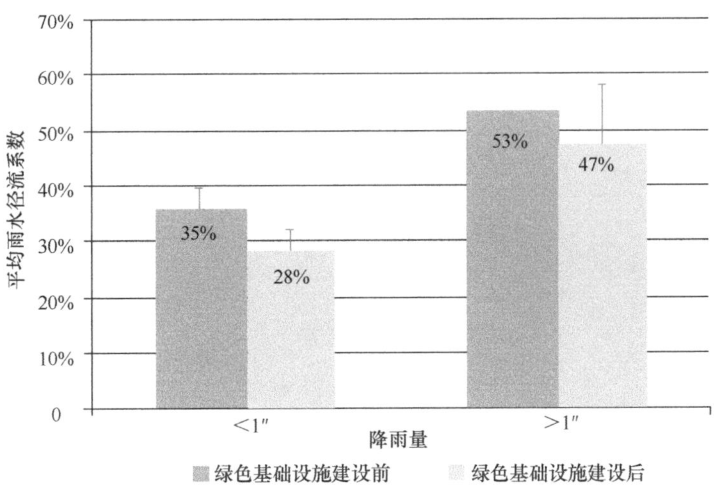

图 3-18　绿色基础设施建设前后的平均雨量径流系数

图片来源：NYC Dapertment of Environmental Protection，Report for Post-construction Monitoring Green Infrastructure Neighnorhood Demonstration Areas. December 2014

2. 旧金山污水系统改善计划（Sewer System Improvement Program，SSIP）

旧金山的合流制排水系统有超过 100 年的历史，合流管道总长约 1000 多英里，有 3 个污水处理厂和 27 个泵站，负责收集和处理 80％城市产生的污水和雨水。由于常规维护已不足以应对系统老化、气候变化和地震对合流系统的影响，旧金山水务部门从 2005 年开始统筹规划污水系统改善计划（SSIP），2012 年获得批准。该计划是一项为期 20 年的全市范围的污水系统改善工程，通过升级老化的污水基础设施（灰色），发展绿色基础设施（绿色），确保混合雨污水处理后排放（清洁），构建可靠、可持续和抗震的污水系统，维护城市活力、市民健康和生态环境。

为确保项目的成功实施，SSIP 明确了具体的、可衡量的且结果驱动的目标：①构建兼容、可靠、有弹性和灵活的排水系统，保证遭遇大地震或灾难后的 72 小时内可恢复系统运行；②通过创新绿色雨水工程建设和污水管道（灰色基础设施）升级相结合，尽量减少雨水对社区和污水系统的影响，改善雨水管理，减少城市内涝；③按照气候变化设计标准建设排水设施，使城市排水系统能够适应海平面上升等气候变化影响；④通过中水回用和雨水收集，实现经济和环境的可持续性；⑤为社区提供经济和就业福利；⑥分阶段实施 SSIP，控制计划投资和纳税人的负担。

SSIP 共分为三期，一期工程从 2016 年开始，计划 2025 年完成，预计总投入为 29 亿美元，包括 70 个灰色和绿色基础设施工程项目（图 3-19）。一期的灰色基础设施项目以改善和修复老化和地震易损的灰色基础设施为主，包括中央港湾系统改进工程（大型深隧项目），大型调蓄池、调蓄管、泵站等灰色设施的升级修复等。SSIP 一期还将建设、监测和评估 8 个绿色基础设施项目，采用透水铺装、雨水花园等绿色基础设施构建绿色街道和绿色走廊，实现雨水径流及径流污染的源头控制。

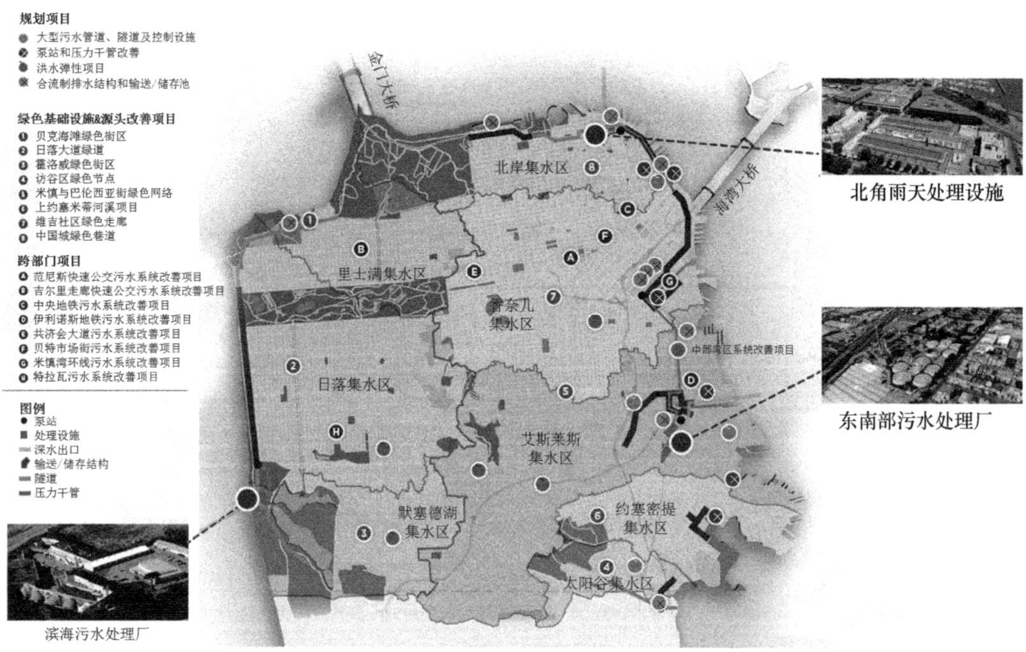

图 3-19　旧金山排水系统改善计划一期项目分布图

图片来源：旧金山排水系统改善计划．[2020-1-15]．https：//sfwater．org/index．aspx？page=607

3. 伦敦泰晤士河潮汐隧道工程（Thams Tideway）

为达到欧盟城市污水指标，减少沿河 CSO 的溢流量和溢流污染，伦敦市于 2016 年开始建设泰晤士潮汐隧道，分东部、中部和西部三期建设，总投资预计 42 亿英镑，预计 2024 年完工（图 3-20）。泰晤士潮汐隧道位于地下 65m，全长 25km，直径约 7.2m。该隧道将拦截和储存沿河 34 个溢流口的合流污水，再通过泵站将合流污水排入污水处理厂，经处理后再排入泰晤士河。

泰晤士河潮汐隧洞可减少 94%的合流管道溢流（现状平均年 CSO 溢流量约为 3900 万 t），并确保城市污水系统处理能力能够满足未来 100 年的需要。除了显著改善河道水质、保护生态系统，泰晤士潮汐隧道工程还计划沿河新建 7 个总面积超过 $3hm^2$ 的公共空间，为居民提供休闲娱乐的亲水空间。

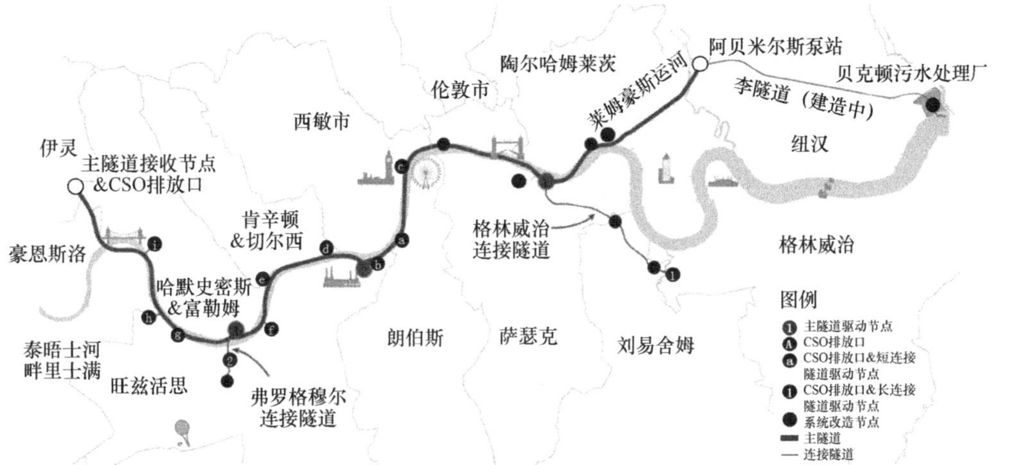

图 3-20　泰晤士潮汐隧道布局图

图片来源：London's New "Super Sewer". [2020-1-15]. https://beckettrankine.com/londons-new-super-sewer/

英国环境部门对采用可持续城市排水系统（Sustainable Urban Drainage System, SuDS）替代深层隧道从而实现水质改善目标的可达性进行了研究和论证，并于 2013 年 10 月发布了《可持续排水系统和泰晤士潮汐标准的论证评估报告》（以下简称《评估报告》）。《评估报告》对英国和国际学术界的相关研究成果、投资预算和可实施性进行了评估分析，得出以下主要结论：

（1）仅采用 SuDS 无法达到泰晤士潮汐隧道的目标和水质控制标准。在新建项目推行 SuDS 对改善河道水质的效果并不显著。另外，根据 SuDS 和 CSO 建模分析，若实现 50%不透水面雨水径流通过 SuDS 滞蓄和净化，每年仍然会出现 10 次 CSO 溢流事件，并且雨水径流污染控制的效果无法达到河道水质要求，而深隧项目的标准为每年溢流小于 4 次。

（2）为实现河道水质目标，泰晤士潮汐隧道的投资预算远小于大规模绿色基础设施建设的投资估算。由于缺少开展大规模绿色基础设施建设的经济效益的基础数据，仅对控制 50%不透水面雨水径流所需建设的 SuDS 进行投资估算，预计费用为 130 亿英镑，而泰晤士潮汐隧道的投资预算约 42 亿英镑。

（3）SuDS 的可实施性存在一定的困难。伦敦市区高度开发和不透水面比例较高，限制了 SuDS 的建设和雨水下渗的空间；广泛推广 SuDS 建设会对道路交通造成影响，增加建设费用和实施难度，影响居民生活。

然而，《评估报告》也提出，在推进泰晤士河潮汐隧道建设、保证水治理目标达标的同时，需通过更成熟的技术研究、更具说服力的经济数据和系统的标准体系建立，积极促进绿色基础设施的发展。

4. 墨尔本市政综合水管理计划（Municipal Integrated Water Management Plan，Municipal IWM Plan）

2004～2014 年，墨尔本在《总体水印战略》（Total Watermark Strategy）的指导下实行综合水管理，统筹和协调管理水循环的所有组成部分，包括水的消耗、雨水、径流、废水和地下水，以确保更广泛的集水区效益。随着《总体水印战略》的结束，考虑到未来水管理方面的变化和挑战，提出了《市政综合水管理计划》（Municipal Integrated Water Management Plan，Municipal IWM Plan）。该计划重点关注适应气候变化的弹性和安全的城市建设，健康宜居、生物多样性、具有健康公共开放空间和清洁水系的水循环系统和水环境构建，高效水资源利用以保障墨尔本供水系统的可持续性。《市政综合水管理计划》还明确了近期（2018 年）和远期（2030 年）的目标，具体如图 3-21 所示。

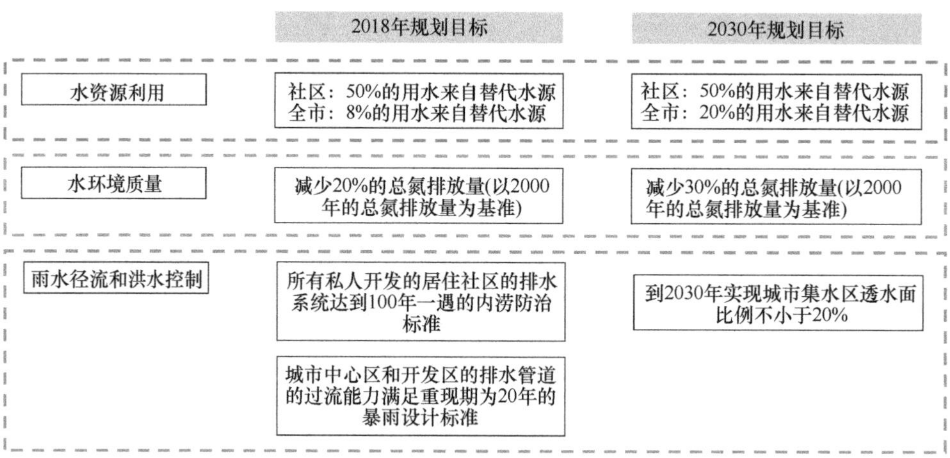

图 3-21 市政综合水管理计划近期（2018 年）和远期（2030 年）目标

基于地方和流域的规划方法，《市政综合水管理计划》确定了四个示范区的水管理策略和实施方案，四个示范区包括渔夫湾区、阿尔登-麦考利、市北区、达克兰和南岸（图 3-22）。另外，该计划还规划了墨尔本西部结构规划区雨水收集和渗透工程以缓解达德利街（Dudley Street）的内涝问题，迪农路（Dynon Road）潮汐水道的水质改善和鸟类栖息地保护项目，皇家公园湿地和加拉达大道生物滞留带建设工程以持续最佳雨水管理实践标准和水质改善的研究，以及 10 年雨水收集计划（2014～2024，总投资约 2900 万澳元）等项目。

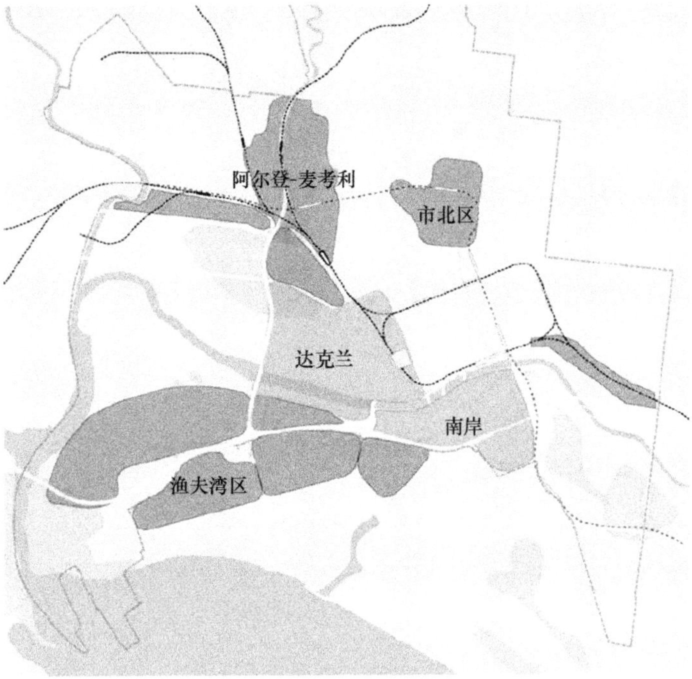

图 3-22　市政综合水管理计划重点开发区位置图

图片来源：City of Melbourne，Municipal Integrated Water Management Plan，July 2017

第2篇

方　法　篇

城市雨水径流污染治理规划作为一种新型规划，其编制方法、编制内容及工作深度尚无相关规定。作为专项规划，城市雨水径流污染治理规划应当在国土空间规划体系框架下，以区域或流域的污染总量控制为前提，分析径流污染情况，制定相关控制措施，并评估措施的治理效果。

本篇首先系统阐述了规划体系、编制程序、技术路线以及编制指引等内容；然后介绍了常见的规划方法，包括现状分析、方案制定、模型应用和效果评估等；最后列举了雨水径流污染治理的工程技术和管理措施。希望能够为城市雨水径流污染治理规划编制及管理提供专业和全面的指导。

第4章 编 制 指 引

在国土空间规划体系中，城市雨水径流污染治理规划属于专项规划。城市雨水径流污染治理规划的重要结论应当纳入国土空间规划和相关专项规划中，径流控制设施或措施应与其他相关市政基础设施进行统一规划、设计和建设。本章主要阐述了雨水径流污染治理规划的规划体系、编制程序、成果要求、技术路线以及不同层次规划的编制指引。

4.1 国土空间规划体系概述

国土空间规划是国家空间发展的指南、可持续发展的空间蓝图，是各类开发保护建设活动的基本依据。目前，全国统一、相互衔接、分级管理、责权清晰、依法规范、高效运行的国土空间规划体系已基本形成。

我国国土空间规划体系框架为“五级三类”。“五级”是指按照“一级政府、一级事权、一级规划”的总原则，将规划层级分为五层，对应我国的行政管理体系，即国家级、省级、市级、县级、乡镇级。“三类”是指规划的类型，分为总体规划、详细规划和专项规划（图 4-1）。

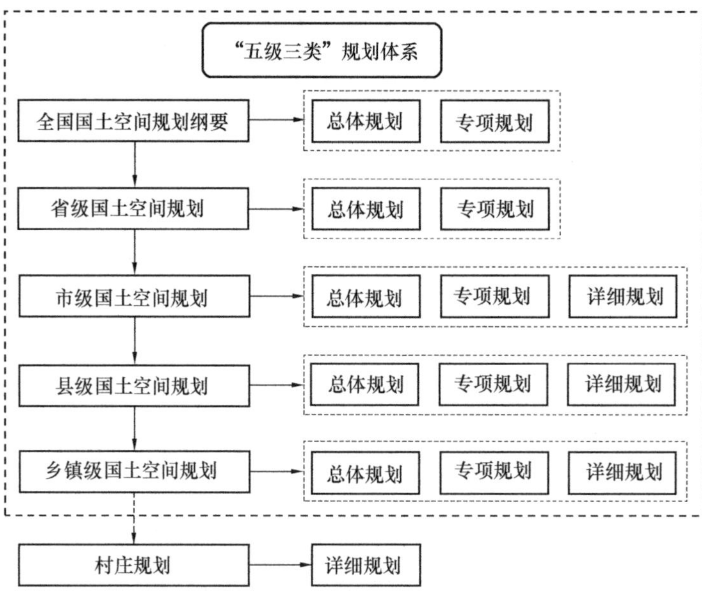

图 4-1 国土空间规划体系框架

从分级上看，全国国土空间规划是对全国国土空间作出的全局安排，是全国国土空间保护、开发、利用、修复的政策和总纲，侧重战略性，由自然资源部会同相关部门组织编制，由党中央、国务院审定后印发。

省级国土空间规划是对全国国土空间规划的落实，指导市县国土空间规划编制，侧重协调性，由省级政府组织编制，经同级人大常委会审议后报国务院审批。

市县和乡镇国土空间规划是本级政府对上级国土空间规划要求的细化落实，是对本行政区域开发保护作出的具体安排，侧重实施性。需报国务院审批的城市国土空间总体规划，由市政府组织编制，经同级人大常委会审议后，由省级政府报国务院审批；其他市县及乡镇国土空间规划由省级政府根据当地实际，明确规划编制审批内容和程序要求。各地可因地制宜，将市县与乡镇国土空间规划合并编制，也可以几个乡镇为单元编制乡镇级国土空间规划。

从分类上看，总体规划强调的是规划的综合性，是对一定区域，如行政区全域范围涉及的国土空间保护、开发、利用、修复作全局性的安排。

详细规划是对具体地块用途和开发建设强度等作出的实施性安排，是开展国土空间开发保护活动、实施国土空间用途管制、核发城乡建设项目规划许可、进行各项建设等的法定依据。详细规划在市县及以下区域进行编制。在城镇开发边界内的详细规划，由市县自然资源主管部门组织编制，报同级政府审批；在城镇开发边界外的乡村地区，以一个或几个行政村为单元，由乡镇政府组织编制"多规合一"的实用性村庄规划，作为详细规划，报上一级政府审批。

专项规划是指在特定区域（流域）、特定领域，为体现特定功能，对空间开发保护利用作出的专门安排，是涉及空间利用的专项规划。国土空间总体规划是详细规划的依据、相关专项规划的基础；相关专项规划要相互协同，并与详细规划做好衔接。专项规划强调的是专门性，一般是由自然资源部门或者相关部门来组织编制，可在国家级、省级和市县级层面进行编制，根据需要在特定的区域或者流域也可进行编制。涉及空间利用的某一领域专项规划，如交通、能源、水利、农业、信息、市政等基础设施，公共服务设施，军事设施，以及生态环境保护、文物保护、林业草原等专项规划，由相关主管部门组织编制。不同层级、不同地区的专项规划可结合实际选择编制的类型和深度。专项规划作为落实国土空间总体规划的重要技术支撑，在完善国土空间规划体系和解决某一类或若干类专门问题上具有重要作用，是深化和落实总体规划的一项重要工作。它与详细规划一起构成落实国土空间规划、指导国土空间建设和生产的重要依据。

4.2　规划层次及定位

4.2.1　规划层次及其任务

城市雨水径流污染治理规划可以划分为总体规划和详细规划两个层次。总体规划是详细规划的依据，起指导作用；而详细规划是对总体规划的深化、落实和完善。同时下层次规划也可对上层次规划不合理的部分进行调整，从而使规划更具合理性、科学性和可操作性。

1. 总体规划层次

在市级或县区级行政区可编制城市雨水径流污染治理总体规划，并与相应级别的国土空间总体规划相匹配。总体规划主要任务是评估和构建区域雨水径流污染治理体系。

2. 详细规划层次

在镇（或街道）级行政区、城市重点地区或对水环境治理有特殊要求地区（如饮用水源保护区、水环境治理重点片区等）可编制城市雨水径流污染治理详细规划，或在全市范围内分流域进行编制，建议规划范围不宜大于 $100km^2$。详细规划主要任务是重点解决规划落实和建设实施问题。

4.2.2 与相关规划的关系

城市雨水径流污染治理规划属于国土空间规划体系中的专项规划，是在特定区域或流域，为控制降雨径流污染而对多种国土空间要素（包括基础设施、用地空间等）所做的专门安排。城市雨水径流污染治理规划的重要结论应当纳入各层次国土空间规划中，径流控制设施或措施应与其他市政基础设施统一规划、统一设计、统一建设。一方面，径流污染治理专项规划需要与国土空间总体规划以及城市水资源、污水、雨水、排水防涝、防洪（潮）、绿地、道路、竖向等专项规划进行统筹协调；另一方面，径流污染治理规划的成果需要反馈给上述相关规划，再通过上述相关规划予以落实。

1. 与国土空间规划协调

雨水径流污染治理规划应当与国土空间总体规划综合协调，根据总体规划目标与规划布局，明确雨水径流污染治理工作的总体思路和分区管控重点。总体层面的城市雨水径流污染治理规划应在综合研究城市自然条件和建设情况的基础上，协调国土空间总体规划和相关专项规划，制定雨水径流污染控制的总体思路、目标和方案。总体层面的径流污染治理专项应在规划目标、规划原则、空间结构和规划政策等方面与国土空间总体规划保持一致。通过径流污染治理专项规划的编制，支撑将相关成果纳入现行国土空间规划体系，进一步丰富国土空间规划的编制理念和内容，以指导城市规划建设过程中相关工作的落实。

在国土空间详细规划中，应当落实雨水径流污染治理规划中要求的设施用地，提出相应的工程建设技术要求和实施措施，并从径流污染控制的角度对国土空间详细规划布局提出调整意见和建议。

2. 与污水系统规划协调

随着黑臭水体治理和污水系统提质增效的有关工作要求，雨水径流污染控制成为污水系统规划中不可或缺的重要部分，雨季的污水系统溢流污染控制也是当前的工作难点。

污水系统规划应以充分考虑降雨期间的雨污水收集和处理，减少合流制溢流，提高对降雨径流污染的削减能力。合理开展雨污管网分流改造，在必要时设置截污系统和调蓄系统以加强雨季污水的收集能力，并提高污水处理厂对雨季污水的处理能力。使现有污水收集和处理设施能够发挥最大的综合效益，在经济合理的条件下实现雨水径流污染的控制与削减。

3. 与排水防涝规划协调

通过控制一定的雨水径流量来实现径流污染控制目标是规划设计中常用的一种方式。在排水防涝规划中制定年径流总量控制目标与指标时，应当与雨水径流污染治理规划中制定的径流污染总量控制目标进行衔接。要通过合理设计和有效调度，在暴雨期间解决城市排水系统“截污”和“排涝”的矛盾。

4. 与海绵城市规划协调

径流污染及合流制溢流污染控制是海绵城市规划中的重要内容。雨水径流污染治理规划应充分结合海绵城市规划的空间划分和建设计划，确定径流污染控制目标及防治方式。通过评估、分析径流污染对城市水环境污染的贡献率，根据城市水环境的要求，结合悬浮物（SS）等径流污染物控制要求确定多年平均径流总量控制率，同时明确径流污染控制方式并合理选择海绵设施。

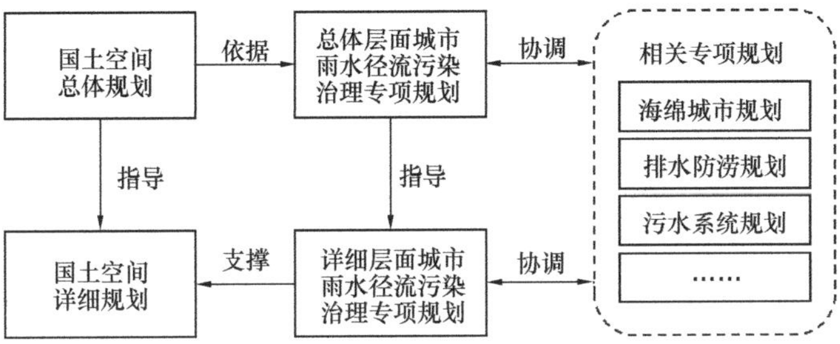

图 4-2　城市雨水径流污染治理规划编制体系框架图

4.3　规划编制程序

1. 工作程序

城市雨水径流污染治理专项规划一般包括前期准备、现状调研、规划方案、规划成果等 4 个阶段（图 4-3）。

前期准备阶段是项目正式开展前的策划活动过程，需明确委托要求，制定工作大纲。工作大纲内容包括技术路线、工作内容、成果构成、人员组织和进度安排等。

现场调研阶段工作主要指掌握现状自然环境、社会经济、城市规划、专业工程系统的情况，收集专业部门、行业主管部门、规划主管部门和其他相关政府部门的发展规划、近期建设计划及意见建议。工作形式包括现场踏勘、资料收集、部门走访和问卷调查等。

规划方案阶段主要分析研究现状情况和存在问题，并依据城市发展和行业发展目标，确定径流污染的治理目标，构建规划方案，开展论证优化，完成设施用地布局，安排建设时序。期间应与专业部门、行业主管部门、规划主管部门和其他相关政府部门进行充分沟通和协调。

规划成果阶段主要指成果的审查和审批环节，根据专家评审会、规划部门审查会、审批机构审批会的意见对成果进行修改完善，完成最终成果并交付给委托方。

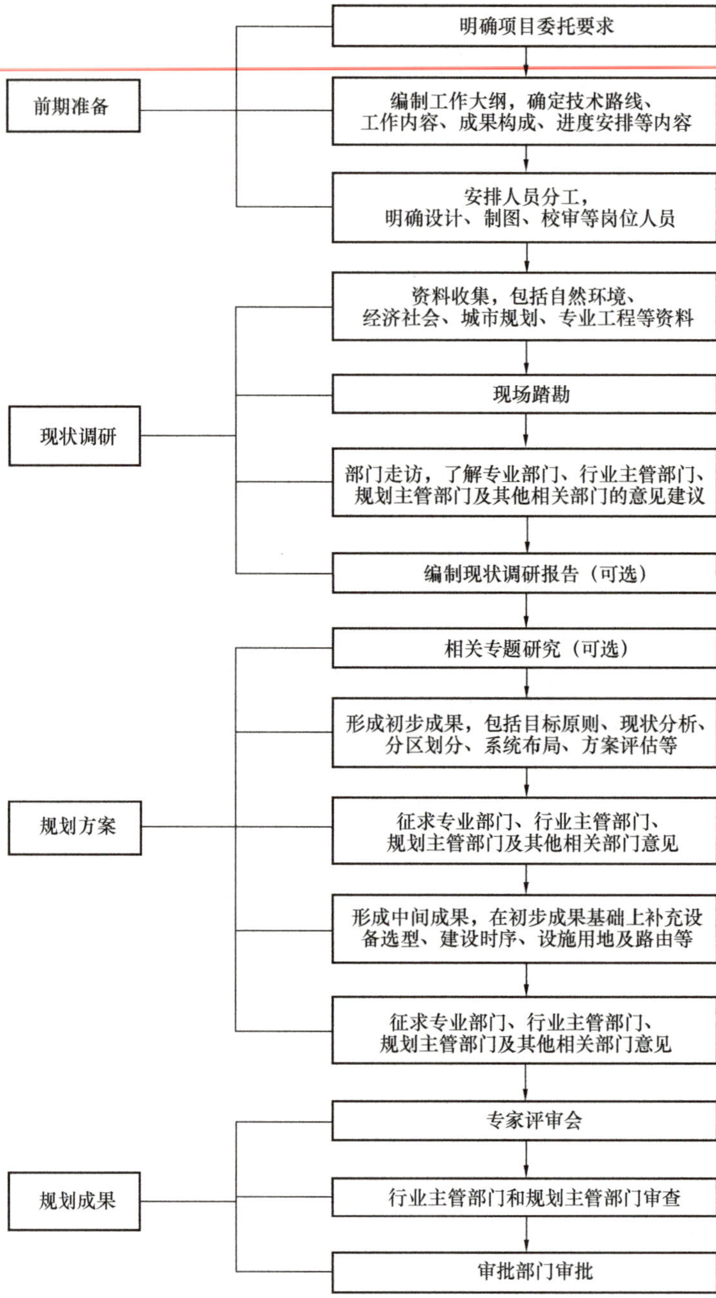

图 4-3　城市雨水径流污染治理专项规划工作流程框图

2. 编制主体

城市雨水径流污染治理专项规划应由城市水务管理部门组织编制，或联合规划管理部门共同组织编制。

3. 审批主体

城市雨水径流污染治理专项规划一般由城市水务管理部门审批，涉及设施用地事宜的，建议同时提交城市规划管理部门审批。

4.4　指导思想及基本原则

1. 源头优先

国内外大量研究和实践已经证明，在雨水径流污染的治理过程中，靠近径流源头的治理措施具有更高的效率。源头控制措施主要包括加强城市卫生管理、维护地面清洁、控制径流总量、开展管网清淤等。

2. 系统治理

由于雨水径流污染的产生和迁移是一个复杂、随机的过程，在不同环节上的污染管控措施应当因地制宜。在流域（区域）尺度上，形成“源头—过程—末端”的全过程雨水径流收集和处理体系，将不同技术措施进行合理组合，实现综合治理效果的优化，并保证各个系统的完整性和良好衔接。

3. 总量控制

雨水径流污染负荷是水体总污染负荷的一部分。在治理雨水径流污染的同时，应兼顾其他污染源的控制，如点源污染、内源污染等，雨水径流污染控制设施也应当与污水处理设施等进行有效衔接，并开展联合调度，实现城市污水处理系统的处理能力最大化，以及水体污染物总量削减的最大化。

4. 统筹协调

城市雨水径流污染控制问题不是单一的问题，而应该放置于城市水系统的总体框架内，与水资源、水环境、水安全、水生态和水文化等方面的规划目标相衔接，使相关管控措施实现综合效益最大化。

5. 因地制宜

在已建城市区域的径流污染控制措施以排水管网改造、末端截流调蓄以及加强排水管理为主；在新建城市区域宜尽量采用源头型海绵措施，构建生态型排水系统。

4.5　成果要求

成果应包含文本、规划研究报告和图集三部分，专题研究报告可根据实际要求选做。同时为了方便使用，可考虑在图集中选取重要规划成果图纸，与文本一起装订成规划成果简本。

文本应表达成果的主要结论，明确规划管理需要控制的内容，文字表述应简练清晰。规划研究报告可参考本章4.7和4.8节中的编制要求完成，同时可根据实际需求在此基础上进行补充。图集内各图纸内容可参考本章4.7和4.8节中的编制要求进行绘制，图例及格式可参照附录5。

成果形式应包括纸质文件和相应的电子数据文件。电子文件应符合主管部门有关规划成果电子报批和管理的格式要求。其中文本、规划研究报告、专题研究报告正文应采用word格式；图集中涉及设施和管线的图纸应采用dwg或dxf格式。

4.6 技术路线

城市雨水径流污染治理规划编制的一般技术路线如下：首先，明确规划范围、目标和需求，综合研究与分析城市规划及发展状况、合流制排水系统状况、城市降雨特征、雨水排放和溢流污染负荷、地表水体环境等各种因素。其次，通过历史数据分析、补充监测和建模分析等手段进行现状径流污染特征识别。然后，制订城市径流污染控制总体思路，明确规划目标和相应的控制指标，并制定规划措施的初步方案，包括设施的具体用地、规模布局、路由选择等。最后，对初步方案的可行性和综合效益进行评估，并将规划措施与其他相关规划进行充分协调，在反复比选和优化之后获得最终方案。规划编制的技术路线如图 4-4 所示。

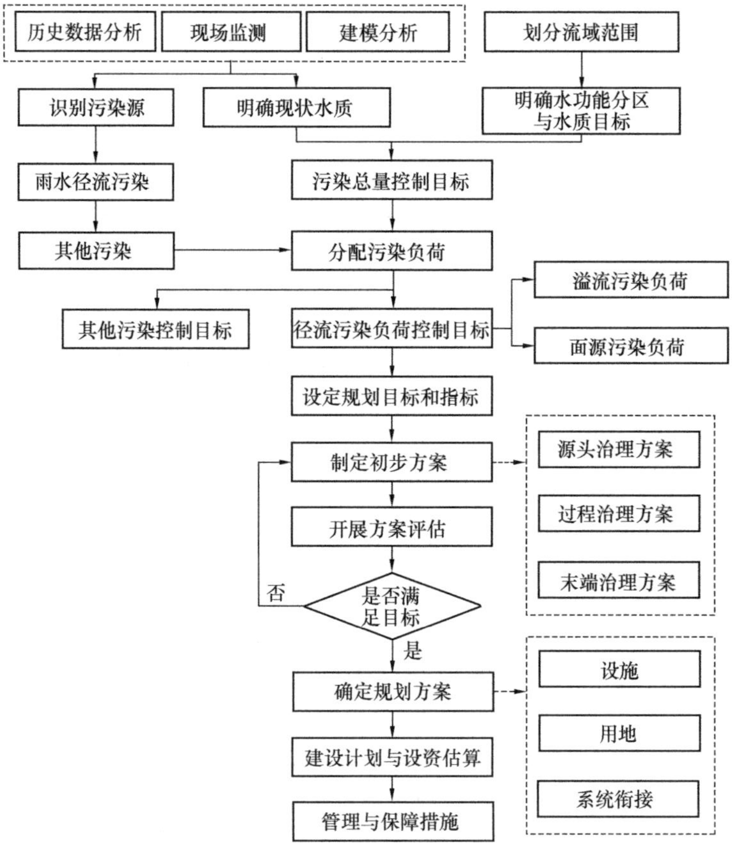

图 4-4 规划编制技术路线图

4.7 总体层面城市雨水径流污染治理规划编制指引

4.7.1 工作任务

在总体规划层次，城市雨水径流污染治理专项的主要工作任务是根据规划区城市自然条件、功能分区、各类用地分布状况、基础设施配置状况等，对城市径流污染治理体系进行统筹规划并提出总体思路；确定径流污染控制目标和指标；依据现状问题和控制目标，因地制宜地确定径流污染控制的实施路径；根据城市水文条件和城市建设情况，提出径流污染控制分区指引和控制要求；提出规划措施和相关专项规划衔接的建议；明确近期建设重点；提出规划保障措施和实施建议。

4.7.2　编制内容要求

1. 规划背景与现状概况

综合梳理区域现状基础条件，以流域或行政区域为边界制定雨水径流污染控制规划范围，明确范围内的排水体制、水文地质条件、城市建设情况等。根据国家或省市对研究范围内水体功能的环境质量要求，明确各水体的功能分区和水质要求。

2. 雨水径流污染现状评估

应注重从流域整体层面识别和评估水污染问题，而不应将单一污染源割裂开来进行分析。在基础数据齐全的情况下，建议采用框架或分区模型进行辅助评估。

（1）评估城市水体的现状水质情况，对水文水质的历史数据进行分析，结合现场补充监测和模型分析等手段，明确流域的径流污染特征。

（2）评估城市污染源分布情况，开展污染源调查，包括点源、面源和内源污染，排水系统调查，径流污染特征分析以及溢流污染特征分析等。

（3）识别径流污染的主要问题，基于环境调查得出的污染源分布情况、污水量数据、水质和污染通量数据以及主要超标因子，评判各类污染源的影响及主要支流污染贡献。对重要断面水文控制单元内的各类影响较大污染源登记造册，形成降雨期间水质影响因素清单，并按影响程度降序排序。

3. 规划总论

明确规划依据、规划原则、范围和期限。以国家或省市对水体功能的环境质量要求，在污染源调查和水质现状评价的基础上，提出规划目标，明确需要削减的雨水径流污染控制量。基于目标提出一系列控制措施相关的具体指标，包括水质指标、用地指标、污染物及处理效率指标、水质指标及相关技术指标等。

4. 雨水径流污染治理分区指引

对受纳水体特征进行评估，判断径流污染开展治理的必要性和重要程度。按照不同水体的功能区划、水文条件、污染情况、自净能力、环境容量等要素，划分水质功能区，明确需要重点管控径流污染的区域。对城市建设情况进行评估，明确合流制区域和分流制区域的分布，以及城市面源污染负荷的分布。在已建城市区域以排水管网改造、末端截流以及加强排水管理为主；在新建城市区域应尽量采用源头型海绵措施，构建生态型排水系统。

5. 系统方案规划

综合研究城市现状与规划，排水系统总体状况、降雨特征、地表水环境、径流污染负荷等各种因素。对于分流制区域，或规划开展“合改分”的区域，应制定合理的面源污染控制措施。对于合流制区域，则应系统开展合流制溢流污染控制。规划方案应综合采用绿色基础设施和灰色基础设施，并加强非工程性措施。规划方案宜采用模型进行实施效果验证。

6. 规划协调

城市雨水径流污染治理规划是国土空间规划体系中的专项规划，同时也是城市水环境治理系统规划的重要组成部分，应当从总体出发，将径流污染控制措施与水环境、水安全、水生态、水资源等方面的目标结合起来，发挥措施的综合效能。

7. 近期建设规划

明确近远期城市雨水径流污染治理的重点区域和建设项目，提出分期建设要求。可针对典型流域的突出问题，将径流污染严重且径流污染负荷占比较高的区域划为近期重点治理区域，率先开展治理，形成示范效应。

8. 管理与保障措施

结合本地行政职能分工、规划建设特点，推动规划管控机制的建立与落实，明确各项措施实施主体与资金保障、落实机构与职责分工等内容。

4.7.3 规划图集内容要求

（1）区域位置图：标明区域位置及范围。

（2）区域现状图：包括城市水系、下垫面、雨污排水管网系统、污水处理厂及服务范围、面源污染分布、合流制溢流口分布等要素，可以分为多张图纸表达。

（3）用地规划图：标明研究区域的规划用地性质、路网、市政设施等要素。

（4）城市雨水径流污染管控分区图：根据不同区域的雨水径流污染评估情况，明确径流污染管控分区的划分结果。

（5）径流污染治理设施规划布局图：根据规划文本及说明书中确定的方案，分为多张图纸表达，明确源头、过程和末端雨水径流污染治理设施的空间布局。

（6）近期建设图：主要标明源头径流控制措施、管网分流改造、截污管涵、雨水调蓄池、雨水净化设施等近期建设的内容。

（7）其他相关图纸：其他相关内容的表达。

4.8 详细层面城市雨水径流污染治理规划编制指引

4.8.1 工作任务

在详细规划层次，城市雨水径流污染治理专项的主要工作任务是根据上层次径流污染治理规划的要求，优化空间布局，控制进入分流制雨水管网后排出的雨水径流污染，削减因雨水径流进入合流制管道造成的溢流污染，统筹协调城市区域内建筑、道路、绿地、水系等布局和竖向，并与城市雨水管渠系统和超标雨水径流排放系统相衔接。应根据各片区的具体条件，通过技术经济分析，合理选择单项或组合控制设施，对径流污染控制设施的比例、规模、路由、设置区域和方式做出具体规定，达到可具体指导相关方案设计和实施的深度。

4.8.2 编制内容要求

与总体规划相比，详细规划应重点解决规划落实和建设实施问题。详细规划应在更精细的现状评估基础上，开展各项规划设施详细布局和选址，并进行更详细方案比选和效果评估，与相关城市用地、排水管网、海绵城市等规划进行充分协调，制定更加精确的近期实施计划和投资估算。

1. 规划背景与现状概况

重点分析规划区的城市下垫面、水环境质量、排水系统、污水处理设施等本底条件，识别水环境方面存在的问题和建设需求。

2. 雨水径流污染现状评估

明确规划区域的面源污染分布、雨污合流制排水系统溢流情况，梳理现状管网破损、错接、堵塞、截污管道沉积污泥等问题，详细评估现状污水收集和处理设施应对雨季污水的能力。识别雨水径流污染的主要来源。

3. 规划总论

明确规划依据、规划原则、范围和期限。根据总体规划层面专项规划制定的治理目标，确定规划区的雨水径流污染控制目标，并对此目标的可达性进行复核。

4. 工程方案规划

采用“源头—过程—末端”的综合控制措施，因地制宜地采用工程和非工程措施。一般而言，源头控制系统是指雨水进入管网之前的径流过程，过程是指管网和调蓄设施，末端是指处理设施。其中，源头控制的主要目标是增加对雨水径流的渗透和滞蓄，削减径流总量和峰值，降低雨水径流污染物浓度，并减少合流制溢流水量和污染负荷。过程控制的主要目的是设施截流和调蓄系统，将受到污染的雨水或污水收集并转输至污水处理设施，同时还包括管道清淤维护等一系列管理措施。末端控制是指提高污水处理设施应对雨季污水的处理能力，实现处理能力的最大化。

开展规划方案的评估与优化调整，从控制效果、工程造价、社会效益等方面进行综合分析，并根据公众和不同专业及管理部门反馈的意见反复开展方案的论证和修改。可基于不同工况下的控制方案建立规划模型，利用情景分析的结果作为选取规划方案的决策支撑。

5. 规划协调

结合规划区的特点，制定详细的雨水径流污染工程规划方案时应注重与海绵城市、排水防涝、河道综合整治、污水系统、雨水资源化利用、再生水利用、黑臭水体治理等相关规划内容相结合。

6. 近期建设规划

确定规划区内的雨水径流污染治理工程近期重点建设项目，与其他相关工程计划进行充分衔接，并确定建设时序安排和投资估算。

7. 管理与保障措施

结合本地行政职能分工、规划建设特点，推动规划管控机制的建立与落实，明确各项措施实施主体与资金保障、落实机构与职责分工等内容。

4.8.3 规划图集内容要求

（1）区域位置图：标明区域位置及范围。

（2）区域现状图：包括城市水系、下垫面、雨污排水管网系统、污水处理厂及服务范围、面源污染分布、合流制溢流口分布等要素，可以分为多张图纸表达。

（3）用地规划图：标明研究区域的规划用地性质、路网、市政设施等要素。

（4）污水系统规划图：标明研究区域内污水厂、污水泵站及污水管网等要素。

（5）雨水系统规划图：标明研究区域内雨水泵站、雨水管网等要素。

（6）径流污染治理设施规划布局图：根据规划文本及说明书中确定的方案，分为多张图纸表达，明确源头、过程和末端雨水径流污染治理设施的空间布局和用地选址。

（7）近期建设图：主要标明源头径流控制措施、管网分流改造、截污管涵、雨水调蓄池、雨水净化设施等近期建设的内容。

（8）其他相关图纸：其他相关内容的表达。

第5章 规 划 方 法

不同于传统的排水系统规划，城市雨水径流污染治理规划的编制应以实现削减雨水径流污染、保障水质达标为目标，充分考虑雨水径流污染产生和迁移的规律，系统布局径流控制设施，合理衔接市政污水和雨水系统。本章分别从现状分析、监测方法、污染负荷核算、污染总量分配、规划目标与思路、污染控制分区、规划方案制定等方面，较为全面、系统地介绍城市雨水径流污染治理的规划方法。

5.1 现状分析

城市雨水径流污染治理规划需要收集整理的现状资料包括：规划区域的降雨规律、城市水文、下垫面类型、污染源分布、排水系统情况、受纳水体特征等。现状分析的工作内容主要包括基础资料收集与分析及现状问题分析。

5.1.1 基础资料收集与分析

基础资料收集与分析的目的是掌握规划区域的降雨规律、城市水文、城市下垫面、污染源分布、排水管网系统和受纳水体水环境特征。

1. 降雨规律

利用规划区域多年降雨资料，分析降雨的年际变化和年内分配、降雨强度分布特点（最大降雨强度、平均降雨强度、最大降雨量）；同时，应分析不同重现期下的雨型，确定降雨总量和时程分配。

2. 城市水文

利用大比例尺地形图，确定规划区域的主要河流及其分布，调查河流的径流特征，并进行实际验证，保证地表的所有河流能够反映在地图上。此外，还需要掌握区域内的湖泊和水塘等分布状况及水文特征。

3. 城市下垫面

城市下垫面主要是由各种人工构筑物组成，可分为屋面、道路、广场、绿地等类型。不同类型的下垫面在降水下产生的污染物种类和数量不同，因此，有必要编制规划区域城市下垫面类型分布图，并明确各汇水单元内下垫面的主要类型及其分布。

4. 污染源分布

城市径流污染类型很多，可按污染物的产生特征划分城市土地利用类型，如居民区、工厂区、学校区、机关区、事业单位区、商业小区等。可利用高分辨率的遥感影像资料或航片编制土地利用类型图，在此基础上开展必要的现场监测，从而分析各类土地利用类型的主要污染物种类及其数量。

5. 排水管网系统

通过市政部门和城市规划部门，掌握城市排水管网分布资料、主要排水口及排水管网的污水和雨水排放状况。城市面源污染与点源污染具有交汇分布、传输的特征，通过收集已有监测资料和城市地下排水管网图，结合实际监测数据，对城市管网系统中非点源与点源污染物的分配系数进行研究，最终明确控制城市径流污染产生和运移的关键环节。

6. 受纳水体水环境特征

收集已有的监测资料，开展城市水体环境特征调查、水质特征调查。查明受纳水体周围的主要污染源和污染物，包括污染物种类、数量排放方式和排放规律等。

5.1.2　现状问题分析

获取相关现状资料后，需对规划区域的现状问题进行分析，并说明该城市雨水径流污染治理规划编制的意义与必要性。具体包括对现状排水体制的利弊、污水管网及雨水管网的系统问题、旱季及雨季受纳水体的水质变化情况、水污染控制与水环境整治管理体系等进行全面分析，并评估径流污染治理的紧迫性与必要性。

5.2　城市雨水径流污染监测方法

在规划中开展现状分析和方案分析时，需要能够反映真实系统的大量数据提供决策支撑，当获取的规划区域现有数据不足时，需要补充监测以便充分了解规划区现状。雨水径流污染治理规划中需开展监测的主要对象是排水系统和受纳水体。针对排水系统的监测主要是为了明确排水系统在不同降雨条件下的运行状况、获取合流制溢流水量和污染物浓度、获取分流制雨水排放口的污染物浓度、支持水力水质模型的构建和评估等；针对受纳水体的监测主要是为了评估水体环境承载能力、明确径流污染对水质的影响等。具体工作内容包括监测方案制定、监测结果分析两个部分。

5.2.1　监测方案制定

1. 明确监测对象

监测对象分为两类，一类针对排水系统设施排口，另一类针对受纳水体。针对排口水文水质特征的监测点位应设置在主要排口（雨水管出口、暗涵出口、箱涵总口、典型溢流口、典型混排口等）、截污箱涵（主要干管）、截污箱涵提升泵站以及各项水处理临时设施等。针对受纳水体特征的监测点位应设置在入河污染物量大、水质恢复时间不满足需要的主要河流河段。

2. 采样点设置的基本原则

(1) 代表性：具有一定的汇水面积，相似用地类型在监测范围内有较大的分布面积，避免地面结构过于复杂；

(2) 安全性：保障采样者和采样器安全应该是需要重点考虑的问题，特别是在大雨和暴雨天气，需要制定安全保障和救助措施；

（3）易达性：采样点应便于到达，必要时应该整修道路和建设必要的栈道等设施；

（4）满足统计要求：对于复杂的区域，要设置足够的采样点。有前期监测资料时可根据项目要求、区域监测项目的变异系数进行统计分析，科学地确定采样点数量；没有前期监测资料时，每一汇水单元类型都应该有采样点；对区域变异大的汇水单元类型，至少设置 3 个以上的采样点；

（5）区别对待三种不同目标（过程、总量和项目效果）的监测布点。

3. 采样要求

（1）采样频率

依据降雨过程和各种污染物产生排放的规律、特征曲线及费用函数曲线确定监测取样的时间频率。根据已有资料和研究初期的监测资料，判断不同空间区域或城市功能的水文污染负荷特征曲线，以特征曲线为量度，初步确定出各监测点不同降雨场次的监测取样频率。

根据取样时间频率，分为低频率常规监测点和高频率重点监测点，低频率常规监测点主要分布于大型居民居住区、工业区、文教区、商业区、经济技术开发区等水文节点，高频率重点监测点主要分布于重点监控地区的重要水文节点。

低频率监测点每年至少监测 7 次，其中包括 3 次降雨径流过程，且至少有 1 场日降雨量大于 25mm 的大雨过程；非雨期每季节监测 1 次。高频率监测点每年至少监测 15 次，其中包括 7 次降雨径流过程，且至少有 2 场日降雨量大于 25mm 的大雨过程和 2 场日降雨量大于 50mm 的暴雨过程；非雨期每季节监测 2 次。每次降水过程按流量消长曲线确定采样数目，中雨至少采样 5 次，大雨至少采样 8 次，暴雨至少采样 10 次，初期径流每 5～10 分钟采样一次，降雨后期可适当延长采样的时间间隔。采样时同时测定和记录流量，条件不允许的（如在地表进行采样监测），可在降雨监测数据的基础上，采用降雨径流模型得到径流过程。

（2）采样方法

采样方法一般分为两种：一是手工和机械采样，二是自动采样。手工和机械采样主要是针对安全的河道或建有安全设施的河道，直接从水体中盛取样品或借助机械（如水泵等）取得样品；自动采样是根据监测工作需要选择合适的自动采样系统，既可以连续采样，也可以间歇采样，既可以采用固定时间间隔采样，也可以采用等比例采样或等动力采样；有些自动采样系统可以同时测定流量等参数。

（3）采样现场环境因子的测定

对水体的基本物理性质（如温度、水位等）进行现场测定，同时记录采样点周围环境状况、采样时天气状况，以便分析监测结果。温度测定可直接采用各种温度计，也可采用数据采集器和温度探头（热电偶、半导体材料、热敏电阻等），水位测定可以用标杆直接读数，也可以利用一些物理介质（光、声、电、压力等）自动测定水位。

（4）降雨量测定

降雨是引起城市径流污染的最重要因素，可以根据监测工作需要，对降雨总量和降雨过程进行监测。降雨总量测定可用雨量筒，降雨过程可用自记雨量计或自动雨量测定记录系统。降雨总量和降雨过程也可以利用城市气象监测站资料，但应该注意暴雨的空间变异性。

（5）流量测定

可采用多种方法进行流量测定：直接利用流量计测定流量；通过测定水位和流速计算流量；通过测定管道内压力差等，利用经验公式计算流量；通过量水堰进行流量测定。

（6）大气沉降监测

大气干湿沉降会增加地表污染物数量，并随非点源污染物一起进入水体，因此，在分析评价城市径流污染时，应该对大气沉降物数量和分布进行监测。大气降水采样点的布置原则和要求、降水样品的采集和保存方法及保存的有效期等，可参照《大气降水样品的采集与保存》GB 13580.2 执行。

（7）样品保存和管理

所采集的水样（瞬时样或混合样）不能立即在现场分析，必须送往实验室测试。从容器的准备到添加保护剂等各环节的保存措施，以及样品的标签设计、运输、接收和保证样品保存质量等规定，可参照《水质样品的保存和管理技术规定》HJ 493 执行。

4. 分析方法

样品分析方法应执行《地表水和污水监测技术规范》HJ/T 91 和《水和废水监测分析方法》（第四版），以保证所获数据具有代表性、完整性、可比性和可靠性。

5. 在线实时监测

暴雨径流的污染物浓度随降雨过程变化很大，这种变化可以通过分时采样得到，最理想的情况是连续测定和记录降水过程的暴雨径流时间及其对应的污染物瞬时浓度。在线实时连续监测系统可实现连续观测。在线实时连续监测系统费用较低，且不需要实验室的分析。在国内外，针对不同的污染物种类、径流空间流动体系、污染物的物理化学行为特性，已经开发出多种类型的污染监测系统和暴雨监测系统，根据实际监测工作需要和经费状况，可采用现成的实时在线污染监测系统或集成现有的在线监测仪器，研制新的在线监测系统。

水质监测在线实时监测仪器一般通过各种传感器测量某种特定组分的浓度，能够以较少的时间间隔进行测量。大多数监测利用探头提供一个控制的环境，在这种环境中会发生物理或电化学反应，这种反应的速度是流体的被测组分浓度驱动的。这种反应的速率决定了输送到显示装置或数据采集器的电信号量。在许多情况下，电化学反应导致探头的响应对温度、pH 或大气压的变化很敏感。因此，仪器设计时，也需要对这些相关性质进行同时监测。通过设定在探头的微处理器中数学程序修正，或通过下载在微机中的数据进行修正，获得被需要组分的浓度。如，溶解氧（DO）探头需要进行温度和大气压补偿，pH 探头需要温度补偿，氨探头需要 pH 补偿。

尽管这些仪器具有连续测定的优点，但目前实时在线监测还有一些问题没有解决，如监测的内容有限，容易损坏，可靠性较低等。为防止由于油脂淤塞、有机质附着和微生物及藻类膜的形成而影响监测效果，它们还需要在现场经常检查和维护、清洗和校正，因此目前人工现场采样和测量还是很多径流污染监测的主要手段。

6. 监测项目

由于我国目前还未制定城市雨水径流污染监测标准，因此，城市径流污染的监测项目应根据监测目的与研究区域径流污染的特点以及影响水体的环境要求制定。监测目的包括过程监测、区域总量监测和项目效果监测；地区特点主要指城市功能类型，如政治中心、工业中心、商业中心等。水体环境要求按地表水环境质量分为五类：Ⅰ类水质适用于源头水、国家自然保护区；Ⅱ类水质主要适用于集中式生活饮用水水源地一级保护区、珍贵鱼类保护区、鱼虾产卵场等；Ⅲ类水质主要适用于集中式生活饮用水水源地二级保护区、一般鱼类保护区及游泳区；Ⅳ类水质主要适用于一般工业用水区及人体非直接的娱乐用水区；Ⅴ类水质主要适用于农业用水区及一般景观要求水域。

在对重要的径流污染区和污染物种类进行划分筛选的基础上，确定城市雨水径流污染的主要污染指标和监测项目。常规监测项目包括 NH_4^+-N、NO_2^--N、NO_3^--N、TN、TP、PO_3^-、Fe、Cu、Cd、Zn、TSS、BOD、COD、TOC、油类、PAH 等，其中较重要的是 TSS、TN、TP、COD_{Mn}（地表水）、COD_{Cr}（污水）。监测项目还可以根据影响水体的保护目标，参考国家地表水环境质量标准所列的项目确定。

5.2.2 监测结果分析

1. 数据质量评价

对监测结果进行统计分析，评价监测方案是否能够最大限度地得出径流污染的产生规律、总量和空间分布情况。

2. 数据分析

（1）径流污染过程分析。应对径流污染过程的各阶段（产流、汇流、河道或管道排放等）的污染物数量变化、迁移途径、迁移速度和排放状况等进行分析评价，得出径流污染产生规律。

（2）径流污染总量分析。可采用统计法和模型法。

1）统计法

根据典型汇水单元污染源时空变化特征及选取单元在规划区域内所占的比例和空间关系，推导出整个规划区域内的污染源特征变化、污染负荷输出总量和动态规律。

考虑降雨对污染的贡献，则：

$$\text{污染物量}=\text{流量}\times\text{污染物浓度}-\text{降雨中污染物量}$$

在雨污合流情况下，可采用减去法，用降雨期间的污染物监测量减去非降雨期间的污染物监测量（代表点源污染物量）：

$$\text{暴雨污染物量}=\text{降水期间的污染物总量}-\text{非降水期间平均日排污量}\times\text{降水时间}$$

2）模型法

采用建立的或现有的区域非点源模型，根据监测资料，进行数学模拟方法和参数修正，估算区域的污染物总量。

（3）项目效果分析。通过比较项目建设前后主要污染物浓度和总量的变化，进行项目效果分析。事实上，采用不同的指标，评价的结果可能不同。一般可以有以下指标：

1）浓度减少率（ER）：

$$ER = 1 - EMC_{out} / EMC_{in} \tag{5-1}$$

式中　EMC_{in}和EMC_{out}——分别为项目工程进水和出水的一次平均浓度。

2）负荷减少率（SOL）：

$$SOL = 1 - SOL_{out} / SOL_{in} \tag{5-2}$$

式中　SOL_{in}和SOL_{out}——分别为项目工程进水和出水的污染负荷总量。

3. 结果评价

目前国内外都没有制定城市径流污染排放标准，主要是参照污水综合排放标准和地表水水质标准进行评价。在对项目结果进行比较或评价时，可采用以下指标：

（1）一次降雨平均浓度：可以是流量加权的混合样品的浓度，也可以通过对降雨过程中采集的多个样品的浓度进行流量加权后得出；

（2）污染负荷总量：可以按一次降雨平均浓度乘以相应流量进行计算。

4. 编制监测报告

城市径流污染监测报告按监测内容和监测时间长短，可以分为以下几类：

（1）监测点信息报告：提供有关监测点的基本信息。主要内容有：编号、名称、区域、纬度、经度、监测目标、采样频率、汇水单元编号、汇水单元描述（面积、功能分区图、下垫面类型图、人口社会经济状况）等。

（2）采样分析报告：记录每次采样的地点、时间、环境条件及样品分析方法和分析结果。主要内容有：样品编号、监测点编号、降水编号、采样点位、采样方法、采样时刻、流速、水位、样品保存处理方法、污染物、分析方法、含量等。

（3）一次降雨报告：对一次降雨的所有采样分析结果进行统计，得出一次降雨过程的有关信息报告。主要内容有：降雨编号、监测点编号、降雨开始时间、降雨结束时间、降雨量、最大降雨强度、前期未降雨天数、前期降雨量、径流开始时间、径流结束时间、总流量、最大流量、采样次数、污染物、污染物平均浓度、污染物变异系数、最大污染物浓度、污染物总量等。

（4）月报告、季报告和年报告：对发生在一定时期（如月、季和年）内的每一次降雨监测结果进行统计分析。主要内容有：年或季或月、监测点编号、监测的降雨过程次数、降水量、污染物平均浓度、污染物变异系数、污染物最大浓度、污染物排放总量等。区域报告的主要内容有：年或季或月、平均降雨量、污染物平均浓度、污染物变异系数、污染物最大浓度、污染物排放总量等。

5.3　城市雨水径流污染负荷核算

对雨水径流污染负荷进行量化计算是制定规划标准、设计规划方案、评估规划效果的重要基础。径流量计算是城市雨水径流污染负荷核算的前提。对于分流制系统来说，其径流污染负荷即为面源污染负荷；而对于合流制系统来说，其径流污染负荷即为溢流污染负荷。本小节分别从城市降雨径流核算、分流制系统面源污染负荷核算以及合流制系统溢流污染负荷核算三个方面介绍城市雨水径流污染负荷的核算方法。

5.3.1　城市降雨径流核算

城市降雨径流计算方法有多种，常用的有径流系数法、蓄满产流法、下渗曲线法、φ指标法、SCS模型等。

1. 径流系数法

径流系数法包括综合径流系数法与变径流系数法，该方法计算简单，不但在洪峰流量计算中一直应用，在城市产流计算中也经常采用。

(1) 综合径流系数法

由于城市下垫面条件十分复杂，加之近年来城市不透水地表急剧增加，很难精确地求出某一区域的径流系数。目前我国绝大多数城市均按各地面覆盖类型透水性的不同，采用加权平均径流系数法求出地表的综合径流系数，即

$$\psi_s = \frac{\sum_{i=1}^{n} \psi_i F_i}{\sum_{i=1}^{n} F_i} \tag{5-3}$$

式中　ψ_s——综合径流系数，一般市区取0.5～0.8，郊区取0.4～0.6；

ψ_i——各种地表覆盖类型的径流系数；

F_i——汇水面上i地表覆盖类型的面积（m^2）；

n——地表覆盖类型数量。

径流系数也可根据不透水率确定，其关系式为

$$\psi = 0.05 + 0.9 \times I \tag{5-4}$$

式中　ψ——径流系数；

I——不透水率。

国内外对各种地表覆盖类型径流系数的参考取值[55]见表5-1。

径流系数综合比较　　表5-1

来　源	地表覆盖类型			
	铺砌地表	非铺砌地表	绿化	综合地表
推荐	0.88～0.93	0.57～0.69	0.00～0.50	0.49～0.73
澳大利亚	0.82～0.91	0.28～0.81	0.00～0.53	0.40～0.84
美国	0.70～0.95	0.30～0.60	0.05～0.35	0.50～0.70
北京	0.81～0.97	0.26～0.59	—	0.44～0.77

(2) 变径流系数法

一场降雨中，径流系数随降雨历时变化而变化。降雨开始时洼蓄、下渗等损失较大，径流系数较小；随着降雨持续，损失量减小，径流系数增大。其解析式为

$$\psi = \psi_e - (\psi_e - \psi_0)e^{-CP} \tag{5-5}$$

式中　ψ——降雨过程中的径流系数；

ψ_e——最终径流系数；

ψ_0——初始径流系数；

C——常数；

P——扣除初损的累积降雨量（mm）。

（3）两种方法特点比较

综合径流系数法中的 ψ 为常数，通过查表获得数值进行计算，与实际情况有较大误差。变径流系数法的径流系数随降雨过程而变化，相比综合径流系数法更符合实际，计算结果较精确，但需通过实地监测获得 ψ_e 和 ψ_0 的取值，不适合推广。

2. 蓄满产流法

该法用于地面洼蓄或土壤蓄水的产流计算。当地面洼蓄或土壤未蓄满前，降雨不产生径流，而蓄满后则产生径流。蓄满产流法可分为指数分布线型法和抛物线型法，该方法计算精度较高，但计算较为复杂，一般在城市地区较少应用。

3. 下渗曲线法

透水地表的主要损失是下渗，因此可通过计算下渗量得到径流量。为反映下渗能力在流域上的不均匀性，引入下渗能力分配曲线。与蓄满产流法类似，下渗能力分配曲线也可采用指数曲线或抛物线，但大多数采用抛物线型，公式如下：

$$\alpha = 1 - \left(1 - \frac{f}{f_{\max}}\right)^n \tag{5-6}$$

式中 α——小于或者等于某一下渗能力 f 的累积面积与流域总面积的比；

$f_{\max}$——流域最大下渗能力（mm/s）；

n——指数，一般取 $n=2$；

f——下渗能力（mm/s），可用下渗曲线公式进行计算，下渗曲线公式多用 Horton 公式，也可采用 Philip 或 Green-Ampt 公式等。

该方法计算精度相对较高，但需以大量实测数据来率定参数，对于国内资料基础较差的地区不利于推广。另外，该方法适用于透水面较大、降雨损失主要以下渗为主的地区，不适用于不透水面较大的城市区域。

4. φ 指标法

φ 指标法是一种简单但粗略的降雨损失计算方法。假定每次降雨过程的产流损失为常数 φ，产流强度可表示为：

$$r(t) = \begin{cases} r = i - \varphi, i \geqslant \varphi \\ r = 0, i < \varphi \end{cases} \tag{5-7}$$

式中 r——产流强度（mm/h）；

i——降雨强度（mm/h）；

φ——损失率，为常数，可从实测降雨资料中反推。

该方法中，损失率 φ 为常数，不随降雨过程变化而变化，因此计算较简单，但损失率的取值需通过实测数据获得，对基础数据要求较高。此外，该方法也一般用于降雨损失以下渗为主的地区。

5. SCS 模型

SCS 模型是美国水土保持局根据流域水量平衡原理，在大量实测资料的基础上，采用统计归纳而成的推理公式。该模型综合考虑了影响径流的降雨、土壤类型、土地利用方式、管理水平、前期土壤湿润程度与降雨径流之间的关系，公式如下：

$$R=\frac{(P-I_a)^2}{P+S-I_a}, P\geqslant I_a$$
$$R=0, P<I_a \tag{5-8}$$

式中 R——径流量（mm）；

I_a——初损（mm）；

S——入渗量（mm）；

P——降雨量（mm）。

前期损失量I_a受土地利用、枝叶截留、下渗、填洼等因素影响，它与土壤饱和储水量（潜在入渗量）成正比关系，即$I_a=\lambda S$，美国水土保持局提出合适比例$\lambda=0.2$，即：

$$I_a=0.2S \tag{5-9}$$

则式（5-8）可改写成：

$$R=\frac{(P-0.2S)^2}{P+0.8S}, P\geqslant 0.2S$$
$$R=0, P<0.2S \tag{5-10}$$

模型利用经验性参数CN综合反映上述因素，即：

$$S=\frac{25400}{CN}-254 \tag{5-11}$$

CN为SCS模型的主要参数，用于描述降雨径流关系，反映了流域下垫面单元的产流能力。CN值为土地利用类型、土壤类型、前期土壤湿润程度等下垫面因素的函数，其值根据降水量、土地利用特征及径流深等相关经验方法确定，取值范围为25～98。

美国水土保持局归纳了3000多种土壤类型资料，按其渗透性将其分类：A类（透水）、B类（较透水）、C类（较不透水）、D类（接近不透水），并制作出城市区域CN值表（表5-2）。

SCS模型提供的城市区域CN值 **表5-2**

<table>
<tr><th colspan="2" rowspan="2">不同土地利用类型</th><th colspan="4">CN</th></tr>
<tr><th>A</th><th>B</th><th>C</th><th>D</th></tr>
<tr><td colspan="2" rowspan="3">居住区</td><td>77</td><td>85</td><td>90</td><td>92</td></tr>
<tr><td>61</td><td>75</td><td>83</td><td>87</td></tr>
<tr><td>57</td><td>72</td><td>81</td><td>86</td></tr>
<tr><td colspan="2">商业区</td><td>89</td><td>92</td><td>94</td><td>95</td></tr>
<tr><td colspan="2">工业区</td><td>81</td><td>88</td><td>91</td><td>93</td></tr>
<tr><td rowspan="3">草坪、公园、高尔夫球场、公墓等</td><td>好的草地（覆盖度>75%）</td><td>39</td><td>61</td><td>74</td><td>80</td></tr>
<tr><td>草地（覆盖度50%～75%）</td><td>49</td><td>69</td><td>79</td><td>84</td></tr>
<tr><td>贫乏的草地（覆盖度<50%）</td><td>68</td><td>79</td><td>86</td><td>89</td></tr>
<tr><td rowspan="2">街道与道路</td><td>铺面并有路缘石和雨水沟</td><td>98</td><td>98</td><td>98</td><td>98</td></tr>
<tr><td>卵石和砾石路</td><td>76</td><td>85</td><td>89</td><td>91</td></tr>
</table>

SCS模型考虑前期降水对径流的影响，引入了前期降水指数 AMC（Antecedent Moisture Condition），其计算公式为：

$$AMC = \sum_{i=1}^{5} P_i \tag{5-12}$$

式中 P_i——最近5天的降水量（mm）。

根据前期降水指数 AMC，将土壤前期降水水分条件划分为Ⅰ（干燥）、Ⅱ（中等）、Ⅲ（湿润）3种类型，见表5-3。此处，Ⅰ、Ⅲ条件下的 CN 值可分别按式（5-11）、式（5-12）进行修正，其中 CN（Ⅱ）值可查表5-2得到。

$$AMC_{\mathrm{I}}: CN(\mathrm{I}) = CN(\mathrm{II})/[2.234 - 0.01334 \times CN(\mathrm{II})] \tag{5-13}$$

$$AMC_{\mathrm{III}}: CN(\mathrm{III}) = CN(\mathrm{II})/[0.4036 + 0.0059 \times CN(\mathrm{II})] \tag{5-14}$$

前期土壤湿度条件确定标准 **表5-3**

前期土壤湿度条件	前期降水指数（mm）	
	休眠期	生长季
Ⅰ	<13	<36
Ⅱ	13～28	36～53
Ⅲ	>28	>53

SCS模型法能够反映土壤性质、地表覆盖条件，以及土壤前期湿度对降雨径流的影响，该方法的主要参数为流域 CN 值，计算结果虽不如变径流系数法，但所需参数少、结构简单、计算方便，对实测数据要求较低，在天然流域与城市区域都广泛应用，特别适合没有降雨过程资料的小流域。该方法的不足是未考虑降雨历时与降雨强度对初损量 I_a 及 CN 值的影响。

6. 计算方法比较分析

利用下渗曲线法和 φ 指标法计算产流，必须先计算下渗率，然后再从降雨中扣除损失。φ 指标的损失率为常数，而下渗曲线法的损失率随时间变化，相比之下，下渗曲线法更能反映实际情况。因此，一般而言下渗曲线法的计算精度较高，φ 指标法的计算精度不如综合径流系数法和变径流系数法。但是，φ 指标法、下渗曲线法的产流损失均以下渗为主，比较适用于透水地面的径流计算，不太适用于不透水面比例较高的城市区域的径流计算。

对于城市地表不透水区域，产流损失以填洼量为主，产流量可直接用径流系数表示，与降雨强度关系不大，径流系数法、蓄满产流法和SCS法都可以归为此类。从应用方便程度看，SCS法和蓄满产流指数分布线型法优于蓄满产流法抛物线型法；从计算精度看，SCS法和综合径流系数法对资料的要求较低，不需要降雨过程数据而仅需降雨总量，计算方法较为简便，但计算精度不如蓄满产流法及变径流系数法。

5.3.2 分流制系统面源污染负荷核算

目前城市面源污染负荷的定量核算方法主要有三大类：一是通过水量水质同步观测直

接进行估算的平均浓度法，该方法是在对有限次典型降雨径流进行监测的基础上得到多次监测径流的平均浓度，并假定它为全年降雨径流的平均浓度，再乘以全年径流总量即得到年降雨径流污染负荷；二是在对水量水质进行同步监测的基础上，分析监测所得到的数据，建立污染负荷与影响因素之间关系或各污染物负荷间的相关关系，间接得到年降雨径流的污染负荷；三是基于污染物产生和排放过程的机理性方法，该方法以污染物产生和排放过程为研究对象，建立合适的累积和冲刷模型模拟面源污染负荷。

1. 平均浓度法

场次降雨径流污染物平均浓度 EMC 是指任意一场降雨引起的地表径流中排放的某污染物质的质量除以总径流量，可用下式表示：

$$EMC = \frac{M}{V} = \frac{\int_0^T C_t Q_t \mathrm{d}t}{\int_0^T Q_t \mathrm{d}t} \tag{5-15}$$

式中　M——某场降雨径流所排放的某污染物总量（kg）；

V——某场降雨所形成的地表径流量（m^3）；

C_t——某污染物在 t 时的瞬时浓度（mg/）L；

Q_t——地表径流在 t 时的瞬时流量（m^3/s）；

T——某场降雨总历时（s）。

一场降雨径流全过程污染物质量负荷可由 EMC 与总降雨径流量之积表示：

$$L_i = \int_0^{T_i} C_{t,i} Q_{t,i} \mathrm{d}t = (EMC)_i \int_0^{T_i} Q_{t,i} \mathrm{d}t = (EMC)_i V_i \tag{5-16}$$

式中　i——第 i 场降雨径流过程；

L_i——第 i 场降雨径流的污染物质量负荷（kg）。

年中多场降雨的污染负荷之和即为年污染负荷：

$$L_{\mathrm{y}} = \sum_{i=1}^{m} L_i = \sum_{i=1}^{m} (EMC)_i V_i \tag{5-17}$$

式中　m——一年中降雨径流过程次数；

L_{y}——一年中多场降雨的污染负荷之和（kg）。

由式（5-17）可知，只要求得一年中各场降雨所引起的地表径流污染物的平均浓度和各场降雨的径流量，即可求得年污染负荷。但在实际情况下，通常很难得到一年内每场降雨的径流量及 EMC 值，于是在一些模型中常采用年平均降雨量和多场降雨的径流平均浓度来计算年污染负荷。

2. 相关关系法

（1）华盛顿政府委员会方法[56]

美国学者 Schueler 于 1987 年提出了一种称为简便方法的计算模型，用于估算城市地区污染物排出量，该方法是基于美国 NURP（国家城市径流污染研究计划）在华盛顿地区所得到的数据而开发的一种方法，计算公式如下：

$$L_t = 0.01 \times (C_F \times \psi \times A \times P \times C) \tag{5-18}$$

式中 L_t——计算时段 t 内径流排放污染负荷（kg）；

C_F——产生径流的降雨事件占总降雨事件的比例，如果一年中90%的降雨产生径流，则 C_F=0.9，在计算一次降雨事件的污染物排出量时，C=1.0；

ψ——径流区平均径流系数，ψ 取决于多方面因素，其中流域不透水率为最重要的因素，采用式5-4计算得到；

A——径流区集雨面积（hm^2）；

P——计算时段 t 内的降雨量（mm）；

C——污染物的径流量加权平均浓度（mg/L），其值见表5-4。

华盛顿政府委员会方法的 *C* 值（单位：mg/L） **表 5-4**

污染物	新城郊 NURP 区域（华盛顿）	旧城区（巴尔的摩）	中心商业区（华盛顿）	国家 NURP 研究的平均值	硬木森林区（北维吉尼亚）	国家城市道路径流
BOD	5.10	—	36.0	11.90	—	—
COD	35.60	163.0	—	90.80	>40.0	124.0
TN	2.00	13.6	2.17	3.31	0.78	—
TP	0.26	1.08	—	0.46	0.15	—
NH_3-N	0.26	1.10	—	—	0.07	—
正磷酸盐磷	0.12	0.26	1.01	—	0.02	—
可溶性磷	0.16	—	—	0.16	0.04	0.59
有机磷	0.10	0.82	—	0.13	0.11	—
硝酸盐氮	0.48	8.90	0.84	0.96	0.17	—
有机氮	1.25	—	—	—	0.54	—
凯氏氮	1.51	7.20	1.49	2.35	0.61	2.72
锌	0.037	0.397	0.250	0.176	—	0.380
铅	0.018	0.389	0.370	0.180	—	0.550
铜	—	0.105	—	0.047	—	—

需要指出的是，Thomson 等[57]在美国明尼苏达州所进行的研究表明，至少要依据15～20场降雨径流实测资料计算得到的径流平均浓度才能较为准确地代表该地区污染物加权平均浓度，从而才能进一步利用式（5-18）准确计算该地区的径流污染年负荷值。

（2）美国国家环保局模型[58]

Heaney 等于1977年为美国环保局开发了一套用于城市规划设计时估算降雨径流年平均污染负荷量的模型，该模型是利用美国环保局的多年监测数据统计得到的，该方法如下：

对分流制排水系统，单位面积年污染负荷量为：

$$M_s = \alpha \times P \times S \times F \tag{5-19}$$

对合流制排水系统，单位面积年污染负荷量为：

$$M_c = \beta \times P \times S \times F \tag{5-20}$$

式中 M_s和M_c——分别为分流制和合流制排水系统的年污染负荷量[kg/(hm² · a)]；

α和β——分别为分流制和合流制排水系统的污染负荷因子，其值通过表5-5求得；

P——年降雨量（mm）；

S——街道清扫的效率系数，当两次清扫之间的时间间隔$NS \leqslant 20$日，$S=NS/20$，当$NS>20$日，$S=1.0$；

F——人口密度因子，对特定的土地利用区，F为人口密度（人/hm²）的函数，可按下式计算：

住宅区： $F=0.142+0.134D^{0.54}$

商业区或工业区： $F=1.0$ (5-21)

其他： $F=0.142$

美国环保局模型的污染参数 α 和 β **表5-5**

参数	土地利用类型	污染物类别			
		BOD_5	TSS	TP	TN
α	住宅区	0.0353	0.721	0.00149	0.00759
	商业区	0.1410	0.981	0.00335	0.01310
	工业区	0.0535	1.290	0.00312	0.01220
	其他	0.0050	0.119	0.00044	0.00267
β	住宅区	0.1450	2.970	0.00614	0.0239
	商业区	0.5830	4.060	0.00138	0.0539
	工业区	0.2210	5.300	0.00129	0.0504
	其他	0.0206	0.491	0.00182	0.0111

若要在年污染负荷量的基础上估算污染物平均浓度，需要知道年径流量。Heaney等提出的年径流量计算式如下：

$$R=\left[0.15+0.75\left(\frac{I}{100}\right)\right]P-D_s \tag{5-22}$$

式中 R——年径流深（mm）；

I——不透水地表百分数；

P——年降雨量（mm）；

D_s——洼地蓄水量（mm），可用下式计算：

$$D_s=19.37\left[6.35-4.76\left(\frac{I}{100}\right)\right]^{0.5957} \tag{5-23}$$

（3）Johnes输出系数模型[59]

Johnes经过长期研究和实践，在以往模型基础上提出更为细致、更为完整的输出系数法模型，该模型可较为全面地计算营养物流失量及受纳水体污染负荷，即：

$$L=\sum_{j=1}^{n}\sum_{j=1}^{m}E_{ij}[A_i(I_j)]\times A_i+P \tag{5-24}$$

式中 L——营养物流失量（kg）；

m——土地利用类型数目；

n——营养源数目；

E_{ij}——第 i 种土地利用类型第 j 种营养源的输出系数（kg/km^2）；

A_i——第 i 类土地类型的面积或第 i 种牲畜的数量或人口的数量（km^2）；

I_j——第 j 种营养源的输入量（kg）；

P——降雨输入的营养物量（kg）。

输出系数 E 可根据不同土地利用类型来分别处理，对于城市土地利用来说，应考虑居民及当地人口密度等因素对污染物贡献率的差异，可用下式计算：

$$E = 365D_{ca} \times H \times M \times B \times R_s \times C \tag{5-25}$$

式中 E——人口的氮、磷年输出量（kg）；

D_{ca}——每人的营养物日输出量（kg/d）；

H——流域的人口数量；

M——污水处理过程中营养物的机械去除系数；

B——污水处理过程中营养物的生物去除系数；

R_s——过滤层的营养物滞留系数；

C——如有解吸发生时磷的去除系数。

（4）相关性分析法

降雨径流污染负荷量与降雨径流量密切相关，根据次暴雨水量水质同步监测资料，忽略非点源污染随地表径流迁移过程，利用统计分析方法可建立水质水量相关关系。另一方面，有研究表明，城市地表径流中某些水质指标之间存在着很好的相关关系。如美国密歇根州东南区议会在 1976～1977 年对密歇根州东南地区地表径流的研究中，用归纳分析方法分析了地表径流中各种污染物与 SS 的关系，结果表明，总有机氮、总磷、总铅、总铁、NH_3-N 和 BOD 与 SS 之间存在着较好的相关性[60]。Sansalone 和 Buchberger[61]研究了降雨径流与融雪径流中重金属污染平均浓度 EMC_M 与 SS 的污染物平均浓度 EMC_s 的相关性，发现降雪引起的城市道路地表径流排污中重金属与 SS 的相关性明显高于降雨引起的城市道路地表径流排污中重金属与 SS 的相关性。因为 SS 较其他水质指标容易测得，所以只要统计分析得到其他水质指标与 SS 的相关关系，就可以根据 SS 浓度预测其他水质指标的浓度。因此，在对城市地表径流的研究中，进行各水质指标与 SS 的相关性分析无疑是很有意义的。

（5）公路路面径流污染负荷模型

Chui 等[62]对位于美国华盛顿州的 9 个具有不同气象条件、交通状况及周边土地使用状况的公路路面径流进行了测试研究，在 1980～1981 年共计测试了 500 多场降雨，在测试结果的基础上，他们开发了用于预测公路路面径流水质的华盛顿州模型：

$$\begin{gathered} TSSL = K \times VDS \times RC \\ SPL = P \times TSSL \end{gathered} \tag{5-26}$$

式中 $TSSL$——路面径流总悬浮固体负荷（kg/km）；

VDS——降雨期间累计交通量（辆）；

RC——平均径流系数；

SPL——除 TSS 之外的其他污染物负荷（kg/km）；

K——TSS 径流产率，对于华盛顿州西部地方，其经验值为 1.8kg/(km · 1000 辆)；

P——某污染物与 TSS 比率。

对被认为可能与汽车交通有关的污染物指标 TDS、TSS、TP、NO_3^--N 的测试结果表明，只有 TSS 表现出与降雨过程中的交通流量呈现出较强的正相关性：

$$TC_{TSS} = 0.86VDS - 649.9 - r^2 = 0.93 \tag{5-27}$$

式中 TC_{TSS}——汽车交通对 TSS 负荷的贡献值（mg/m^2）。

由于雨天时累计交通量 VDS 为降雨历时与降雨期间平均交通流量乘积，式（5-26）和式（5-27）说明对某一地区而言，当 K 值一定时，公路年排污负荷仅与年降雨历时有关。

3. 机理性方法

机理性方法是指以污染物和排放过程为研究对象，建立合适的累积和冲刷模型模拟面源污染。目前国内外应用于城市雨水径流污染的数学模型主要有 SWMM、InfoWorks ICM、MIKE、STORM、DR3M-QUAL、MOUSE、WASP、POLLUTE 及 Wallingford 等。模型的工作原理、主要特点、应用方法等将在第 6 章作详细介绍。模型选取和建模方案的制定应取决于具体的项目需求。

5.3.3 合流制系统溢流污染负荷核算

一个完整的截流式合流制排水系统包括 5 个主要部分，分别是污水收集系统、污水输运系统、污水溢流系统、污水处理系统和污水受纳水体系统。污水收集系统主要包括生活污水收集系统、工业污水收集系统以及地表径流收集系统。污水输运系统主要是指汇水干管及排水干管，每一个汇水区都有一条汇水干管收集来自四面八方的污水支管中的污水，它们通常利用重力作用、虹吸作用或设置提升泵等将污水输运至排水干管中，最终排入污水处理厂。常见的污水溢流系统是通过溢流井及溢流管实现的，合流污水进入溢流井，如果水位低于截流槽，污水将直接经截流管排入污水处理厂，如果水位高于截流槽，污水将直接溢流至城市河道或受纳水体。污水处理系统即指城市污水处理厂，污水处理厂一般建在靠近受纳水体的城市周边离市中心较远处，污水处理厂设计处理量的不同及处理工艺的不同，都直接影响着溢流作用及出水水质的好坏。污水受纳水体系统主要指经污水处理厂处理后的污水排放至受纳水体的过程。

溢流污染负荷可通过在溢流口设置监测点位进行水质监测来测算，具体监测方法见 5.2 小节。对于复杂的排水系统，当需要尽量准确地预测合流制溢流的发生时间、频率、水量与水质情况时，可通过排水系统数学模型进行模拟分析，详见本书第 6 章。当排水系统的结构较为简单，或者仅需要对溢流污水量进行大致估算时，也可采用简单的测算方式进行核算。具体方法如下：

1. 污水产生量估算

(1) 旱流污水量

应分别对工业污染源和生活污染源产生的旱流污水量进行估算，包括污染源基本情况调查及排污总量核定。工业污染源排污总量的核定方法包括物料核算法、产污/排污系数法、特征值分析法、相关数据对比分析法等；生活污染源排污总量核定方法包括总用水量核定法、人均产污系数核定法等[63]。

(2) 径流量

降雨时产生的地表径流在合流制系统中会和旱流污水一起构成雨天溢流的来源，径流量的具体计算方法见 5.3.1 小节。

2. 溢流污水量估算

在旱天，所有收集的污水基本都可以送至污水处理厂处理，但是遇到降雨量突然增大，流入排水管网的合流污水可能超出排水管网及污水处理厂的处理能力，加上管网输运能力的限制，只得将合流污水沿河道溢流，减小污水处理厂的压力。溢流污水量可由截流倍数来确定，具体计算方法如下：

$$Q_y = Q_d + Q_j - (n_0 + 1)Q_d \tag{5-28}$$

式中 Q_y——溢流污水量（m^3/s）；

Q_d——旱流污水量（m^3/s）；

Q_j——径流量（m^3/s）；

n_0——截流倍数。

其中，截流倍数 n_0 应根据旱流污水的水质、水量、排放水体的环境容量、水文、气候、经济和排水区域大小等因素经计算确定，宜采用 2～5。同一排水系统中可采用不同的截流倍数。

3. 污染负荷估算

由于污水中的悬浮物在输运过程中会有沉降现象，所以管道底部会有一层厚厚的沉积物，可以把管道污水所含污染量分为三个部分：旱流污水所含污染量、地表径流冲刷地面污染量、合流污水冲刷管道沉积物产生的污染量。沉积物的负荷与城市类型、人口数量、管道坡度、断面形状、管道水力条件、城市功能区构成与分布等因素有关。合流制管道沉积物中总悬浮固体可利用 Pisano 和 Queiroz[64] 提出的排水管道沉积物负荷模型的简化模型进行估算，它只考虑管长、平均坡度和单日生活污水定额三个因素：

$$TS = 0.0011L^{1.1}S^{-0.44}Q^{-0.51} \tag{5-29}$$

式中 TS——旱天管道内每日沉积悬浮固体量（kg/d）；

L——管道总长度（m）；

S——管道平均坡度；

Q——单日生活污水定额（L/d）。

Pisano 和 Queiroz 在研究合流制排水管道沉积物负荷时发现，沉积物有机物负荷与沉积物之间有着密切关系，他们的研究结果表明 BOD_5、COD、TKN、NH_3、P 和 VSS 等污染物负荷与沉积物负荷之间是指数关系，可利用悬浮固体量推算管道内沉积的污染量。

雨天径流量会突然增加，冲击管道内的淤积，使初期管道内水质变差，这是造成溢流污染负荷增加的重要原因。利用水流挟沙力来表征径流冲刷管道沉积物能力，即：

$$S = -k_1 Q^{k_2} \tag{5-30}$$

式中　S——管道内沉积物被降雨冲刷量（g/L）。

参数 k_1、k_2 的计算方法如下：

$$k_1 = \frac{1}{g^m} \times \frac{1}{\omega^m} \times \frac{1}{A^{3m}} \times \frac{1}{R^m} \tag{5-31}$$

$$k_2 = 3m + 1 \tag{5-32}$$

式中　g——重力加速度（m/s^2）；

ω——悬移质颗粒沉速（m/s）；

A——管道断面面积（m^2）；

R——管径的 1/4（m）；

m——参数，取值范围为 0.2～1.5。

5.4　城市雨水径流污染总量分配

污染物总量控制是指将允许排放的污染物总量控制在受纳水体给定功能所确定的水质标准范围内。它是从环境质量要求出发，根据环境允许纳污量反推允许排污量。当确定受纳水体水环境容量后，可以推出需控制的污染物总量，再根据总量分配原则计算即可得到需控制的雨水径流污染负荷容量，从而确定城市雨水径流污染的控制目标，也可以作为阶段性目标可达性分析的依据。

5.4.1　水环境容量计算

水环境容量是指一定水体在规定的环境目标下，所能容纳的污染物的量，反映了水体对污染物的存储、稀释、输移和自然净化的能力。水环境容量大小与水体特征、水质目标（功能区划）及污染物特性有关。污染总量控制中，河水环境容量的计算是对流域内污染源进行排污量分配的基础，环境容量的准确性直接影响到环境控制区域内污染控制目标的可达性。

根据降解机理的不同，水环境容量可以分为稀释容量和自净容量两部分：稀释容量是指污水与天然水体混合过程中，通过物理稀释作用达到水质目标时所能容纳的污染物的量，反映天然水体对污染物有一定的稀释能力；自净容量是指水体通过物理化学作用、生物作用等对污染物所具有的降解能力，它们是相互独立而又可分别计算的物理量，因此在推求水环境容量时将两者相加即可。

1. 稀释容量

根据节点物质平衡原理，第 i 功能区段污染物排入河流后的混合浓度为：

$$C_i = (Q_{i,\mathrm{p}} \times C_{i,\mathrm{p}} + Q_{i,0} \times C_{i,0})/(Q_{i,\mathrm{p}} + Q_{i,0}) \tag{5-33}$$

式中 C_i——第 i 功能区段污染物混合浓度；

$Q_{i,p}$，$Q_{i,0}$——第 i 功能区段污染物排放量和上游段来水流量；

$C_{i,p}$，$C_{i,0}$——第 i 功能区段污染物浓度和上游段来水浓度。

令混合浓度 C_i 为该河段的水质标准 $L_{i,0}$，则第 i 功能段稀释容量 $W_{1,i}$：

$$W_{1,i} = Q_{i,p} \times C_{i,p} = L_{i,0} \times (Q_{i,p} + Q_{i,0}) - Q_{i,0} \times C_{i,0} \tag{5-34}$$

2. 自净容量

污染物在河流中的迁移转化过程，可以用一维纵向离散方程来描述：

$$\partial C/\partial t + u\partial C/\partial x = D\partial^2 C/\partial x^2 - kc \tag{5-35}$$

式中 k——污染物降解系数；

u——河流流速；

D——弥散系数；

其他符号意义同前。其解析解为：

$$C(t) = C \times \exp(-k \times x/u) \tag{5-36}$$

自净容量的确定可参照稀释容量的确定方法。令第 i 功能段段首浓度为水质标准 $L_{i,0}$，则第 i 功能段自净容量 $W_{2,i}$：

$$W_{2,i} = L_{i,0} \times [1 - \exp(-k_i \times x_i/u_i)] \times (Q_{i,p} + Q_{i,0}) \tag{5-37}$$

3. 环境总容量

$$\begin{aligned} W_i &= W_{1,i} + W_{2,i} \\ &= L_{i,0} \times (Q_{i,p} + Q_{i,0}) - Q_{i,0} \times C_{i,0} + L_{i,0} \times [1 - \exp(-k_i \times x_i/u_i)] \times (Q_{i,p} + Q_{i,0}) \\ &= L_{i,0} \times [2 - \exp(-k_i \times x_i/u_i)] \times (Q_{i,p} + Q_{i,0}) - Q_{i,0} \times C_{i,0} \end{aligned} \tag{5-38}$$

河流总容量 W：

$$W = \sum W_i \tag{5-39}$$

5.4.2 总量分配原则

研究径流污染负荷影响下的污染总量分配原则时，可以将径流污染源当作一个独立的污染排放源，当一个控制区域的允许负荷确定后，可以按下列原则之一进行总量削减。

1. 等比例分配原则

在承认各污染源排污现状的基础上，将总量控制系统内的允许排污总量等比例地分配到各个污染源，各污染源分担等比例排放责任。这种等比例分配实际上是不平等的[65]。实际规划中，分配方法可进一步分为一般等比例分配、同行业等比例分配和分区加权分配。

等比例分配削减污染物计算公式为：

$$R = \max(1 - C_{js}/C_j) \tag{5-40}$$

式中 R——各污染源排放削减率；

C_{js}——j 控制点环境质量目标（mg/L）；

C_j——j 控制点的现状浓度值（mg/L）。

等比例分配模型方法简单，易操作，但各污染源无论浓度贡献多少均以等同比例削减，必然产生不公平性，且对生产力布局缺乏环境质量和经济制约，因而此法仅限于小区域范围内使用。

2. 费用最小分配原则

以治理费用作为目标函数，以环境目标值作为约束条件，使系统的污染治理费用总和最小，求得各污染源的允许排放负荷。分配模型为：

$$\min Z = \sum_{i=1}^{n} C_i(Q_i, \eta_i) + \sum_{i=1}^{n}\sum_{j=1}^{n} C_{ij}(Q_{ij}) \tag{5-41}$$

约束条件：

$$\boldsymbol{U}L + \boldsymbol{m} \leqslant \boldsymbol{L}_0 \tag{5-42}$$

$$q_i + \sum_{j=1}^{n} Q_{ji} - \sum_{i=1}^{n} Q_{ij} - Q_i = 0 \tag{5-43}$$

$$Q_{ij}, Q_{ji} \geqslant 0 \tag{5-44}$$

$$\eta_i' \leqslant \eta_i \leqslant \eta_i^2 \tag{5-45}$$

式中　Z——治理费用；

Q_i——污水处理量；

q_i——第 i 小区收集的污水量；

Q_{ij}——i 节点输往 j 节点的转输流量；

Q_{ji}——j 节点输往 i 节点转输流量；

η_i——污水处理率；

L——输入河流的污染物向量；

$\boldsymbol{L}_0$——污染物排放标准组成的向量（即水质目标）；

$\boldsymbol{U}$——污染物响应矩阵；

$\boldsymbol{m}$——n 维向量。

3. 按贡献率削减排放量的原则

根据各个污染源对环境总量控制区域内水质影响程度的大小，按照污染物的贡献率大小来削减污染负荷，对水质影响大的污染物要多削减，反之则减少削减。

该原则体现了每个排污者平等享受水环境容量资源，同时平等承担超过其允许负荷的责任，但它不涉及不同行业污染治理费用的差异，因而在污染治理费用方面存在一定的不公平性。此外，不同地理位置的企业对同一控制断面，其污染影响是不一致的，靠近控制断面的污染源排放污染物在水体中稀释扩散转化的时间和过程较少，其污染贡献必然比远距离的污染源大。按贡献削减排放量时，势必要较多地削减近距离的污染源污染物的排放量。从水环境容量资源共享角度而言，这是公平的；但如果就近污染源早已存在，而且当初设置时并未划定水源控制区域对污染进行严格控制，那么现在要求就近污染源在承受较多的污染排放量仍是不公平。

5.4.3　城市雨水径流污染负荷容量分配

目前我国在实行污染总量控制和排污权交易过程中，对径流污染基本上不分配或少量分配，对环境容量分配的公平研究也主要集中在点源污染上[66]。

1. 公平性原则下径流污染负荷容量（削减量）模型

在公平性原则下，将径流污染单独作为一个排放源，与点源污染一起参与环境容量的分配，其分配得到的环境容量为：

$$W_{i,n} = L_{i,n} \times W_i / (L_{i,p} + L_{i,n}) \tag{5-46}$$

式中 $W_{i,n}$——河流第 i 功能段径流污染负荷允许排放量；

$L_{i,n}$——河流第 i 功能段产生的径流污染负荷；

$L_{i,p}$——河流第 i 功能段排放的点源污染负荷；

W_i——河流第 i 功能段环境容量。

2. 模型修正

考虑到径流污染量大、面广和难以治理的特点，加之对河流的环境容量的开发利用应该是合理利用，而不是充分利用，对式（5-46）进行修正[67]：

$$W_{i,n} = (1+\alpha) \times L_{i,n} / (L_{i,p} + L_{i,n}) \times W_i \times \lambda \tag{5-47}$$

式中 α——径流污染削减难度系数，α=0.3～0.5；

λ——环境容量利用系数，λ=0～1，完全利用为 1。

5.5 规划目标与思路

雨水径流污染治理的主要目标是通过控制城市排水系统中的径流污染排放，使受纳水体水质满足一定的标准。因此，规划目标的内容一般包括水质控制目标和污染控制目标。

5.5.1 水质控制目标

水质控制目标主要由水体功能定位以及相关法律法规确定。在发生径流污染治理导致水质超标时，衡量超标情况的要素一般包括三类：浓度、时长和频率。

（1）浓度超标是指水体污染物浓度超出了相应水质标准中对于各项污染物浓度限值的要求。我国《地表水环境质量标准》GB 3838 中对于不同等级水体中各类主要污染物的浓度限制的规定如表 5-6 所示。

地表水环境质量标准基本项目标准限值（单位：mg/L） **表 5-6**

序号	项目 \ 分类		Ⅰ类	Ⅱ类	Ⅲ类	Ⅳ类	Ⅴ类
1	水温（℃）		人为造成的环境水温变化应限制在： 周平均最大温升≤1 周平均最大温降≤2				
2	pH 值（无量纲）		6～9				
3	溶解氧	≥	饱和率 90%（或 7.5）	6	5	3	2
4	高锰酸盐指数	≤	2	4	6	10	15

续表

序号	分类 项目		Ⅰ类	Ⅱ类	Ⅲ类	Ⅳ类	Ⅴ类
5	化学需氧量（COD）	⩽	15	15	20	30	40
6	五日生化需氧量（BOD_5）	⩽	3	3	4	6	10
7	氨氮（NH_3-N）	⩽	0.15	0.5	1.0	1.5	2.0
8	总磷（以P计）	⩽	0.02(湖、库 0.01)	0.1(湖、库 0.025)	0.2(湖、库 0.05)	0.3(湖、库 0.1)	0.4(湖、库 0.2)
9	总氮（湖、库，以N计）	⩽	0.2	0.5	1.0	1.5	2.0
10	铜	⩽	0.01	1.0	1.0	1.0	1.0
11	锌	⩽	0.05	1.0	1.0	2.0	2.0
12	氟化物（以F^-计）	⩽	1.0	1.0	1.0	1.5	1.5
13	硒	⩽	0.01	0.01	0.01	0.02	0.02
14	砷	⩽	0.05	0.05	0.05	0.1	0.1
15	汞	⩽	0.00005	0.00005	0.0001	0.001	0.001
16	镉	⩽	0.001	0.005	0.005	0.005	0.01
17	铬（六价）	⩽	0.01	0.05	0.05	0.05	0.1
18	铅	⩽	0.01	0.01	0.05	0.05	0.1
19	氰化物	⩽	0.005	0.05	0.2	0.2	0.2
20	挥发酚	⩽	0.002	0.002	0.005	0.01	0.1
21	石油类	⩽	0.05	0.05	0.05	0.5	1.0
22	阴离子表面活性剂	⩽	0.2	0.2	0.2	0.3	0.3
23	硫化物	⩽	0.05	0.1	0.2	0.5	1.0
24	粪大肠菌群（个/L）	⩽	200	2000	10000	20000	40000

（2）超标时间是指污染物超过标准限制后持续的时间。根据国家黑臭水体治理试点城市申报要求，小雨后的河道水质应在2天内恢复，中大雨后应在3天内恢复。

（3）超标频率是指在年平均条件下，由于径流污染导致水质超标现象出现的次数。例如，在美国的有关规范中，限定受纳水体的超标频率不超过每年4次（平均）。

5.5.2 污染控制目标

污染控制目标是指在径流污染的排放总量或溢流频次上的削减量要求，通过污染物的削减实现水质目标。污染控制目标的设置可采用以下方式之一：

（1）控制径流体积。将排水系统收集到的雨水或混合污水总量按照一定比例进行收集和处理。例如，在年均条件下，控制全年70%的降雨径流，或截留处理不少于85%的合流污水。

（2）控制溢流频次。在截流式排水系统中，溢流是指合流污水未经过处理即进入受纳水体的现象。溢流频次是指平均每年发生溢流的次数。例如，控制每年平均溢流事件次数不超过4次，每年最多不超过6次。

(3) 控制污染削减率。为保证水质控制目标，提出有必要削减的污染物总量。例如，削减60%的年均悬浮物总量。

5.5.3 规划思路

为实现规划目标，可以采用的规划思路一般有“证明法”(Demonstration Approach)和“假设法”(Presumption Approach)[68]两种。

“证明法”是指采用监测或模拟获得的数据直接证明控制措施能够实现水质控制目标。应用“证明法”制定规划方案时，需要通过构建模型等方式建立受纳水体水质与降雨事件之间的关联，预测水质在不同规划方案和控制措施下的变化情况。

“假设法”是指在数据不足以进行实证的情况下，认为当采用的污染控制措施满足一定的污染控制指标之后即可实现水质要求，常见的指标包括：年均溢流频次、年溢流体积控制率、污染物控制率等。在应用“假设法”制定规划方案时，首先需要对径流污染控制前的径流体积、溢流频次、持续时间等特征进行评估，得到现状条件下的基准值，然后在基准值的水平上制定削减目标。

对于上述两种方法的选择取决于研究范围的现状特征和基础数据情况。一般而言，“证明法”可以得到不同工况下相应水质条件的变化情况，并直观准确地证明规划方案的有效性，是应当优先考虑的方法。但该方法对于基础数据和模型精度的要求较高，一般需要长期的监测数据和精细校准的模型，因此对事件和工作量的投入需求较大。当基础条件不足，无法准确证明措施效果与控制目标之间的关系时，经过论证后，可采用“假设法”，即认为通过在排水系统中设置一定标准径流污染控制措施，即可实现水质目标。在实际操作中，可以采用两种方法结合的方式。例如，对规划范围内的多条河流而言，选取其中一片子流域采用“证明法”进行规划，在获取有说服力的结论和参数之后，再对其他子流域采用“假设法”进行规划。

5.6 径流污染控制分区方法

5.6.1 影响因素

1. 城市水污染治理条件

城市水污染治理现状直接影响不同区域内雨水径流污染治理策略的制定，进而影响雨水径流污染控制分区的划定。城市水污染根据产生原因可分为点源污染和面源污染。城市雨水径流污染属于面源污染，对城市雨水径流污染的控制和治理应建立在完善点源污染治理系统的基础上。一是因为点源污染对城市水环境的影响更直接、更严重，其治理也更为紧迫，若规划范围内点源污染尚未得到有效治理就开展面源污染治理，面源污染治理的效果将无法得到保障。针对该类区域，应优先完善点源污染治理系统建设，而不是贸然新建雨水径流污染控制措施。二是因为面源污染治理措施与点源污染治理措施紧密相关，部分是在现有点源污染治理措施上的优化和改造，部分与点源污染治理共用。针对点源污染治理系统基本完备的区域，应同时考虑现有点源污染控制措施的深化利用、优化提升和专项雨水径流污染控制措施的新建。

2. 城市建设条件

城市建设条件包括城市建设面积、土地开发强度、地下空间开发情况、排水基础设施建设情况、海绵城市建设情况，也包括人口密度、人员流动性、环境卫生管理水平、排水系统运营维护水平等。按照上述条件，可将城市建设区域划分为新建区（新城区）、建成区（老城区）。

城市建成区（老城区）普遍存在建成度高、建筑容积率高、人口密度高、人员流动性大、排水系统不完善、卫生管理水平不高等特征。因此，其城市雨水径流污染治理策略应以完善污水、雨水排水系统和提升卫生管理水平为重点。积极推进雨污水管网分流制改造工作，对于近期难以进行雨污分流制改造或分流改造技术经济可行性较差的建成区（老城区），也可采用雨水截流和调蓄措施。通过截流和调蓄池的结合，可对雨水径流污染起到显著削减效果，甚至优于完全分流制和末端初期雨水调蓄池方案[69]。

城市新建区（新城区）相比较而言，各方面条件都优于城市建成区（老城区）。其城市雨水径流污染治理策略应以推广低影响开发模式为代表的源头控制措施为重点。近年来，随着生态文明和低碳城市理念的不断推行，越来越多的城市开始应用低影响开发技术，并取得了良好的效果。其中，既有涵盖城市尺度层面上的雨水规划建设，例如北京昌平未来科技城、深圳光明新区等城市新建城区，也有大型居住区层面上的雨水收集规划，例如天津东丽湖万科生态住宅区，还有公共空间层面上的雨水回收利用设计，如上海世博园、天津桥园等大型公园，更有单体绿色建筑层面上的雨水收集设计，例如深圳万科中心、卧龙中国保护大熊猫研究中心、上海虹桥机场等著名建筑[70]。

同时，城市建设条件还应考虑城市规划和工作计划的影响，对于规划进行改造、拆迁、拆除重建的区域，应按照未来规划达到的情况进行径流污染控制分区。

3. 城市用地类型

按照城市用地功能的不同，可将城市用地划分为工业区、居住区、商业办公区、道路、公园等类型。不同的用地类型，其雨水径流污染特征一般也不相同。

工业区的雨水径流污染来源主要集中在园区内屋面径流污染和路面径流污染（图5-1）。因为在工业生产中排放的废气、粉尘等使得工业区的大气污染要比城市中心严重，由于降雨过程中雨水对大气的淋洗作用，导致工业区屋面径流的污染要比城市小区屋面径流更加复杂。在采油炼油及石油化工企业的生产运输过程中会出现不同程度的跑、冒、滴、漏现象，经雨水冲刷会形成含有油、苯、芳烃、有机氯、酸、碱等不同污染物的地表污染径流[71]。同时，工业区雨水污染与企业的生产活动密切相关。在我国，根据产品的经济用途、使用原材料和工艺性质可将整个工业分成11个大类和177个细分类。不同工业企业由于各自原材料、生产工艺、管理水平等条件不同，产生的污染物种类数量也不同，因此造成的雨水径流污染也不同[72]。对于特定的工业区，应对其雨水径流污染物进行监测分析才能确定其污染特性，进而实施控制措施。另外，工业区雨水径流污染也呈现出一定的

图 5-1　工业区初期雨水收集池

特征。田永静等[73]对苏州市枫桥工业区雨水地表径流的研究结果显示，该工业区的污染负荷中 SS 比例特别高，且与其他污染物指标具有相关性，通过控制 SS 污染可同时削减其他污染物负荷。

居住区的雨水径流污染特征与工业区存在显著不同。一般居住区雨水径流中 COD、TP、TN 等污染物指标高于工业区雨水径流，但重金属、SS、难降解有机物等指标低于工业区雨水径流。总体上，一般居住区雨水径流的污染负荷低于工业区，但可能存在一些老旧小区，由于人流量大、卫生条件差、管理水平较差，导致雨水径流污染负荷较高[74]。由于居住区的雨水径流污染负荷普遍较低，不适宜进行集中收集处理，适宜采用源头设施进行污染控制。常采用的设施包括雨水花园、生物滞留设施、绿色屋顶、下沉式绿地（图 5-2）。这些设施具备径流污染控制和雨水下渗的功能，易于结合居住区景观绿化进行设计，可取得良好径流污染控制和景观美化效果。

商业办公区的雨水径流污染特征与居住区基本相同，污染程度普遍较低，具备良好的雨水资源化利用潜力。其中，以屋面雨水径流为优。魏泽军等[75]对重庆某商业办公区的屋面雨水径流的研究表明，COD_{cr}、TN 为主要污染因子，SS、色度、浊度经过初期弃流后可满足城市杂用水标准，TP 含量较低，后期径流达到地表水Ⅳ类标准，各主要污染物浓度水平低于其他类型雨水径流，具有较高的资源化利用潜力。商业办公区屋面雨水径流控制以资源化利用为主，路面、绿地雨水径流污染的控制可参考居住区进行选择。

城市道路的雨水径流污染程度普遍较高。COD、SS、重金属、石油类等污染物是城市道路雨水径流中的主要污染物，其浓度随着降雨及路面污染物累积状况的不同而发生随机变化，对水环境造成严重影响，应是道路径流污染重点检测和控制对象[76]。特别是在城市餐饮业聚集区，普遍存在向道路雨水口倾倒生活污水和垃圾的问题，容易造成受纳水体的严重污染。

图 5-2 居住区低影响开发设施

城市公园的雨水径流污染程度一般较低，具有雨水资源收集、净化和再利用等多重功能。城市公园中绿地可设计为雨水径流传输、存储、下渗、净化等设施，可结合绿地建设的雨水径流污染控制措施包括植草沟、下凹绿地、雨水花园、生物滞留设施、旱溪、湿塘、池塘等，可起到充分蓄集下渗雨水、削减洪峰流量、减轻地表径流污染，达到有效增加雨水下渗时间的目的[77]。

4. 空间协调需求

对于流域面积较大且流域内城市建设条件差异较大的城市水体，需要划定不同的城市雨水径流污染控制分区。由于上下游、两岸或局部区域内城市雨水径流污染控制措施建设条件的差异（如建设空间缺乏、卫生防护限制、排水系统完善度等因素），可能需要进行空间协调，对已划定的控制分区进行优化。但这种空间协调是在城市水体流域内城市雨水径流污染控制总目标不变的基础下进行的，不能因为空间协调降低该流域的城市雨水径流污染控制总目标。

5.6.2 分区类型

径流污染控制分区目的是基于各分区内的主要污染特征，实现因地制宜地治理雨水径流污染，支撑雨水径流污染治理设施布局。

雨水径流污染治理分区的划分可按以下步骤进行（图 5-3）。首先，根据是否具备大规模开发建设条件，将规划范围划分为生态区和建成区。其次，根据排水体制、排水系统建设情况、排水系统改造计划、土地开发利用计划等条件，将建成区划分为混流区和分流区。再次，根据海绵城市建设情况、海绵城市建设或改造条件、海绵城市建设计划等条件，将分流区划分为海绵消纳区和非海绵消纳区。最后，根据是否建有完善的截污系统，将非海绵消纳区划分为沿河转输区和分散调蓄区。

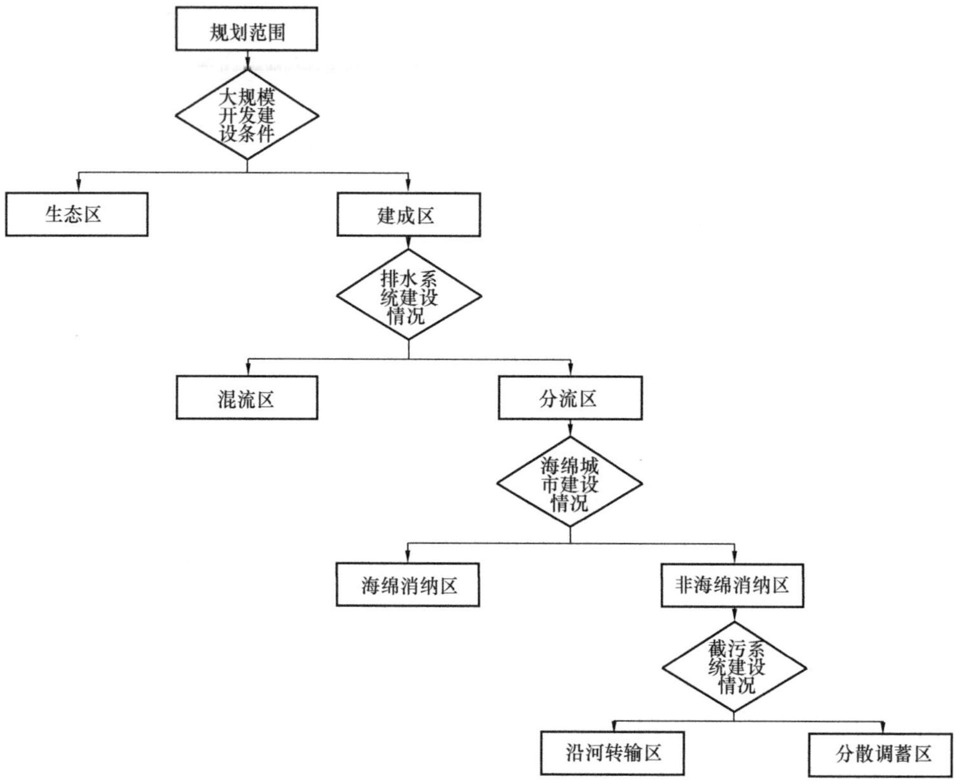

图 5-3　分区流程图

最终，将规划范围划分为五种类型的雨水径流污染治理区域，包括生态区、混流区、海绵消纳区、沿河转输区和分散调蓄区。

生态区主要包括位于城市基本生态控制范围线内的区域，或者是具有较高生态景观价值的城市绿地。生态区受人为活动干扰小，生态本底情况较好。一般生态区内的雨水径流水质优良，无需进行径流污染控制措施，雨水径流治理措施以自然排放、回补河道、收集杂用为主。

混流区主要是指合流制区域和分流制中雨污水系统存在错接乱排的区域。这类区域内混合污水的溢流浓度较高、污水量较大，且含有较高的 BOD 和营养物质等，不适宜采用就地物化处理后排放措施。虽然，这类区域也可以采用海绵城市技术措施进行源头净化和削峰，但是后续雨水仍然会和污水进行混合。而且，由于混合污水中污染物主要产生于系统过程（管网沉积物）与末端（市政污水混流），因此对混合污水进行末端截流和调蓄是更为有效的方法。雨水径流污染治理措施，考虑通过末端截流和调蓄收集，可显著减少混合污水溢流频率、溢流总量和峰值流量，最大限度地将混合污水转输至污水处理厂进行生化处理。

海绵消纳区主要包括海绵城市建设已达标区域、规划海绵城市建设重点区域、具有海绵城市技术改造的区域等。在这些区域中主要采用海绵城市中的源头技术措施控制雨水径流，通过源头海绵城市措施对雨水径流进行滞蓄、消纳、净化，并通过末端海绵城市技术设施，如湿地、生态护岸等，进一步提升出水水质。

沿河转输区主要包括规划范围内已建截污系统可有效收集初期雨水径流的区域。这类区域内地面雨水径流从产生到汇流至截污系统仍保留一定的初期效应，因此可充分利用已建截污系统进行初期雨水的截流和转输，最终通过污水处理厂处理后排放。

分散调蓄区主要包括在规划范围内，除上述 4 类区域之外的区域，即暂不具备系统化海绵城市建设或改造条件，且无法利用截污系统转输雨水径流的城市建设区域。通过设置独立、分散的雨水调蓄设施，在降雨期间将污染严重的雨水径流进行收集，然后在晴天通过市政污水管道转输至污水处理厂处理。若下游污水管道转输能力不足，也可采用就地处理达标后排放的方式。

5.7　分流制面源污染控制措施规划

在分流制排水体制中，城市雨水径流污染的主要来源是面源污染，一般由于降雨径流将地表和管网中的污染物冲刷携带而形成。面源污染的控制方法包括源头措施、过程措施和末端措施。

5.7.1　源头控制措施规划

1. 源头控制措施分类

雨水径流污染源头控制措施以低影响开发措施为主。根据《海绵城市建设技术指南——低影响开发雨水系统构建（试行）》及相关雨水控制及利用规范，依据其主要功能可将低影响开发措施进行分类，如表 5-7 所示。

低影响开发设施一览表　　　　表 5-7

技术类型（主要功能）	设施名称	备注
透水铺装	透水砖	
	透水混凝土	
	透水沥青	
	植草砖	
	网格砖	
生物滞留设施	入渗型雨水花园	底层土壤渗透，无敷设穿孔盲管
	过滤型雨水花园	底层土壤不渗或渗透系数<10^{-6}m/s，敷设穿孔盲管
	生态树池	
下沉式绿地	下沉式绿地	表层下沉，不换种植土
绿色屋顶	简单式绿色屋顶	对结构要求不高，基质深度不超过 150mm，主要种植草皮
	花园式绿色屋顶	对结构要求高，基质深度超过 150mm，主要种植灌木，甚至乔木
植草沟	排水型植草沟	草沟底部不换种植土，具备排水功能，入渗、净化雨水能力较低
	入渗型植草沟	草沟底部设置蓄水层、种植土壤层，具备排水功能，入渗、净化雨水效果较好

续表

技术类型（主要功能）	设施名称	备注
入渗设施	渗透井	雨水井壁和井底都具备入渗功能
	渗透管	带穿孔的排水管，敷设过程由砾石包裹，具备排水和入渗功能
	渗透渠	渠壁和渠底具备入渗功能，渠底上方覆盖砾石层
	入渗塘	具备入渗功能的人工或天然的洼地
滞留（流）设施	调节池	以削减雨水峰值流量为主
	雨水塘（干、湿）	具备雨水调蓄和净化功能的水体（景观水体）
雨水湿地	雨水表面流湿地	
	雨水潜流湿地	
植被缓冲带	植被缓冲带	建于水体周边的植被带，经植物拦截和土壤入渗减缓地表径流流速
雨水收集设施	蓄水池	人工建造的收集雨水的池
	蓄水模块	具备容纳雨水功能的 PP 骨架结构，通过拼装组合蓄存雨水
	雨水桶/罐	
其他设施	初期雨水弃流设施	弃除污染物浓度高的初期雨水的设施
	初期雨水处理设施	净化污染物浓度高的初期雨水的设施
	环保/除污雨水口	具备净化雨水的雨水口
	其他专利产品	

渗透措施以水量控制为主，对雨水径流污染控制效果有限。透水砖铺装和透水水泥混凝土铺装主要适用于广场、停车场、人行道以及车流量和荷载较小的道路，如建筑与小区道路、市政道路的非机动车道等，透水沥青混凝土路面还可用于机动车道。下沉式绿地、生物滞留设施（雨水花园）可广泛应用于城市建筑与小区、道路、绿地和广场内。对于径流污染严重、设施底部渗透面距离季节性最高地下水位或岩石层小于 1m 及距离建筑物基础小于 3m（水平距离）的区域，应采取必要的措施防止次生灾害的发生。

转输措施以径流的输送功能为主，但可通过对设施结构进行改造，以改善其对雨水径流水质、水量的控制效果[78]。植草沟适用于建筑与小区内道路，广场、停车场等不透水面的周边，城市道路及城市绿地等区域，也可作为生物滞留设施、湿塘等低影响开发设施的预处理设施。另外植草沟可与雨水管渠联合应用，场地竖向允许且不影响安全的情况下也可代替雨水管渠。地块内转输流量较小且土壤渗透情况良好的区域，可采用渗管或渗渠，地下水位较高、径流污染严重及易出现结构塌陷等区域不宜采用渗管或渗渠。渗管或渗渠应设置植草沟、沉淀池等预处理设施。

储存、调节措施均以水量控制、径流存储、回收利用为主，在实现径流水量削减、洪峰削减和洪峰延迟效果的同时[79]，可实现雨水的回收利用。绿色屋顶适用于符合屋顶荷载、防水等条件的平屋顶建筑和坡度≤15°的坡屋顶建筑。对于不适用大范围收集雨水的地区可使用雨水罐（桶）。蓄水池容量大，可以由任何不透水的材料制成，可制成方形等各种形状，可设置于地下或地上。雨水蓄水模块一般由若干个模块组合成模块拼装，形状可根据需求任意组合，不受场地限制。湿塘可结合绿地、开放空间等场地条件设计为多功能调蓄水体，即平时发挥正常的景观及休闲、娱乐功能，暴雨发生时发挥调蓄功能，实现土地资源的多功能利用。干塘，以削减峰值流量功能为主，也可通过合理设计使其具有渗透功能，起到一定的补充地下水和净化雨水的作用。

2. 源头控制措施比选

低影响开发措施控制初期雨水污染的主要原理是在径流污染产生的源头就地进行截留和处理，从而降低水流的流动速度，延长雨水径流时间，拦截、渗透初期雨水，并降低后续处理系统的污染处理负荷。低影响开发技术和设施选择应遵循以下原则：注重资源节约，保护生态环境，因地制宜，经济适用，并与其他专业密切配合。结合各地气候、土壤、土地利用等条件，选取适宜当地条件的低影响开发技术和设施，恢复开发前的水文状况，促进雨水的储存、渗透和净化。缺水地区以雨水资源化利用为主要目标时，可优先选用以雨水集蓄利用为主要功能的雨水储存设施；内涝风险严重的地区以径流峰值控制为主要目标时，可优先选用峰值削减效果较优的雨水储存和调节等技术；水资源较丰富的地区以径流污染控制和径流峰值控制为主要目标时，可优先选用雨水净化和峰值削减功能较优的雨水截污净化、渗透和调节等技术。

在低影响开发技术措施选用时，可依据当地的实际情况，单独使用或几种技术配合使用；在设施布局时应根据排水分区，结合项目周边用地性质、绿地率、水域面积率等条件，综合确定。应注重公共开放空间的多功能使用，高效利用现有设施和场地，并将雨水控制与景观相结合。如表 5-8～表 5-10 所示。

各类用地中低影响开发设施选用一览表　　表 5-8

技术类型（主要功能）	单项设施	用地类型			
		建筑与小区	城市道路	绿地与广场	城市水系
渗透技术	透水砖铺装	●	●	●	◎
	透水水泥混凝土	◎	◎	◎	◎
	透水沥青混凝土	◎	◎	◎	◎
	下沉式绿地	●	●	●	◎
	简易型生物滞留设施	●	●	●	◎
	复杂型生物滞留设施	●	●	◎	◎
	渗透塘	●	◎	●	○
	渗井	●	◎	●	○
储存技术	湿塘	●	◎	●	●
	雨水湿地	●	●	●	●
	蓄水池	◎	○	◎	○
	雨水罐	●	○	○	○
调节技术	调节塘	●	◎	●	◎
	调节池	◎	◎	◎	○

续表

技术类型（主要功能）	单项设施	用地类型			
		建筑与小区	城市道路	绿地与广场	城市水系
转输技术	转输型植草沟	●	●	●	◎
	干式植草沟	●	●	●	◎
	湿式植草沟	●	●	●	◎
	渗管/渠	●	●	●	○
截污净化技术	绿色屋顶	●	○	○	○
	植被缓冲带	●	●	●	●
	初期雨水净化设施	●	◎	◎	○
	人工土壤渗滤	◎	○	◎	◎

注：●—宜选用；◎—可选用；○—不宜选用。

低影响开发设施工程地质适宜性分析[80] **表 5-9**

设施种类	类型	集水区面积	占地面积	土壤渗透系数（m/s）	地下水或不透水层埋深	地形坡度
收集回用	收集回用	集水区面积和需水量确定收集规模	收集规模确定占地面积	—	地下水埋深浅影响地下蓄水设施布置	—
雨水花园	入渗型	$<0.5hm^2$	小	$4\times10^{-6}\sim10^{-3}$	$>1.20m$	—
	过滤型	$<0.5hm^2$	小	配置土壤	$>0.60m$	—
	植生滞留槽	$<0.5hm^2$	小	配置土壤	—	—
透水路面	透水砖	—	—	$4\times10^{-6}\sim10^{-3}$	$>1.20m$	$<2\%$
	透水混凝土、透水沥青	—	—	—	$>1.20m$	$<2\%$
绿色屋顶	绿色屋顶	—	—	配置土壤	—	$2\%\sim15\%$
植被草沟	排水型	$<2hm^2$	中	—	$>0.60m$	$1\%\sim5\%$
	入渗型	$<2hm^2$	中	$4\times10^{-6}\sim10^{-4}$	$>1.20m$	$<2\%$
入渗设施	渗透井管	$<2hm^2$	埋地	$4\times10^{-6}\sim10^{-3}$	$>1.2m$	$<15\%$
	渗透洼地	$<2hm^2$	小/中	$4\times10^{-6}\sim10^{-4}$	$>1.2m$	$<15\%$
	渗透沟	$<2hm^2$	中	$4\times10^{-6}\sim10^{-4}$	$>1.2m$	$<15\%$
过滤设施	过滤池	$<2hm^2$	中	—	$>0.60m$	$<5\%$
	过滤槽	$<2hm^2$	小	—	$>0.60m$	$<5\%$
滞留（流）设施	滞留（流）塘	$>10hm^2$	大	A、B类土壤需要防渗	地下水位高时有助于保持水量平衡	—
	调蓄池	$>10hm^2$	埋地	—	—	—

续表

设施种类	类型	集水区面积	占地面积	土壤渗透系数（m/s）	地下水或不透水层埋深	地形坡度
雨水湿地	表面流	>15hm²	大	A、B类土壤需要防渗	地下水位高时有助于保持水量平衡	—
	小型潜流	保证30天不降雨时不会干涸	小	A、B类土壤需要防渗		<2%
附属设备	设备	设备生产厂家要求	设备生产厂家要求	—	—	—

注："—"为无要求。

低影响开发设施社会和经济适宜性分析　　表5-10

设施种类	类型	建设成本	维护要求	景观效果	公众安全及环境影响	其他
收集回用	收集回用	☆☆☆	☆☆	地下没有影响，地上影响很小	无	
雨水花园	入渗型	☆	☆	☆☆☆	无	减少绿化浇洒
	过滤型	☆	☆	☆☆☆	无	减少绿化浇洒
	植生滞留槽	☆	☆	☆☆☆	无	减少绿化浇洒
透水路面	透水砖	☆	☆	☆☆	无	缓解热岛效应
	透水混凝土、沥青	☆☆☆	☆☆	☆☆☆ 没有雨水口	无	缓解热岛效应，降低胎噪，道路不会积水
绿色屋顶	绿色屋顶	☆☆☆	☆☆	☆☆☆	无	缓解热岛效应，降低室内温度
植被草沟	排水型	☆	☆	☆☆	无	作为排水设施
	入渗型	☆☆	☆☆	☆☆	无	
入渗设施	渗透井管	☆☆	☆☆	无	无	
	渗透洼地	☆	☆	☆☆	无	
	渗透沟	☆	☆	☆☆	无	
过滤设施	过滤池	☆☆	☆☆	☆	无	
	过滤槽	☆☆	☆☆	☆☆	无	
滞留（流）设施	滞留（流）塘	☆☆☆	☆☆	☆☆☆	有安全影响	
	调蓄池	☆☆☆	☆☆	☆	无	
雨水湿地	表面流	☆☆☆	☆☆	☆☆☆	有安全影响	
	小型潜流	☆☆	☆☆	☆☆☆	无	
附属设备	设备	☆☆☆	☆☆	多为埋地式	无	—

注：☆—一般；☆☆—较高或较好；☆☆☆—高或好。

5.7.2 过程控制措施规划

1. 雨水弃流措施

由于在不同降雨条件下，雨水径流水质变化过大，且排放时间无法控制，若直接将弃流雨水排入市政污水管网，可能会对下游污水管网造成不利影响，包括降低污水浓度或顶托污水外溢等。因此，不建议将弃流雨水直接接入市政污水管网，以减少雨天时进入污水管网的雨水量。对于弃流雨水应采用专门措施进行调蓄、过滤和转输。

雨水弃流是指通过应用截流装置将含有杂质的初期雨水分离和抛弃，以便于收集后期干净的雨水。雨水弃流设施主要设置在屋面落水管下方、道路雨水口内或雨水管网排放口处。雨水弃流设施占地面积小，可以用于已建成且城市化高度发展的地区，而且设施布置比较靠近径流源头，一般可以获得良好的初期效应。

相关研究表明，由于降雨冲刷过程的复杂性和随机性，确定不同条件下的雨水弃流量是一个难题。在有条件的地区，应在实测服务范围内不同下垫面收集雨水的化学需氧量（COD）、悬浮物（SS）等污染物浓度，根据污染物浓度随降雨量的变化曲线确定初期径流弃流量。根据《城镇雨水调蓄工程技术规范》GB 51174，初期雨水径流弃流量应按下垫面收集雨水的污染物实测浓度确定。当无资料时，屋面弃流量可为2～3mm，地面弃流量可为4～8mm。

2. 雨污分流改造

雨污分流是指通过用不同管渠系统分别收集、输送污水和雨水的排水方式。根据相关规范要求，同一城镇的不同地区可采用不同的排水体制。除降雨量少的干旱区域外，新建地区的排水系统应采用分流制；现有合流制排水系统，有条件的应按城镇排水规划要求，实现雨污分流改造；暂时不具备雨污分流条件的，应采取截流、调蓄和处理相结合的措施。目前，对城市排水系统开展雨污分流改造，通常采用以下几种途径：

（1）改合流制为分流制

将合流制改为分流制可完全杜绝溢流混合污水对水体的污染，是一种彻底的改造方案。在具备下列条件时，可考虑将合流制改为分流制：

1）住房内部有完善的卫生设备，便于将生活污水和雨水分流；

2）工程内部可清浊分流，便于将符合要求的生产污水接入城市污水管道，将生产废水接入城市雨水管渠，或进行循环使用；

3）城市街道的横断面有足够的位置，允许设置由于改造分流制而增设的污水管道，并且不对城市的交通造成过大影响。

雨污分流改造可分为市政管网的雨污分流改造和建筑与小区内部管网的雨污分流改造。其中，以建筑与小区内部管网的雨污分流改造最为重要。建筑与小区内部管网的雨污分流改造应根据现有排水建设情况和改造条件进行分类，采用差异化措施。参考《深圳市正本清源工作技术指南（试行）》，将已建建筑与小区分为五类：

① Ⅰ类：只有一套合流排水系统，有条件新建雨水立管且有条件新建一套小区排水管道的建筑与小区；

② Ⅱ类：只有一套合流排水系统，无条件新建雨水立管且有条件新建一套小区排水管道的建筑与小区；

③ Ⅲ类：有雨污两套排水系统，有条件新建雨水立管的建筑与小区；

④ Ⅳ类：有雨污两套排水系统，无条件新建雨水立管的建筑与小区；

⑤ Ⅴ类：只有一套合流排水系统，内部无法新建一套排水管道的建筑与小区。

具体分类的界定条件详见表5-11。

分类排水建筑与小区的界定条件 **表5-11**

排水建筑与小区分类	现状排水系统数量	能否进行立管改造		能否新建一套小区排水管道	
		建设条件	界定条件	建设条件	界定条件
Ⅰ类	一套	能	小区建筑不高于14层，且建筑外墙有足够的空间可以安装排水立管	能	路面宽度不小于2m，地下空间足够，周边建筑安全情况允许施工
Ⅱ类	一套	否	① 小区建筑高于14层；②建筑外墙无空间安装排水立管；③居民主观不同意立管改造	能	路面宽度不小于2m，地下空间足够，周边建筑安全情况允许施工
Ⅲ类	两套	能	小区建筑不高于14层，且建筑外墙有足够的空间可以安装排水立管	—	
Ⅳ类	两套	否	①小区建筑高于14层；②建筑外墙无空间安装排水立管；③居民主观不同意立管改造	—	
Ⅴ类	一套	—		否	①路面宽度小于2m；②地下管线密集，无埋管空间；③周边建筑安全情况不允许施工；④居民主观不同意施工

根据上述分类建筑与小区的特点，采用不同改造方案，详见表5-12。

分类排水建筑与小区改造方案 **表5-12**

类别	改 造 方 案
Ⅰ类	将原有建筑合流系统改为污水系统，直接接入市政污水系统；新建建筑雨水立管及小区内部雨水系统，接入市政雨水系统
Ⅱ类	小区内新建雨水系统接入市政雨水系统，原有建筑合流立管末端设溢流设施接入新建小区雨水系统内；原有小区合流系统作为污水系统
Ⅲ类	将原有合流立管接入小区现状污水系统，新建建筑雨水立管接入小区现状雨水系统

续表

类别	改 造 方 案
Ⅳ类	原有建筑合流立管接入小区现状污水系统，立管末端设溢流设施接入小区现状雨水系统
Ⅴ类	在小区出户管接入市政管道前设置限流设施进行截污

注：1. 居住小区类排水建筑与小区，用地类型主要为一类、二类居住用地，雨污分流改造主要执行Ⅰ～Ⅳ类方案。

2. 旧城改造类、综合整治类排水建筑与小区，用地类型主要为三、四类居住用地，包括成片宿舍区和城中村区域。对于已列入城市更新计划的区域，其雨污分流改造随城市更新一并实施；对于未列入城市更新计划或五年内未实施的区域，遵循“能分则分，不能分则截”的原则，按照Ⅰ～Ⅴ类方案进行雨污分流改造或者外围截污。

3. 公共建筑类排水建筑与小区，用地类型主要为商业服务业设施用地和公共管理与服务设施用地，改造主要执行Ⅰ～Ⅳ类清源方案。对于其内的经营性排水户按照相关具体要求执行。

4. 工业仓储类排水建筑与小区，应按“雨污分流、污废分流、废水明管化、雨水明渠化”的原则实施源头雨污分流工程，企业内生活污水和工业废水原则上均应进行分流，工业废水应按照废水中污染物类型分类收集，不同类型的污染物采用不同的废水处理工艺预处理后进行集中处理排入市政排水管网。工业废水处理由企业自行改造，政府监督。其生活区域的清源改造主要执行Ⅰ～Ⅳ类方案。

5. 第Ⅴ类排水建筑与小区实施截污工程时，应确保截流水量不会影响外围市政污水系统正常运行。

(2) 暂时保留合流制，修建截流管或调蓄设施

对于雨污分流改造投资过大、近期不具备施工条件等情况，较难在短期改造的区域，可暂时保留合流制，修建合流管渠截流干管或调蓄设施，即改造成截流式合流制排水管渠系统。但这种方式不能完全消除对水体的污染，需要对溢流污染进行适当处理。溢流污水的处理工艺较多，技术比较成熟，包括人工湿地技术、调蓄沉淀技术、强化沉淀技术、水力旋流分离技术、高效过滤技术、消毒技术等。远期应考虑通过棚户区改造、城市更新等方式，实现彻底的雨污分流。

3. 截流措施

在城市雨水径流污染中可采用的截流措施包括点截污、沿河截污、总口截污等。点截污是指在靠近雨污水混接点的位置，采用截流措施将混接污水就近接入污水管道。沿河截污是指在河流两岸或一岸设置截流管道，收集雨水管渠中的混接污水或初期雨水径流（图 5-4）。总口截污是指排水系统的末端排放口设置截污措施，进行混接污水截流。

图 5-4　沿河截污

截流系数（倍数）是指排水系统在降雨时被截流的雨水量与设计旱流污水量的比值。截流系数（倍数）的设置直接影响环境效益和经济效益，是截流系统设计的重要参数，其取值应综合考虑受纳水体的水质要求、受纳水体自净能力、城市类型、人口密度和降雨量等因素。当合流制排水系统具有排水能力较大的合流管渠时，可采用较小的截流倍数，或设置一定容量的雨水调蓄设施。

点截污位于排水系统上游，截流倍数选择主要考虑污水管道排水能力，不宜大于1.0。沿河截污、总口截污位于排水系统末端，一般设有专门的截流箱涵或者截流管道，截流系统的排水能力充足，截流倍数可选2～5。

在进行城市雨水径流污染控制时，对雨水径流的截流和转输过程可采取以下措施：

(1) 截流初期雨水时尽量靠近源头，以保证初期效应，减少汇流过程中清洁和污染的雨水混合。

(2) 在转输过程中避免污水和雨水管道混接。在新建城区采取分流制，在已建城区开展雨污分流，并加强排水管理。

(3) 水质净化厂优先处理分流制污水，在晴天时再利用富余能力处理截流雨污水。

同时，针对点截污、沿河截污、总口截污等存在的问题，可采用以下改善方案：

(1) 在初期雨水需要通过污水系统转输时，首先对水质和水量进行控制。防止初期弃流直接接入分流制污水管网，以保证污水系统的稳定运行。初期弃流可接入初期雨水调蓄池收集后缓慢排入污水系统，或接入海绵型设施就地消纳。

(2) 控制截流系统截流面积和截流倍数，保证一定的进水浓度。利用沿河截流系统截流初期雨水，根据流域的汇流条件和水质特征精确设置截流水量。可考虑应用智能化的水质控制闸门等先进截流设施，根据来水水质，精准控制截流水量，使高浓度来水优先进入截流管涵收集转输，允许低浓度雨水直接溢流入河。

4. 雨水调蓄工程

雨水调蓄工程包括水体调蓄工程、绿地广场调蓄工程、雨水调蓄池和隧道调蓄工程，可为单一工程或多个工程的组合。本书重点介绍雨水调蓄池技术。

雨水调蓄池是一种雨水收集存储设施，主要作用是把雨水径流的高峰流量暂存，待最大流量下降后再从调蓄池中将雨水缓慢地排出。可达到既能规避雨水洪峰，提高雨水利用率，又能控制初期雨水对受纳水体的污染，还能对排水区域间的排水调度起到积极作用。雨水调蓄池既可以是专用的人工构筑物，如地上调蓄池、地下调蓄池，也可以是天然场所或已有设施，如河道、池塘、人工湖、景观水池等。由于调蓄池一般占地较大，应尽量利用现有设施或天然场所建设，可降低建设费用，取得良好的社会效益。有条件的地方可根据地形、地貌等条件，结合停车场、运动场、公园等建设集雨水调蓄、防洪、城市景观、休闲娱乐等于一体的多功能调蓄池。

(1) 雨水调蓄池的分类与选用

根据调蓄池与管线的关系，调蓄类型可分为在线式调蓄和离线式调蓄；按溢流方式可分为池前溢流和池上溢流；根据是否有沉淀净化功能可分为接收池、通过池和联合池三种类型，其选择应根据调蓄目的、服务面积和在系统中的位置等因素确定，并应符合下列规定（图5-5）：

1) 用于控制径流污染的调蓄池，当进水污染初期效应明显时，宜采用接收池；当初期效应不明显时，宜采用通过池；当进水流量冲击负荷大，且污染持续较长时间时，宜采用联合池；

2) 用于削减峰值流量和雨水综合利用的调蓄池，宜采用接收池。

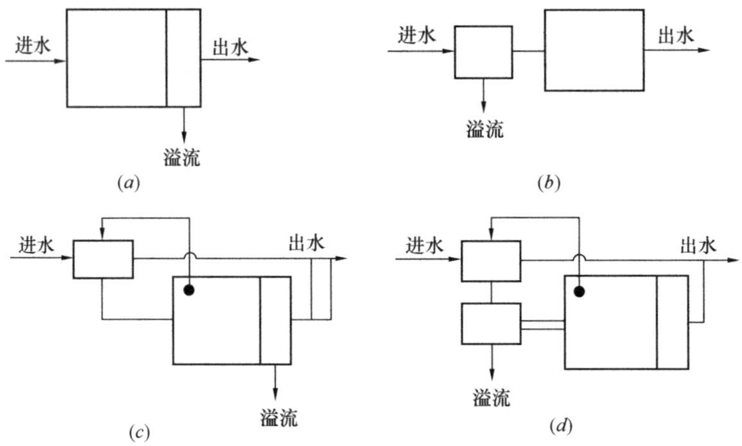

图 5-5 雨水调蓄池示意

(a)池上设有溢流的在线储存；(b)池入口设有溢流的在线储存；(c)池上设有溢流的离线储存；(d)池入口设有溢流的离线储存

雨水调蓄池的位置应根据调蓄目的、排水体制、管网布置、溢流管下游水位高程和周边环境等综合考虑确定。根据调蓄池在排水系统中的位置，可分为末端调蓄池和中间调蓄池。末端调蓄池位于排水系统的末端，主要用于城镇面源污染控制。中间调蓄池位于一个排水系统的起端或中间位置，可用于削减洪峰流量和提高雨水利用程度。当用于削减洪峰流量时，调蓄池一般设置于系统干管之前，以减少排水管渠达标改造工程量；当用于雨水利用存储时，调蓄池应靠近用水量较大的地方，以减少雨水利用工程量。雨水调蓄池一般位于城区，为便于管理、确保安全和减少对周边环境的影响，一般设计为地下式。

在建设密度较高的区域可以设置小型调蓄池。大型调蓄池或滞蓄池一般设置在受纳水体附近，与景观结合，有较为充足的建设和改造空间，且维护管理方便。

(2) 雨水调蓄设施计算

雨水调蓄设施的设计调蓄量应根据雨水设计流量和调蓄设施的主要功能，经计算确定。

1) 设计流量计算

当汇水面积大于 $2km^2$ 时，应考虑降雨时空分布的不均匀性和管渠汇流过程，采用数学模型法计算。

当暴雨强度公式编制选用的降雨历时小于雨水调蓄工程的设计降雨历时时，不应将暴雨强度公式的适用范围简单外延，应采用长历时降雨资料计算。

设计降雨历时宜采用 3～24h 较长降雨历时进行试算复核，并应采用适合当地的设计雨型；当缺乏当地雨型数据时，可采用附近地区的资料，也可采用当地具有代表性的一场暴雨的降雨历程。

2) 用于峰值控制的调蓄量计算

应根据设计要求，通过比较雨水调蓄工程上下游的流量过程线，按下式计算：

$$V=\int_{0}^{T}[Q_i(t)-Q_0(t)]\mathrm{d}t \tag{5-48}$$

式中　V——调蓄量或调蓄设施有效容积（m^3）；

Q_i——调蓄设施上游设计流量（m^3/s）；

Q_0——调蓄设施下游设计流量（m^3/s）；

t——降雨历时（min）。

当缺乏上下游流量过程线资料时，可采用脱过系数法，按下式计算：

$$V=\left[-\left(\frac{0.65}{n^{1.2}}+\frac{b}{t}\,\frac{0.5}{n+0.2}+1.10\right)\cdot\log(\alpha+0.3)+\frac{0.215}{n^{0.15}}\right]\cdot Q_i\cdot t \tag{5-49}$$

式中　b——暴雨强度公式参数；

n——暴雨强度公式参数；

α——脱过系数，取值为调蓄设施下游和上游设计流量之比。

3）用于总量控制的调蓄量计算

用于源头径流总量和污染控制以及分流制排水系统径流污染控制时，调蓄量的确定可按下式计算：

$$V'=10DF\psi\beta \tag{5-50}$$

式中　D——单位面积调蓄深度（mm），源头雨水调蓄工程可按年径流总量控制率对应的单位面积调蓄深度进行计算；分流制排水系统径流污染控制的雨水调蓄工程可取 4～8mm；

F——汇水面积（hm^2）；

ψ——径流系数；

β——安全系数，一般取 1.1～1.5。

当调蓄设施用于雨水综合利用时，调蓄量应根据回收利用水量经综合比较后确定。

调蓄池用于削减峰值流量时，宜采用与排水管渠串联的形式；调蓄池用于径流污染控制或雨水综合利用时，应采用与排水管渠并联的形式。

5.7.3　末端控制措施规划

1. 污水处理厂处理

《室外排水设计规范》GB 50014（2016 年版）中包含了关于污水处理厂处理雨水径流污染的有关规定。如合流制处理构筑物，除应按有关规定设计外，尚应考虑截留雨水进入后的影响，并应符合下列要求：

（1）提升泵站、格栅、沉砂池，按合流设计流量计算。

（2）初次沉淀池，宜按旱流污水量设计，用合流设计流量校核，校核的沉淀时间不宜小于 30min。

（3）二级处理系统，按旱流污水量设计，必要时考虑一定的合流水量。

（4）污泥浓缩池、湿污泥池和消化池的容积，以及污泥脱水规模，应根据合流水量水质计算确定。可按旱流情况加大 10%～20%计算。

（5）管渠应按合流设计流量计算。

由于国内污水排放尚未划分旱天标准和雨天标准，国内污水处理厂对初期雨水的处理常采用两种模式。一是将初期雨水和污水混合后通过格栅、沉砂池、初沉池等预处理、一级处理设施后，在二级处理设施前对超过处理负荷的混合污水进行溢流排放，这种模式可利用污水处理厂的预处理、一级处理设施对初期雨水进行处理，且不影响后续二级处理设施运行和污水处理厂排水水质，但存在初期雨水与旱流污水混合后溢流的污染问题。为此，部分污水处理厂建设专门处理溢流混合污水的高效沉淀池，通过混凝沉淀技术进一步削减溢流污水污染[81]。二是建设专门的初期雨水调蓄池，收集储存雨天的初期雨水，待降雨结束后将调蓄池中初期雨水输送至污水处理厂进行处理，这种模式具有较好的污染控制效果，但初期雨水调蓄池建设费用较高，运行管理较为复杂。

针对第一种模式，污水处理厂预处理和一级处理设施的高峰处理能力可按 2～3 倍污水处理厂设计平均流量（污水处理厂设计规模）进行设计。针对第二种模式，污水处理厂各设施的高峰处理能力，一般可按 1.3～1.5 的高日高时流量进行设计。

2. 分散式处理设施

雨水径流分散式处理技术主要包括：调蓄沉淀技术、强化沉淀技术、水力旋流分离技术、高效过滤技术、消毒技术等。其中，水力旋流分离器、化学强化高效沉淀池等已有多项专利问世，详见第 7 章内容。

3. 人工湿地、植被缓冲带

人工湿地利用物理、水生植物及微生物等作用净化雨水，是一种高效的径流污染控制设施，生态湿地分为雨水表流湿地和雨水潜流湿地，一般设计成防渗型以便维持生态湿地植物所需要的水量，人工湿地常与湿塘合建并设计一定的调蓄容积（图 5-6）。人工湿地与湿塘的构造相似，一般由进水口、前置塘、沼泽区、出水池、溢流出水口、护坡及驳岸、维护通道等构成。雨水湿地适用于具有一定空间条件的建筑与小区、城市道路、城市

图 5-6　人工湿地实景图

①—英国伦敦湿地公园；②—深圳前海某处雨水调蓄湿地；③—浙江金华燕尾洲湿地公园；④—衢州鹿鸣公园；⑤—香港湿地公园；⑥—广东湛江南国热带花园；⑦—四川成都活水公园

图片来源：任心欣，俞露等．海绵城市建设规划与管理［M］．北京：中国建筑工业出版社，2017

绿地、滨水带等区域。

植被缓冲带为坡度较缓的植被区，经植被拦截及土壤下渗作用减缓地表径流流速，并去除径流中的部分污染物，植被缓冲带坡度一般为2%～6%，宽度不宜小于2m。植被缓冲带适用于道路等不透水面周边，可作为生物滞留设施等低影响开发设施的预处理设施，也可作为城市水系的滨水绿化带，但坡度较大（大于6%）时其雨水净化效果较差。

5.7.4 城市用地布局控制与调整

结合城市雨水径流的产生情况以及受纳水体的水质保护要求，对城市用地类型和布局进行合理控制，从而改变城市下垫面组成，从源头降低径流污染负荷。

城市土地利用不仅是面源污染产生的根源，也是污染物迁移的媒介，城市土地利用布局的改变对面源污染的影响十分显著。因此，通过城市规划、景观生态规划等对城市用地布局进行调整，使规划要素与生态条件相协调，可以实现在区域上对面源污染的有效控制。城市规划用地布局要注意低强度、低密度、低“硬地率”、高绿地率等特点。

1. 城市用地布局控制与调整

从城市雨水径流污染的“源一过程一汇”角度分析，河流湖泊为雨水径流污染的汇；以河流湖泊为中心一定范围内的用地（包括沿岸居住区、公园等）既是径流过程控制的缓冲带，即雨水径流污染的过程，也是雨水径流污染的源。此范围之外的城市建成区就是雨水径流污染的主要污染源。基于此理论，在河流湖泊流域层次上，可将河流湖泊为中心的汇水流域分为不同的圈层从而进行该区域的雨水径流污染控制规划。沿岸的绿化带和绿地称为内圈层，滨水建设区称为外圈层[82]。

在城市用地布局规划方案中，内圈层应注意布局植被缓冲带或湿地用地。植被缓冲带是设立在污染源和受纳水体之间由林、草或湿地植被覆盖的区域，具有一定宽度，一般紧邻河道、湖泊等水体一侧，除去流经缓冲带的污染物（图5-7）。总体来说，水植被缓冲带的污染物去除效果随宽度的增加而提高，一般认为用于保护水质的绿化带带宽至少要有30m，个别地段可以设置3～5m。植被缓冲带植被的选择应考虑以下因素：植被能够形成浓密的地表覆盖，有利于降低地表径流流速和过滤其中的颗粒态污染物。湿地可以是天然湿地，也可以是人工湿地。

同时，由于国内城市用地模式具有高密度的特性，有学者提出通过城市规划中的工程规划的方法与手段形成“生态塘”，以有效保障中小流域水体水生态环境[83]。“生态塘”是指具有保持、改善生态环境作用的，具有一定规模的清洁水体。它本身是水体与生态环境的综合体概念，与一般水体有以下区别：①具有生态功能，与上游环境相协调，上游的建设强度不能对该水体造成超出自我修复能力的影响；②位置适当或经过人工分析优选确定，具有合理性；③对流入其中的补充地表水有一定的水质、水量的要求；④对下游河道、渠道具有“源头活水”功能，能够成为河渠的“常流水”的稳定而可靠的水源；⑤生态塘的主体水面与上游各雨水排放口之间建有工程处理设施，如沉砂井、砂滤池等；⑥生态塘本身要有清洁、可靠并能满足一定容量要求的补充水源；⑦生态塘建有水质自动控制系统，可对水质进行连续监测和控制；⑧生态塘系统的重要组成部分是上游雨水收集系统的初雨治理。

在考虑采取工程措施控制城市雨水径流污染时，由于相似下垫面产生的雨水径流污染性质较为接近，应考虑将相同城市用地进行集中布置，如生产相似工业产品的工业用地一般集中设置为工业园区，可便于设置针对性功能的雨水径流污染控制措施。同时，在布局径流污染性质或负荷差异较大的用地时，可以考虑将污染严重或负荷较大的用地布置在污染轻微或负荷较小的用地上游，以减少混合雨水径流的总量和径流污染控制工程的规模。

图 5-7　沿河植被缓冲带

图片来源：文科园林 [Online Image]. [2019-8-1]. http://www.sohu.com/a/210349072_293232

2. 地块内部用地布局优化

城市建设地块内雨水径流组织对其径流污染控制至关重要，应结合不同下垫面污染特点，合理确定各下垫面的雨水径流组织和采用控制措施，以此调整或优化地块内用地布局（图 5-8）。

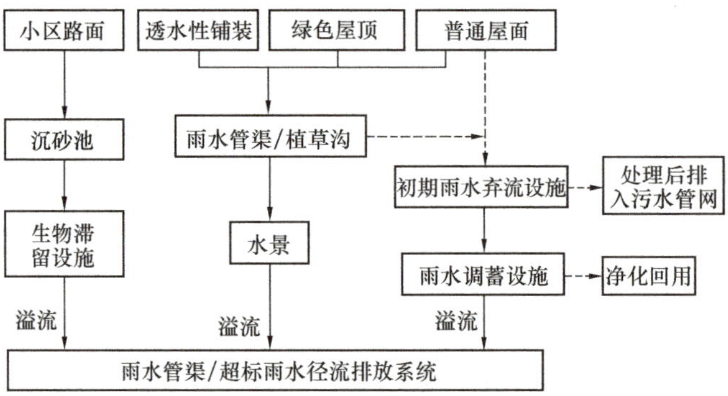

图 5-8　典型地块内雨水径流组织示意图

一般建筑与小区地块内，为控制雨水径流水量和污染可采用透水下垫面、绿色屋顶、植生滞留槽、生态树池、植被草沟、滞留（流）设施、收集回用设施等措施。在空间布局上，为控制非透水下垫面上产生的径流，要求其周边应设置有一定面积的绿地以设置各种控制措施。在径流组织上，非透水下垫面应布置在控制措施的上游。

特殊的建筑与小区地块，如显示器生产厂、化工厂区等，由于生产厂区内地面在运输、装卸过程中容易被原料污染。对此种特殊建筑与小区地块，应将生产管理区、生活区与生产厂区分开布置，生产厂区应设置独立的雨水管道和雨水径流污染控制（图 5-9）。

图 5-9 工业厂区用地布局

如深圳市某光电技术公司，项目地块总占地面积 50 余公顷。该项目厂区面积较大，由于显示面板生产原料存在化学品污染厂区地面的风险，故应尽量减少与外部市政雨水排放的接口。为此，项目建设时将生产区域划分为 4 个汇水分区，共设置 4 个雨水排口。在生产厂区内每个雨水排放口前设置应急雨水收集池，作为控制污染措施，收集雨水经废水站处理后排放。在生产管理区、生活区采用湿地水体、雨水收集回用池作为蓄水用水单元，达到雨水收集及错峰排放的作用。

5.8 合流制溢流污染控制措施规划

合流制溢流污染来源主要包括三部分：超过管道截流能力在溢流井处的溢流；截流到污水处理厂但超过处理能力的厂前溢流；污水处理厂的超越排放（仅经过初级处理）。

1. 控制策略

合流制溢流污染控制应以削减溢流进入受纳水体的污染物总量为目标，可采用以下控制策略（图 5-10）：

（1）采取源头控制措施，减少进入合流制系统的径流量。

（2）适当增加截流管截流能力并相应提高污水处理厂处理能力，减少溢流井处溢流量，或根据污水处理厂规划设计能力合理确定截流倍数，减少不必要的截流干管投资和污水处理厂厂前的溢流。

（3）对于超过截流管能力和污水处理厂处理能力的合流污水，在溢流井附近设置调蓄

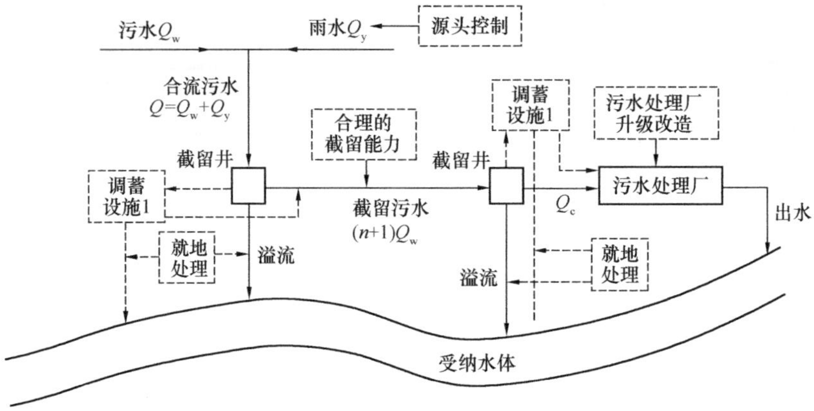

图 5-10 合流制溢流污染控制示意图

Q_w—旱季污水量；Q_y—雨季雨水量；Q—合流污水量；Q_c—污水厂处理量；n—截留倍数

设施将其暂时储存，雨后输送到污水处理厂或就地处理后利用或排放。

（4）对超过调蓄设施调蓄能力的合流污水进行就地处理后再溢流排放。

（5）对污水处理厂及其处理工艺进行合理的升级改造，减少厂内超越排放和提高对雨季污水的处理效率。

2. 控制措施

合流制溢流污染的产生、输送、负荷及其分配受降雨特点（降雨量、降雨强度、雨型等）、下垫面条件（地形地貌、下渗、滞蓄能力等）、管道拓扑及溢流井分布、截流能力（截流倍数）、污水处理厂处理能力及工艺配置等许多因素的综合影响。总而言之，合流制溢流污染水质水量变化较大、随机性强。在不同降雨条件和截流倍数处理能力下，合流制溢流污染发生的位置和时间、污染物排放总量及相应的控制都会有所不同。因此，为了经济、高效地控制合流制溢流污染，需要科学地构建包含从源头到末端一系列子系统的合流制溢流污染控制系统，并确保各子系统的合理衔接、匹配和控制方案的优化选择。

（1）源头控制

源头控制措施可从水质、水量两个方面来进行合流制溢流污染控制，可减少进入管道系统的径流总量、峰值流量、污染负荷，可减少溢流次数和溢流污水量，并可减小下游处理构筑物所需规模。对合流制溢流污染控制采用的径流源头控制措施主要分为两个方面：一是减少进入管渠的雨水量，如采用渗透性铺装地面、增加雨水就地渗透设施；二是减少污水中的污染负荷，如加强固体废物管理、清扫街道、清洁雨水口和管道、控制土壤流失等。

（2）过程控制

选取合适的截流倍数。在确定截流倍数时把目标定为在环境标准许可的前提下，尽量使用较小的截流倍数。在选取截流倍数时考虑的因素包括：受纳水体的水质要求和受纳水体的纳污能力。

排水管道的冲洗。合流制管道内旱季沉积的污染物是合流制溢流污染物的重要来源。在暴雨时管道沉积污染物可占初期雨水 SS 和 COD 负荷的 60%左右。在旱季周期性地冲洗管道，将沉积的污染物输送到污水处理厂，改善雨季溢流污水水质，可以减小溢流污染物排放量。冲洗可采用水力、机械或手动方式，使沉积物在水流的冲刷作用下排出管道系统，尤其适用于坡度较小、污染物易沉积的管线。

管道渗漏和渗入控制。由于管道的破损，管道内的污水会渗入地下，污染地下水；同时地表水位较高时，地下水会渗入管道系统，增大雨季溢流量。因此应对管道进行必要的监测、维护，避免出现渗漏和渗入流量。

管线的原位修复。在破损管道内壁衬有机壁面，修复管道的缺陷，减小管道粗糙度，增大过流能力，减少超载、回水现象的发生，减少污染物的沉淀积累。

3. 末端控制

合流制溢流污染的末端控制措施与雨水径流污染的末端控制措施基本相同，主要包括雨水调蓄技术、污水处理厂处理、分散处理技术等。

合流制溢流污水截留调蓄中采用的合流制调蓄池在规模计算、运行模式、管理维护等方面，与雨水径流污染截留所采用的调蓄池不同。当调蓄设施用于合流制排水系统径流污染控制时，调蓄量的确定可按下式计算：

$$V = 3600 t_i (n_1 - n_0) Q_{dr} \beta \tag{5-51}$$

式中　t_i——调蓄设施进水时间（h），宜采用 0.5～1.0h，当合流制排水系统雨天溢流污水水质在单次降雨事件中无明显初期效应时，宜取上限；反之，可取下限；

n_1——调蓄设施建成运行后的截流倍数，由要求的污染负荷目标削减率、下游排水系统运行负荷、系统原截流倍数和截流量占降雨量比例之间的关系等确定；

n_0——系统原截流倍数；

Q_{dr}——截流井以前的旱流污水量（m^3/s）；

β——安全系数，一般取 1.1～1.5。

截流倍数计算法是一种基于合流制排水系统设计截流倍数的计算方法。由于雨水径流量和污水量并无直接的比例关系，因此，通过公式得到的调蓄量不能直接反映合流制排水系统中溢流污水被截流的程度。一些发达国家常用的指标是合流污水的截流率，即截流量占降雨量的百分比。上海等地曾通过统计总结了当地截流倍数和合流污水截流率的直接关系，并用于调蓄工程的设计。

5.9　雨水径流污染控制与雨水资源化利用的思考

对雨水径流进行资源化利用不仅可以缓解城市排水系统的压力，还可有效补充水资源。但并不是所有的雨水径流都适合进行资源化利用，需要对不同下垫面产生的径流进行选择。有条件时应根据实地水质监测数据，优先选择较为清洁的径流，如居住区、办公区、公园广场等。工业区、城市垃圾转运站、农贸市场、餐饮美食街等区域，雨水径流存在一定的污染特征，需进行一定的预处理。传染病医院的雨水、含有重金属污染和化学污染等地表污染严重的场地雨水不得采用雨水收集回用系统。有特殊污染源的建筑与小区，雨水控制及利用工程应经专题论证，雨水收集回用时应进行消毒处理。

雨水资源化利用应设置预处理措施。究其原因，是降雨径流污染情况随降雨进行存在一定规律，一般情况下降雨初期和降雨后期的雨水径流在污染程度、污染物组成、适用的处理方法及处理成本等方面存在显著不同。通过初期径流弃流工艺，仅将较清洁的后期雨水引入收集设施，简单处理即可满足回用要求，可有效降低工程投资和运行成本。具体来说，可针对不同用途采用不同的处理措施。

（1）雨水用于景观水体时，宜采用下列工艺流程：雨水→初期径流弃流→景观水体或湿塘。景观水体宜配置水生植物净化水质。

（2）屋面雨水用于绿地和道路浇洒时，可采用下列处理工艺：雨水→初期径流弃流→雨水蓄水池沉淀→管道过滤器→浇洒。

（3）屋面雨水与路面混合的雨水用于绿地和道路浇洒时，宜采用下列处理工艺：雨水→初期径流弃流→沉砂→雨水蓄水池沉淀→过滤→消毒→浇洒。

（4）屋面雨水或其与路面混合的雨水用于空调冷却塔补水、运动草坪浇洒、冲厕或相似用途时，宜采用下列处理工艺：雨水→初期径流弃流→沉砂→雨水蓄水池沉淀→絮凝过滤或气浮过滤→消毒→雨水清水池。

（5）当雨水用户对水质有较高要求时，应增加相应的深度处理措施。

在雨水径流进入蓄水储存设施之前宜利用植草沟、卵石沟、绿地等生态净化设施进行预处理。当生态净化设施预处理满足下列要求时，雨水收集回用系统可不设初期径流弃流设施：

（1）雨水在植草沟或绿地的停留时间内，入渗的雨量不小于初期径流弃流量；

（2）卵石沟储存雨水的有效储水容积不小于初期径流弃流量。

初期径流弃流量应按下垫面实测收集雨水的 COD_{cr}、SS、色度等污染物浓度确定。当无资料时，屋面弃流径流厚度可采用 2～3mm，地面弃流可采用 4～8mm。初期径流弃流量应按下式计算：

$$W_i = 10 \times \delta \times F \tag{5-52}$$

式中 W_i——初期径流弃流量（m^3）；

δ——初期径流弃流厚度（mm）；

F——汇水面积（hm^2）。

同时，为高效利用水资源、回补地下水、防止地下水位下降和地面沉降等，在干旱或水资源匮乏地区，可对弃流的雨水进行处理，实现排放水体、收集回用、灌溉农田等用途。在以排放水体、灌溉农田为主要用途时，宜选择自然生态处理方法，如人工湿地、人工土壤渗滤设施、渗透塘、湿塘等，进入设施前一般需进行沉砂、初沉等预处理。以收集回用为主要用途时，宜选择物理化学、生物等处理方法，并进行消毒。将弃流的雨水径流进行单独处理回用的成本较高，一般考虑与城市污水回用处理结合，将弃流的雨水径流排入污水回用处理设施收集管道，进行统一处理。如图 5-11 所示。

图 5-11　雨水资源化利用设备

第6章 模型应用

城市降雨径流污染的产生、迁移规律的研究常常要借助数学模型的应用。在城市径流污染治理规划中应用的数学模型主要包括排水系统模型和受纳水体模型。本章主要介绍相关数学模型的原理、功能和分类，并分别说明模型应用的流程和要点。

6.1 模型概述

在识别排水系统特征或评估规划方案时，需要通过计算不同条件下排水系统和受纳水体的水力和水质情况并进行预测。对于简单的排水系统或河流系统，使用质量守恒方程、曼宁方程等基本公式便足以进行计算；而在模拟对象复杂程度较高，或者在需要预测动态过程的情况下，应采用基于计算机的数学模型进行更加准确的计算。基于不同目的构建的数学模型可分别称为水力模型、水质模型、径流模型等，其本质都是利用数学方法模拟自然界中水文、水质过程。

用于城市雨水径流模拟的数学模型经历了一个从简单到复杂、从集总式到分布式、从经验回归模型到机理模型的发展过程。自 20 世纪 70 年代起，国际上尤其是美国等发达国家就开始利用数学模型模拟城市地表对降雨事件的响应过程以及地表径流的水质变化，用来评价地表径流污染对排水系统和受纳水体的影响。最初的模型大多为基于监测数据的黑箱模型，该类模型的构建是基于特定的城市和监测条件下的统计关系，其应用推广存在局限性[84]。由于降雨的随机性以及对污染物累积、冲刷及运移等机理过程的认识深度有限，这类模型至今应用仍有限[85]。随着人类对流体力学、水化学等学科认识的深入，人们逐渐开发出了能描述地表径流污染机理过程、可用于控制管理的机理模型，这类模型在世界各地得到了广泛应用。一般而言，典型的城市雨水径流机理模型将径流过程划分为 4 个环节[86]，如图 6-1 所示。其中汇集环节以水文学原理为主，传输过程以水力学原理为主，污染物的变化以干期累积雨期冲刷的形式贯穿于各个环节。

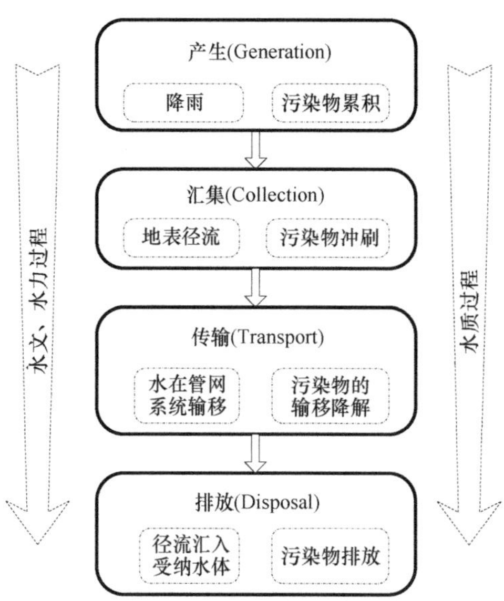

图 6-1 城市雨水径流概念模型

当前应用较为广泛的模型有 MIKE、InfoWorks ICM（Integrated Catchment Management）、STORM（Storage Treatment Overflow Runoff Model）、SWMM（Storm Water Management Model）、各类 SWMM 衍生模型等。MIKE 模型可对城市及流域水环境、水资源、水安全及水生态等方面进行模拟，软件因功能强大、界面友好而在国内外现实工程中获得了广泛应用。InfoWorks ICM 城市综合流域排水模型软件是由美国水文工程中心开发的商业软件，可用于城市排水系统的现状评估、改造规划和新建城市化排水系统的设计与规划，城市洪涝灾害的预测评估及解决方案的决策支持，河流系统污染排放情况的预测及改善方案的评估城市降雨径流控制及调蓄设计与评估，河道系统现状评估及洪涝灾害评估等方面。STORM 用于模拟城市或农村流域降雨径流及污染负荷，可以用作连续的长期模拟，也可模拟单场次降雨情况。该模型在污染物去除一级反应动力学基础上加以修正，建立“标准降雨”与冲刷量的直接关系，不能模拟地表径流的水文、水力机理过程。有研究者曾将该模型应用于我国城区污染负荷估算，但由于非“标准降雨”的大量存在，推算出的污染负荷并不可靠。SWMM 模型在国际上被广泛用于模拟城市径流中污染物的汇集和迁移过程、积雪融水径流的污染过程、城市排水管网洪峰期溢流、污水管网污染负荷计算等，是最为著名的城市径流管理模型之一，它的衍生模型包括 MIKE-SWMM、PC SWMM 等，这些模型将非稳态流模型或地理信息系统与 SWMM 模型集成成为商业软件。

6.2　功能与分类

用于城市雨水径流污染模拟的数学模型主要包括排水系统模型和受纳水体模型。

排水系统模型是指针对降雨后的地表产生汇流过程和管网径流过程构建的模型，主要功能包括：

（1）预测不同降雨条件下排水系统在水力和水质方面的响应情况，如降雨径流总量、径流峰值、排入水体的污染物总量和浓度等。

（2）在截流式合流制或分流制系统中，通过模拟预测管网发生溢流的位置和时间。通过运行长系列连续降雨数据，可获得年均溢流频次和溢流水量的统计数据，作为评判排水系统溢流控制措施是否合格的重要标准。

（3）分析现状问题，明确污染物来源和分布，寻找系统中存在的风险和短板。

（4）评估不同规划方案在径流控制及污染控制方面的效果。

受纳水体模型是指针对承接市政管网排水的自然水体构建模型，主要功能包括：

（1）评估现状水体的水质状况，作为开展研究和规划的基础条件。

（2）评估水体中的水质不达标情况，包括污染物浓度超标发生的地点、持续时间等。

（3）预测在不同降雨条件下受纳水体在接收径流污染排放后发生的水质变化。

（4）评估在不同规划方案条件下水质改善的效果。

模型类型和功能的选择需根据规划目标的具体要求决定。在采用“证明法”确定规划目标时，由于要求证明径流控制方案足以满足水质要求，因此既需要排水系统模型用于预测径流污染的排放情况，又需要受纳水体模型以分析径流污染的输入对于水质的影响；而采用“假设法”确定规划目标时，由于无需对受纳水体的水质变化进行直接分析（或仅需简单分析），因此仅需构建排水系统模型以评估径流量和径流污染控制情况，不需要构建受纳水体模型。“证明法”和“假设法”的相关说明详见本书5.5节内容。

6.3 技术路线

数学模型在城市雨水径流污染治理规划中的应用包括以下主要步骤：

1. 资料收集

收集和整理建模所需现状资料、设计资料以及监测资料（水量及水质），形成基础资料数据库。

2. 构建模型

根据建模目的选择合适的模型，确定建模对象、范围、精度等，导入基础数据，设置模型参数，形成排水系统或受纳水体模型，并对模型进行核查及稳定性测试。

3. 率定与验证

模型率定是指根据实测数据推定模型参数或选择最优参数，使得模拟结果与实测数据最接近的过程。模型验证是指选择独立于参数率定选用的实测数据，评价模型准确性的过程。参数率定与模型验证主要应用历史监测数据或现场测量数据对模型中的参数进行设置及调整，使模型能够尽可能准确地模拟实际情况，并可用于后续分析与应用。

4. 分析与应用

根据不同工况条件的规划方案，建立不同模型情景。应用模型对排水系统或受纳水体在现状和规划条件下的状况进行评估。模拟结果包含水量及水质两个方面。其中水量方面主要包括径流总量与径流峰值，以及可能出现的溢流点的空间分布、持续时间和溢流水量。水质方面主要包括污染物产生量、截留量、处理量及最终排入水体的量等。最后根据模拟结果对规划方案进行优化调整。

5. 记录和存档

对模型数据的来源、建模过程、分析结论以及更新修改内容等进行记录和说明。

6.4 基础数据需求

基础数据的准确性与完整性是模型构建的基础。模型基础数据的输入应能反映模拟对象的现状及规划条件的实际情况。应用于城市径流污染模拟的数学模型软件所需主要数据包括气象数据、下垫面数据、管网数据、河道数据、水量水质监测数据等。一般可基于GIS平台构建模型所需的基础数据库，详见附录4。

为保障模型运行的稳定性以及模型结果的准确性和可靠性，模型的数据应满足一定的数据精度和格式要求。不同应用情景下的模型数据需求是不同的，选择数据的范围和精度等应取决于具体的建模目的。在开展模型基础数据收集时应尽量保障数据的精度和格式要求，减少数据误差，以保证模拟结果的准确性。

数学模型数据需求　　　　**表 6-1**

类别	数据名称	数据格式	数据要求
气象数据	降雨数据	TXT/EXCEL	多年逐分钟降雨量、暴雨强度公式
	蒸发数据	TXT/EXCEL	蒸发量、蒸发数据
下垫面数据	地形数据	CAD/GIS	地形图
	土壤数据	WORD/CAD	土壤类型、渗透系数
	现状下垫面	CAD/GIS	现状土地利用情况
	土地利用规划	CAD/GIS	土地利用规划图
	竖向规划	CAD/GIS	竖向规划图
排水设施数据	排水管网	CAD/GIS	节点（检查井、雨水排放口、调蓄池）数据、管道（排水管、排水渠）数据
	排水设施	CAD/GIS	泵站、泵性能曲线，调蓄设施及蓄水曲线等
	低影响开发设施	CAD/GIS	设施类型、位置、构造、尺寸、汇水范围、污染物去除效率等
河湖水系数据	河道	CAD/GIS	断面形态
	水工构筑物	CAD/GIS	涵洞、闸、坝、闸站数据
监测数据	流量监测数据	EXCEL/WORD	管网、河道流量监测
	水质监测数据	EXCEL/WORD	河湖、管网、排放口水质监测（COD、SS、TP、TN、重金属等）
其他数据	边界条件	EXCEL/WORD	水位、水量、水质边界
	其他	—	规划、设计文件等各类相关数据

6.5　排水系统模型

6.5.1　模型构成

排水系统模型一般由 3 部分构成，包括：产汇流模型、管网水力模型和管网水质模型。

（1）产汇流模型：模拟降雨扣除损失后形成地表径流，并从集水区出口断面流出的过程。产汇流模型用于计算降雨后从集水区进入排水管网的径流量。

（2）管网水力模型：模拟管道中水流输送的过程。管网水力模型用于预测排水管网系统的水力特征，包括流量、流速、管道和检查井的水位高程，以及发生溢流的频率和持续时间等。

（3）管网水质模型：模拟污染物在排水管网中输运、转化的过程。管网水质模拟用于预测排水管网系统中的污染特征，特别是位于排放口或污水处理厂的不同污染物浓度、总量等。

6.5.2 模型原理

以 SWMM 模型为例，说明排水系统模型主要功能模块的基本原理。

SWMM（Storm Water Management Model，暴雨洪水管理模型）是一个动态的降水-径流模拟模型，主要用于模拟城市某一单一降水事件或长期的水量和水质模拟。其径流模块部分综合处理各子流域所发生的降水、径流和污染负荷。其汇流模块部分则通过管网、渠道、蓄水和处理设施、水泵、调节闸等进行水量传输。该模型可以跟踪模拟不同时间步长任意时刻每个子流域所产生径流的水质和水量，以及每个管道和河道中水的流量、水深及水质等情况。

SWMM 在全世界被广泛地应用于管网系统和雨洪的研究，典型应用包括：①针对洪水设计排水系统的规模/尺寸；②为控制洪水和保护水质设计滞洪设施及附属物的规模；③绘制自然渠道/河道系统的泛洪区；④在保证下水管网溢流最小的前提下，提供管网系统最优控制策略设计；⑤评估管网系统溢流产生的入流和下渗给公共卫生环境带来的影响；⑥为污染管理研究提供非点源带来的污染负荷；⑦对采取最优管理措施和低影响开发设施在雨季所导致污染负荷减少的作用进行评估。

1. 模型结构

（1）水文模型（产汇流模型）

SWMM 产汇流主要用于处理城市区域径流产生的各种水文过程，包括：①降水量；②地表水蒸发；③积雪与融雪；④洼地对降水的截留；⑤不饱和土壤的降水下渗；⑥降水下渗对地下水的补给；⑦地下水与排水管道的交换水量；⑧非线性水库法计算坡面汇流量；⑨模拟使降水和径流量减少或延缓的各种微影响（LID）过程。

空间的变异性是通过将研究区域划分为具有相同集水性质的子流域而体现的，其每个子流域由透水区域和不透水区域组成。坡面水流可以在不同透水区域、子流域和排水系统的入口之间流动。

（2）水力模型

SWMM 同时还包括一套设置灵活的水力学模块，该模块能用来模拟径流和外来水流在管道、渠道、蓄水和处理单元以及分水建筑物等在排水管道中的流动。其功能主要包括：①处理无大小限制的排水网；②除了能模拟自然河道中的水流，还可以模拟各种形状的封闭式管道和明渠管道中的水流；③模拟蓄水和处理单元、分流阀、水泵、堰和排水孔口等一些特殊部分；④接受外部水流和水质数据的输入，包括地表径流、地下水流交换、由降雨决定的渗透和入渗、晴天排污入流和用户自定义入流；⑤应用动力波或者完整的动力波方程进行汇流计算；⑥模拟各种形式的水流，例如回水、溢流、逆流和地面积水等；⑦应用用户自定义的动态控制规则来模拟水泵、孔口开度、堰顶胸墙高度。

（3）水质模型

除能模拟径流的产汇流外，SWMM 还能模拟伴随着产汇流过程产生的水污染负荷量，用户可选择以下任意数量的水质项目进行模拟：①晴天时不同类型土地利用污染物的堆积；②暴雨对特定土地利用污染物的冲刷；③降雨沉积物中的污染物；④晴天由于街道的清扫对污染物的减少量；⑤由于最优管理措施（BMP）对冲刷负荷的减少量；排水管网中任意地点晴天排污的入流和用户自定义的外部入流；⑥排水管网中水质项目的演算；⑦由于储水单元中的处理设施或者在管道和渠道中由于自然净化作用而引起水质项目污染负荷的减少。

2. 污染物模拟

（1）地表污染物的累积和冲刷模型

SWMM可将同一子汇水区划分为不同的功能，如工业区、商业区、居住区等；也可划分为不同的下垫面类型，如屋面、交通道路、绿地等。根据不同的功能或下垫面定义地表污染物的累积模型和冲刷模型。

在SWMM中，污染物的产生过程可分为累积（Buildup）及冲刷（Washoff）两部分。通常由雨前干期长度、交通流量及街道清扫效率来决定累积量的大小，再由冲刷经验公式及沉积物传输理论确定地表径流中和管道中的污染物浓度。

1）地表污染物的累积模拟

污染物在子汇水区地表累积模拟有很多种方法。污染物多以尘埃和颗粒物的方式累积存在。SWMM中提供的污染物累积方程采用以下三种形式：幂函数（Power Function）、指数函数（Exponential Function）、饱和函数（Saturation Function）。

幂函数方程（Power Function）是假设污染物累积与时间成一定的幂函数关系，随着时间的增加而增加，直到得到一个极限值，见式（6-1）。

$$B = \min(C_1, C_2 t^{C_3}) \tag{6-1}$$

式中 B——污染物累积量；

C_1——最大可能累积量；

C_2——累积速率常数；

C_3——时间指数。

指数函数方程（Exponential Function）是假设累积量满足受可能最大堆积量限制的指数增长曲线，见式（6-2）。

$$B = C_1(1 - e^{-C_2 t}) \tag{6-2}$$

式中 B——污染物累积量；

C_1——最大可能累积量；

C_2——累积速率常数。

饱和函数方程（Saturation Function）是假设累积速率从线性开始，随时间增加而下降，直到达到累积量饱和值，见式（6-3）。

$$B = \frac{C_1 t}{C_2 + t} \tag{6-3}$$

式中 B——污染物累积量；

C_1——最大可能累积量；

C_2——半饱和常数。

2）地表污染物的冲刷模拟

冲刷过程是指在径流期地表被侵蚀和污染物质溶解的过程。SWMM 可以模拟不同单位计量的被冲刷污染物质。SWMM 中提供的污染物冲刷方程有冲刷流量特征曲线（Rating Curve Washoff）、场次降雨平均浓度（Event Mean Concentration）和指数方程（Exponential Washoff）3 种。

冲刷流量特征曲线是假设每秒冲刷物与径流速率指数呈指数线性变化，见式（6-4）。

$$W = C_1 Q^{C_2} \tag{6-4}$$

式中 W——每秒污染物冲刷量；

C_1——冲刷系数；

C_2——冲刷指数；

Q——用户在水流模块中自定义的径流速率。

场次降雨平均浓度是冲刷流量特征曲线的特殊情况，当 $C_2=1$ 时，系数 C_1 代表平均冲刷污染物浓度（EMC），见式（6-5）和式（6-6）。

$$EMC = \frac{M}{V} = \frac{\int_0^T C_t Q_t \mathrm{d}t}{\int_0^T Q_t \mathrm{d}t} \tag{6-5}$$

$$W = EMC \cdot Q \tag{6-6}$$

式中 M——径流全过程某污染物总量（kg）；

V——相应的径流体积（L）；

C_t——随径流时间变化的某污染物浓度（kg/L）；

Q_t——随径流时间而变化的径流流量（L/s）；

T——总的径流时间；

EMC——场次降雨平均浓度，也是本模型需要输入的参数（kg/L）；

Q——用户在水流模块中自定义的径流速率；

W——每秒污染物冲刷量。

指数方程是假设每小时冲刷污染的量与残留地表的污染物的量成正比，与径流量成指数关系，见式（6-7）。

$$W = C_1 q^{C_2} B \tag{6-7}$$

式中 W——每小时污染物冲刷量；

C_1——冲刷系数；

C_2——冲刷指数；

q——单位面积径流率（inches/h 或 mm/h）；

B——污染物累积量。

就上述三个方程而言，随着冲刷的进行累积量将逐渐减少，当再没有累积物时冲刷也就停止了。

3）街道清扫模拟

在不同的土地利用类型地表，街道清扫将阶段性减少地表累积污染物，见式（6-8）。

$$M = \alpha\beta B \tag{6-8}$$

式中 M——清扫污染物的量；

α——可清扫除去污染物的比率；

β——清扫效率；

B——地表累积物的量。

模型需要输入的参数为两次清扫时间间隔、模拟起始时间距上次清扫时间间隔、清扫去除全部污染物的比率、清扫分别去除各个污染物的比率。

（2）污水量模拟计算方法

给模型中的管网节点赋予一组处理函数，该函数可以模拟进入排水系统的污染物迁移情况。赋予管网节点的处理函数能被任何成型的数学表达式表示，包括：各种水流汇入节点混合后所形成的污染物浓度（用污染物的名称去代表一种浓度）；污染物的削减量（将 R 放在污染物名称前面代表削减量）；FLOW、DEPTH、AREA、DT、HRT 等过程变量。其中 FLOW 代表流域节点的水流速率（在用户自定义水流单元中定义）、DEPTH 代表节点转向处以上的水深（英尺或 m）、AREA 代表节点区域面积（平方英尺或 m^2）、DT 代表演算时间步长（s）、HRT 代表水力过程时间（h）。

处理函数演算结果可以是浓度（用字母 C 表示）或削减量（用字母 R 表示）。例如，起初在一个存储节点处的 BOD 衰减表达式可以由下式表达：

$$C = BOD \cdot \exp(-0.05HRT) \tag{6-9}$$

或一些微量污染物和总悬浮固体污染物（TSS）按一定比例进行移除，其表达式如下：

$$R = 0.75R_{TSS} \tag{6-10}$$

提示：在运行处理函数时必须避免循环引用的情况出现。例如：如果用来模拟 TSS 的移除量，那么式（6-10）将不能被运行。

（3）水质传输过程

SWMM 使用 CSTR 模型来描述污染物在管道（河道）中的迁移。根据物质守恒原理，CSTR 模型把受污染的河流模拟为一系列连续搅拌即完全混合的串联水槽流，其方程主要包括溶质的混和输移方程和水质组分的生化反应方程两类，见式（6-11）。在调蓄节点处的模拟原理与在其他管段中的原理一样。没有调蓄体积的节点处，所有进入这些节点的水流充分混合。

$$\frac{\mathrm{d}VC}{\mathrm{d}t} = \frac{V\mathrm{d}C}{\mathrm{d}t} + \frac{C\mathrm{d}V}{\mathrm{d}t} = (Q_i \cdot C_i) - (Q \cdot C) - K \cdot C \cdot V \pm L \tag{6-11}$$

式中 $\frac{\mathrm{d}VC}{\mathrm{d}t}$——管段内污染物单位时间内的变化；

$Q_i \cdot C_i$——管段的入流污染物变化率；

$Q \cdot C$——管段的出流污染物质量变化率；

$K \cdot C \cdot V$——管段中污染物质量的衰减；

L——源汇项；

C——管道中及排出管道的污染物浓度（kg/m^3）；

V——管道中的水体体积（m^3）；

Q_i——管道的入流量（m^3/s）；

C_i——入流的污染物浓度（kg/m^3）；

Q——管道的出流量（m^3/s）；

K——一阶衰减系数（s^{-1}）；

L——管道中污染物的源汇项（kg/s）。

6.5.3 模型应用思路

排水系统模型方案应根据规划目标来确定。例如，当规划目标为径流体积控制（如径流控制率为 85%）或溢流频率控制（如每年不超过 4 次）时，一般仅需要建立排水系统水力模型用于评估径流量或溢流频率的控制效果；当规划目标为污染削减率（如 SS 削减率为 60%）时，需要在水力模型的基础上建立水质模型，或在水量计算结果的基础上利用平均径流浓度进行污染总量估算；当规划目标为收纳水体水质不超标时，排水系统模型的水量和污染负荷结果将作为受纳水体模型的输入条件，并证明控制方案能够使水质不超标，因此在设置排水系统模型的水质参数和模拟时间时应主要考虑下一步开展受纳水体水质模拟的需要。

6.5.4 模型构建

模型建立是将现实世界部分简化并进行数字化的过程。建模所采用的范围、时间和数据精度等，均应从模型应用目的的需要出发。排水模型的构建过程主要包括数据整理、模型概化、模型参数输入、拓扑关系检查、模型调试运行等步骤。

1. 数据整理

根据模型构建的目的、尺度和精度要求、规划研究的内容、规划范围的实际情况等方面，按照上一章节的相关要求开展规划区域模型基础数据的收集。根据不同模型建模数据格式需求，需要将收集的基础数据进行数字化整理，并转换为模型可识别的类型。目前大部分模型软件数据要求以 GIS 数据库作为模型输入。因此，数据整理主要是结合模型参数的数据格式和精度要求，基于 GIS 平台建立地理空间数据库（Geodatabase），并在数据库中建立相应的数据集，涵盖下垫面、排水设施、河道、低影响开发等不同类型数据，作为模型参数输入的前提。相关内容参见附录 4。

此外，在开展数据整理的同时，还应评估基础数据的精确性、准确性和可靠性，并反复核对、确认、修正、校核，从而有效保证模型的准确性。

2. 模型概化

模型概化是将下垫面及排水系统进行模型数字化的过程，是整个建模工作的重要组成部分，主要包括子汇水区的划分和排水系统的概化两个部分。模型概化既要求减少建模的工作量，又要求不降低模型的准确性，因此，模型概化需要把握一定的原则。

（1）排水系统的概化

排水系统概化是利用研究区域已有的排水管网数据信息，得到管网模型的输入文件。通过收集规划范围内市政道路施工图、排水管网规划图以及现场实地踏勘的基础上，排水系统的概化原则为：保留变管径节点、流向改变处节点、支管起始和汇入处节点，对于其余节点则结合划分的汇水区域和管线长度进行简化，必要情况下可以保留或增加节点（规划条件下需要增加节点），从而在保证最大程度反映现实情况的前提下有效简化现有体系。

（2）子汇水区的划分

子汇水区的划分目标是按照排水流域的实际汇流情况，将地表径流汇流分配到相应的排水管网节点（即模型中的检查井节点），进而使排水管网系统的入流量分配更加符合实际情况。子汇水区的划分应遵循3个原则：按地形进行划分；以社会单位（单元、街区）为单位进行划分；就近排放。首先利用地形图和排水管网资料划分汇水边界，然后根据每个汇水区的土地利用类型、社会单位、街区、道路边界进行汇水区的细分。

3. 模型参数输入

在模型数据整理和模型概化的基础上，将包含下垫面、排水设施、河道、低影响开发等不同类型数据的地理空间数据库（Geodatabase）与模型参数进行数据匹配和数据交换，从而实现模型参数的快速输入。同时，进一步检查模型参数输入的完整性，针对无法进行数据匹配的参数，则需要手动进行输入，如降雨、蒸发、边界条件等参数。

4. 拓扑关系检查

在完成模型参数输入后，需进行数据准确性以及拓扑关系检查，主要包括管网、河道、低影响开发设施、汇水区相互之间位置与连接关系检查。目前，大部分商业软件均带有拓扑关系检查的工具，可基于模型平台进行检查并修正。对于开源软件，如SWMM，则不具备该项功能，可通过GIS平台拓扑检查工具进行检查并修正。

在管网模型中对管线错接、节点空间位置偏移、管线反向、连接管线缺失、管线逆坡、环状管网或断头管、管线重复、管线中间断开等常见拓扑问题进行核查，对于存在拓扑错误的区域需要及时进行现场补测和重新勘察，保证排水管网数据的有效性和真实性。在数据校核后，将数据处理为模拟软件需要的输入文件格式。

5. 模型调试运行

在完成上述4个步骤之后，可开展模型调试运行以保障模型运行的稳定性，降低模型计算连续性误差，保证模型计算结果的可靠性。

在确保模型能够顺利运行的前提下，通过调整模型旱季和雨季运行时间步长、数据存储时间步长等运行参数，确保模型水量、水质模拟结果的连续性误差控制在一定范围内（通常是±5%以内），从而保证结果的可靠性。

6.5.5 率定与验证

模型的率定与验证是模型构建的必备阶段，其目的是降低模型模拟结果与现实的偏差，提高模型的准确性和可靠性。

为使模型更为真实地描述现实排水规律，在率定过程中对参数不断进行修正，以减少模拟值和监测值之间的差异。排水系统数学模型的属性数据可以分为两类：确定性参数和不确定性参数。确定性参数可以直接获取或通过 GIS 工具间接提取，如集水区面积、管道长度、管径、管道起点和终点及其埋深、检查井的地面高程、井底高程等属性信息。不确定性参数无法直接测量，主要通过相关文献、模型手册中的经验值进行获取，例如管道的粗糙系数、不同集水区的地表渗透参数、地表洼地蓄积量和污染物的累积与冲刷参数等。这类参数是通过率定和验证进行调整优化的主要对象。

率定的过程中需要不断将模型模拟结果与在真实系统中监测到的数据进行比较。以模拟降雨径流量的水力模型为例，典型的率定过程如下：首先，基于实测的降雨数据运行管网模型，得到径流总量、峰值等数据。其次，将模拟结果与实测结果进行比较，分析存在差别的原因。随后对模型的参数进行调整，如下垫面不透水率、管道粗糙系数等，并运行模型。接下来再次将模拟结果与实测结果相比较，并进行分析和调整参数。如此循环往复，直到获得合理的模型结果（图 6-2）。通过多场降雨数据来进行率定，以确保在不同降雨条件下都能输出合理的结果。在率定中主要对比的对象包括总量、峰值和水文过程线的形状。

验证是将一组或多组独立的数据用于测试率定后的模型。验证的重要性在于可以测试模型参数是否具有普适性，而不是只对一组特定数据适用。对于率定后的模型，输入一组

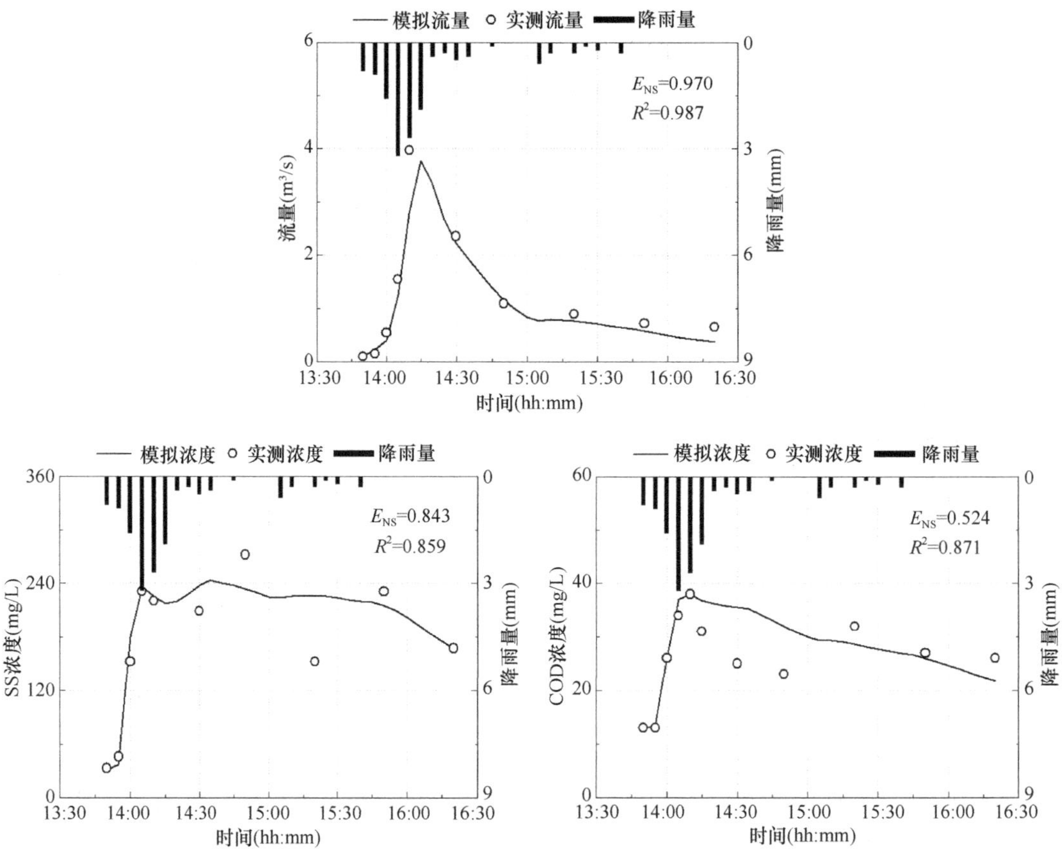

图 6-2　排水系统模型水量和水质结果率定效果示例

独立的实测降雨数据，并将模型结果与该降雨发生时的管网监测数据进行对比。如果结果能够匹配或者近似匹配，模型即可认为通过了验证。如果结果相差较大，则模型需要进行重新率定，然后再用另外的实测数据进行验证。

可见，开展率定与验证工作需要一定数量的降雨事件期间的监测数据。降雨场次应具有代表性，覆盖不同的降雨强度（小雨、中雨、大雨和暴雨），一般认为需要 5～10 场降雨事件的监测数据。因此，在制定监测方案时应充分考虑到模型率定和验证的需要。

水质数据受到随机因素的影响更大，传输和转化的机理更加复杂，难度更大。水质模型的率定必须在完成水力模型的率定验证之后再开展。

6.5.6　分析与应用

根据输入的降雨数据不同，模型的运行方式可分为长时间连续模拟和单场降雨模拟。

连续降雨模拟采用实测长期降雨数据（一般持续数月到数年）作为输入条件，可以模拟排水系统及径流控制设施的长期性能，并能够考虑相邻场次降雨之间的影响。当规划目标的制定为有关指标的年均统计值时，如年径流总量、年污染控制率和年溢流次数等，可以通过连续降雨的模拟结果直接得出规划方案的控制效果。

单场降雨模拟是指采用单场实测降雨或者设计降雨数据作为输入条件。由于单场降雨数据的时间步长一般较短，相应的监测数据也更详细，因此单场降雨模拟适宜用于精细化评估排水系统的水力条件，以及开展模型参数率定。

建模人员应对模型结果的准确程度具有充分的认识，对建模过程中存在的假设、估计、简化等情况具有深入了解，结合模型率定和验证结果，在制定规划方案时为可能存在的偏差留出足够的控制余量。由于雨水径流污染过程具有复杂性、间歇性和随机性等特征，对排水系统径流污染的模拟难度要大于对连续性点源污染模拟的难度。因此，为了不断提高模型的准确度，需要基于长期实测数据开展大量的调整和校正工作。此外，一般认为，相比水力过程的模拟结果（如径流总量、溢流频率等），水质过程的模拟结果（如污染物浓度等）的准确度要更低，主要原因是水质过程受到的影响因素更为复杂和随机，以及对水质数据采样分析的难度更大。

6.6　受纳水体模型

6.6.1　模型构成

受纳水体模型包括水动力模型和水质模型。

水动力模型：模拟水体的水流状况，包括水深、流量、流速等。对于河流、河口、沿海地区和湖泊不同类型的水体需要采用不同的模拟方式。

水质模型：模拟水体中水质参数的迁移和转化过程。典型水质参数包括细菌、溶解氧、悬浮物、毒物和营养物质等。

6.6.2 模型原理

以 MIKE 系列模型中 MIKE11 为例，说明受纳水体模型主要功能模块的基本原理。

MIKE 11 软件是由丹麦水资源及水环境研究所（DHI）出品的一维河网模型，可以实现河流和水道水力的动态模拟，以及河流水动力一水质耦合的模拟（图 6-3）。MIKE 11 河流模型包括对流扩散、泥沙运输、降雨径流和洪水模块等，可以广泛应用于以下领域：海潮、洪水、风暴潮的预报与分析；河口、河流、河网的水质水量模拟；渠网优化布置；排水系统的区域分析和地面排水方案的优化等。

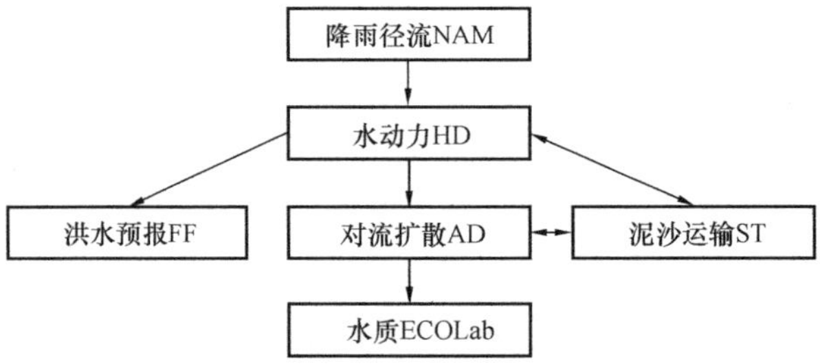

图 6-3　MIKE11 模型主要结构图

1. 对流扩散模块（AD）

MIKE11 水质计算采用对流扩散模块（AD），水质方程以对流—扩散模型为基础，该方程考虑水环境中污染物的对流扩散过程及污染物线性消解。对流扩散模型可以模拟在水流运动及污染物存在浓度梯度的影响下，物质传输扩散过程中的溶解或悬浮物在时间和空间上的分布情况。

该模块模拟污染物在水体中的对流扩散过程。对于突发性水污染事故而言，由于污染物的浓度较大，瞬间排入河流的污染物量较多，应用 MIKE11 的对流扩散模型（AD），就可以满足模拟污染物的运移过程，实现突发性水污染事故的场景分析。对流扩散模块模拟水中溶解物由于对流和扩散作用的传输过程，如盐度、热交换、大肠菌群和其他异型生物质的化合物，另外，线性衰减和热耗散也能通过 AD 模块来计算。

2. 水动力模块（HD）

水动力模型是水质模型、预测模型、水环境容量模型等其他模型的基础和应用前提。水动力学模型建立包括了模型控制方程组公式的简化、方程组的数值离散和求解、模型初始条件和边界条件的确定、水动力水质参数灵敏度分析和模型参数的率定和验证等一系列步骤。MIKE 11 水动力模块（HD）可用于模拟一维河道及河口河网水流，采用隐式有限差分格式离散方程，同时模型也可用于一维河道支流、河网及准二维的平原区水流的水动力模型。MIKE 11 水动为模块（HD）是 MIKE 11 模型系统的核心程序，同时是大多数模块，如洪水预报、对流扩散、泥沙输移、水质模拟的基础。

3. 水文模块（RR）

MIKE11 RR 水文模块是在流域范围内模拟江水、蒸发、下渗、地下水与地表水的交换及地表径流等水文过程，以集水区为单位模拟计算地表降雨径流量，模型的计算结果为河网水动力模型提供地表径流入河流量，基于水文循环的物理结构，又结合经验、半经验公式，通过连续计算积雪、地表、土壤或植物根区、地下水 4 个不同且相互影响的储水层的含水量模拟产汇流过程。该模块可以单独使用，也可以用于计算一个或多个产流区，产生的径流作为旁侧入流进入 MIKE 11 水动力模型的河网中。采用这种方法，可以在同一模型框架内处理单个或众多汇流区和复杂河网的大型流域。

降雨径流模型所需要输入的数据包括气象数据和流量数据、流域参数和初始条件。基本的气象数据有降雨时间序列、潜蒸发时间序列，如果要模拟积雪和融雪则还需要温度和太阳辐射时间序列，加入融雪模块，设温度低至 T 时，降雨全部储存于积雪中，高于 T 时，积雪按一定速度融化并转化为流量进入河道。模型计算结果信息包括各汇水区的地表径流时间序列（坡面流、壤中流和基流）以及其他水文循环单元中的信息，如土壤含水量和地下水补给，MIKE 11NAM 模拟水文过程见图 6-4。

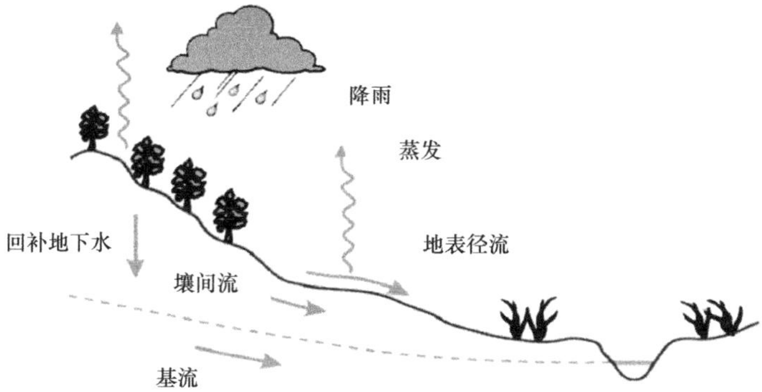

图 6-4　MIKE11 RR 模拟的水文过程

4. ECO Lab 模块简介

ECO Lab 包括一整套子模块，每一个子模块用于具体的水质问题，包括：

（1）WQ 水质模块

WQ 水质模型主要针对区域的污水排放引起的水质问题，比如 BOD、DO，富营养化和细菌污染。该模型还可简单模拟富营养化对光合作用的短期效应。如需模拟营养物质和生态系统的基本转化，则需使用 MIKE 21 EU 富营养化模块。目前水质模块可进行以下模拟：大肠杆苗、粪大麻杆苗、总大麻杆菌的传输和死亡（用一级降解来表示），降解速率取决于当地的光强、温度、营养物质和盐度条件等。

BOD-DO 关系，即排放的有机物所引起的耗氧（考虑以下几个过程：BOD 一级降解、BOD 降解引起的耗氧、底泥需氧量、水体中的呼吸作用、光合作用产氧、大气复氧）。BOD-DO 模块包括不同营养物（氨氮、硝酸盐和磷）以及三种 BOD 形式：溶解性、悬浮性和沉积 BOD。使用该模块需要设置三种 BOD 组分的一级降解速率。悬浮和沉积的 BOD 将考虑沉降和再悬浮。该模块中氧平衡过程主要包括：BOD 降解需氧量、底泥需氧量、硝化反应需氧量、光合作用产氧、水体呼吸作用耗氧及大气复氧。营养物转化的基本过程包括：BOD 降解释放有机氮和磷，产生的氨氮经硝化反应变成硝酸盐氮，最终通过反硝化作用生成氮气，释放在大气中的同时，BOD 降解所释放的部分氨氮和磷可以被浮游生物、植物和细菌所吸收。用户可以实际需求自定义多种污染物质，并定义相应的降解速率进行模拟。

（2）EU 富营养化模块

EU 富营养化模块用来描述水中溶解氧状态、营养物循环、浮游植物和浮游动物的生长过程及根系植被和大型藻类生长和分布等。主要应用在相关的海洋水域，污染问题主要与营养物质的负荷有关。氮和磷通常是基本的营养物质，它们控制着水中浮游植物和大型藻类的生长。这些植物会引起富营养化问题。

目前富营养化模块可进行以下模拟：①浮游植物的生长，主要与氮和磷的营养物负荷、被研究系统中与水动力过程相结合的内部生物和化学过程有关；②由于水中浮游植物的数量及死亡有机物（腐质）所造成的水体透明度的下降。腐质主要来自生物过程中产生的有机物质或污染源排放产生的腐质；③底栖植被（如大型藻类）的生长，主要取决于与浮游植物竞争所获得的营养物质，这也将影响光的穿透性以及能够到达底部供大型藻类生长所需的光照；④由于冷却水排放造成的海洋温度变化给生物过程带来的影响；⑤与各生物活动（产氧、藻类呼吸作用、死亡有机物即腐质的降解和沉积物呼吸作用）相关的氧平衡。

（3）其他模块

若对标准 DHI 模块以外的水质组分进行模拟，必须在 ECO Lab 里预先定义该状态变量化及相关的物理、生化过程，再将用户自定义的模块导入 MIKE 一维、二维模型。

6.6.3 模型应用思路

受纳水体模型的主要目的是用于评估水体在承接径流污染之后受到的影响，并预测在采用不同径流污染控制措施之后水质的变化效果。应根据项目需求和模型目标确定是否需要应用受纳水体模型。在采用“证明法”制定规划方案时，由于需要明确受纳水体水质在不同径流污染条件下是否能够达标，因此必须建立受纳水体模型进行评估。而在采用“假设法”制定规划方案时，由于仅需要评估排水系统的相关指标，因此无需构建受纳水体模型。

在应用受纳水体模型时，应当根据受纳水体的类型和特点制定不同的模型方案。例如，对于一般河流、河口（或感潮河段）、海湾和湖泊等，应根据实际情况分别采用不同的模型策略。

（1）河流：对于一般河流（非感潮）而言，由于水流方向总体是单向的（忽略局部涡流等情况），且流速、流量与深度之间存在明确的线性关系，因此通常可以采用一维模型进行模拟。

（2）河口或感潮河段：在河流入海处，受到海潮变化的影响，河水的流向、流速和深度都会不断改变，并可能出现盐度分层现象，显著影响径流污染在水流中的分布和变化。对于河口或赶潮河段需要根据实际情况采用一维或者二维模型进行模拟。

（3）海湾：海湾区域的水流和水质情况同样受到海潮的明显影响。同时，由于海湾区域的水体不是线条型的，所以不适用于一维模型，而要根据项目需要采用二维或者三维模型进行模拟。

（4）湖泊：湖泊中水流和水质情况主要受到风和热分层的影响。对湖泊水质的模拟需要采用二维或者三维模型。

6.6.4 模型构建

受纳水体模型的构建步骤与排水系统模型相似，同样分为数据整理、模型概化、模型参数输入、拓扑关系检查、模型调试运行等步骤。具体内容参见 6.5.4 节。

6.6.5 率定与验证

在率定和验证受纳水体模型时，以排水系统模型的水量和水质结果作为输入条件，结合实测数据进行对比分析。在顺序上，应首先校准水动力模型，然后校准水质模型。率定与验证的基本内涵与方法参见 6.5.5 节。

6.6.6 分析与应用

受纳水体模型可以开展连续降雨模拟或者单场降雨模拟。连续降雨模拟可以得出年度水质的变化情况。单场降雨模拟可以用于更精确分析特定降雨条件下的水质受到径流污染的影响。

受纳水体模型结果的主要目的是得到不同工况下的水体水质数据，并结合水质目标分析水质超标情况，包括发生超标时的污染物浓度、持续时间，以及发生频率等。以此为基础，建模人员可以反推出在排水系统中需要削减的污染负荷，通过不同的控制方案来实现污染的削减，并再次评估控制效果。在必要时可反复开展上述过程，最终证明污染控制方案的有效性，并不断对方案进行优化。

第7章 工 程 技 术

不同的雨水径流污染治理技术可分别应用于排水系统的源头、过程和末端。既可以在地表径流产生的源头采用一些工程性和非工程性措施削减径流量，减少进入径流的污染物总量，也可以在雨污水进入市政管网系统后且尚未排入污水处理厂或者受纳水体之前采取工程性控制措施。本章分别从源头、过程和末端控制等三个方面系统介绍雨水径流污染治理的各类工程技术。

7.1 城市雨水径流污染源头控制技术

源头控制技术，主要是指在地表径流产生的源头采用一些工程性和非工程性的技术削减径流量，减少进入径流的污染物总量。通常情况下，在雨水径流进入排水管网前对其进行削减和处理，不仅简单经济，而且效果较好。本章节介绍的源头控制技术主要是指低影响开发技术（Low Impact Development，LID），它是 20 世纪 90 年代末由美国马里兰州的乔治王子郡和西北地区的西雅图市、波特兰市共同提出的一种暴雨管理技术，主要提倡通过在源头利用一些微型分散式生态处理技术模拟自然条件，使得区域开发后的水文特性与开发前基本一致，进而保证将土地开发对生态环境造成的影响降到最小。具体则包括绿色屋顶、雨水花园、植被草沟、渗透铺装、下沉式绿地和雨水罐等设施。

7.1.1 绿色屋顶

1. 技术原理

绿色屋顶（Green Roof）也称生态屋顶、植被屋顶等，是指在各类建筑物和构筑物的顶部以及天台、露台上的绿化。绿色屋顶的结构一般包括植被层、基质层（种植土壤层）、过滤层、排水层和防水层，排水层和防水层之间还可以添加保护层，对屋顶进行保护，具体结构如图 7-1 所示。

绿色屋顶具有显著的水量与水质控制功能。利用绿色屋顶植物、植物栽培基质及其附属结构具有的截留、吸收、阻滞、贮存和净化雨水的能力，可以形成“近自然”的雨水控制过程。当降雨发生时，一部分雨水被景观植物截留吸收，一部分雨水被吸收、存贮在绿色屋顶内（绿色屋顶结构吸水达到饱和前），超过绿色屋顶雨水控制能力部分的雨水才能形成雨水径流，而被绿色屋顶控制的雨水则通过蒸发与蒸腾作用逐步、缓慢地重新回到大气中，进入下一次雨水循环过程。同时，绿色屋顶还能够通过植物吸收、吸附作用以及栽培基质过滤雨水中融解的大量污染物，将这些污染物保留在植物和植物栽培基质中，达到净化雨水的作用。因此，绿色屋顶能显著减少屋顶雨水径流总量与雨水径流洪峰流量，增加屋顶雨水径流延迟时间，降低屋顶雨水径流流速及净化屋顶雨水水质的功能。

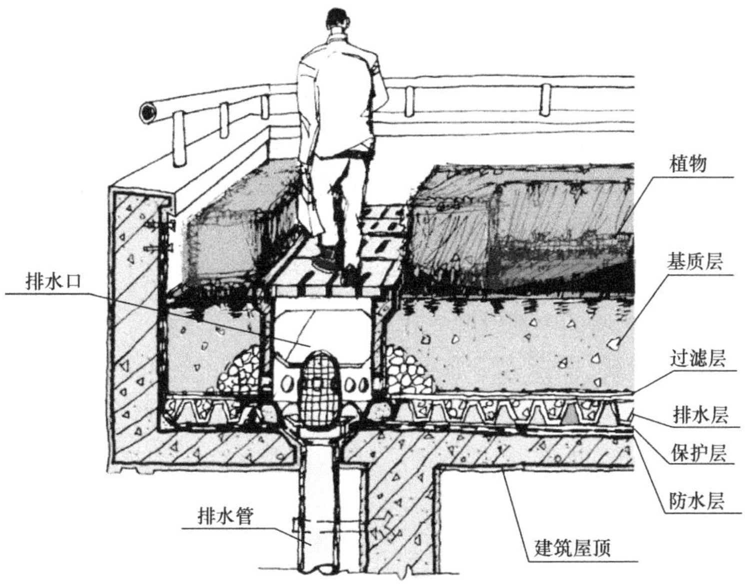

图 7-1　绿色屋顶典型结构示意图

图片来源：任心欣，俞露等．海绵城市建设规划与管理［M］．北京：中国建筑工业出版社，2017

根据绿色屋顶的最终表现状态、植物种类、荷载重量、施工难易程度等，可将绿色屋顶分为拓展型屋顶、密集型屋顶和半密集型屋顶三类[87]。拓展型屋顶，又称为简单型绿色屋顶，是指在绿色屋顶的设计中，主要采用种植低矮灌木、草坪、地被植物等较为简单的绿化方式，一般不在屋顶上设置园林小品设施，也不允许非工作人员在其间活动。拓展型绿色屋顶是一种有效补偿被侵占绿地的形式，几乎可以在任何屋顶上加以建造。密集型屋顶，又称精细型绿色屋顶、屋顶花园、花园式种植屋面等，一般从乔木、灌木或草本植物中至少选择搭配使用两种以上的植物类型，保证屋顶植物群落具有丰富的层次，同时设置园路、座椅和园林小品等辅助设施。密集型屋顶可以用作人们休闲活动的空间，但其施工建设和维护管理的难度远大于拓展型屋顶。半密集型屋顶则采用介于拓展型和密集型屋顶之间的绿化形式，一般由小型乔木、灌木、人行路等部分组成，其目的和密集型屋顶相近。表 7-1 中给出了三类绿色屋顶的特点。

绿色屋顶的类型及其特点　　**表 7-1**

绿色屋顶类型	属性参数	典型的种植植物类型	运行维护要求	适用条件
拓展型	总高度 7～20cm，单位面积重量 50～145kg/m^2	苔藓、景天、草坪	低养护 免灌溉	所有屋顶
半密集型	总高度 12～100cm，单位面积重量 145～195kg/m^2	景天、抗旱草种、灌木	定期养护 定期灌溉	适用于良好养护的平屋顶
密集型	总高度 15～250cm，单位面积重量 145～490kg/m^2	草皮、灌木、树木	经常养护 经常灌溉	适用于设计要求高的绿色屋顶

绿色屋顶常见的绿化形式有三种：第一种是覆盖式绿化，是指利用耐旱草坪、地被、灌木或可匍匐的攀缘植物对屋顶进行覆盖，主要适用于建筑荷载较小的屋顶区域；第二种是固定种植池绿化，是指利用植物直立、悬垂或匍匐的特性，在屋顶固定种植池内种植低矮灌木或攀缘植物，主要适用于建筑周边圈梁位置荷载较大的屋顶区域；第三种为可移动容器式绿化，即根据屋顶的荷载情况和实际需求，采用容器或种植模块的组合形式在屋顶上布置观赏性植物，并且可随季节不同而变化组合[88]。

2. 适用条件

绿色屋顶不需要占用新的土地资源，相比其他类型的雨水径流污染控制措施，更适合用于城市高密度开发区域。根据《海绵城市建设技术指南——低影响开发雨水系统构建(试行)》，绿色屋顶可有效减少屋面径流总量和径流污染负荷，具有节能减排的作用，但对气候、屋顶荷载、防水、坡度、空间条件等有严格要求。

（1）气候条件

绿色屋顶适宜在降雨充分、干旱期短、气候温暖的自然条件下使用。北方地区冬季的雨雪及沙尘暴等气候，使得室外的绿化植被难以存活，温室的使用会使植被维护成本增加。与北方不同，南方由于降雨充足，气候温润，能够促进植物生长，适宜绿色屋顶的使用，并且维护也较为简便。此外，绿色屋顶常年暴露在光、风、雨中，植物生长条件恶劣，需要一定的人工干预（人工灌溉），不适宜在干旱期很长的地区采用。

（2）建筑高度承重

绿色屋顶建筑高度不宜过高，一般随着楼层增高，屋顶植物生长条件越差，维护成本越高。对在中低层建筑（高度小于 50m）和屋顶承重能力强（承重负荷＞150kg/m^2）的建筑更适宜。

（3）屋顶坡度情况

平屋顶最适宜使用绿色屋顶，斜屋顶根据倾斜的角度不同，可以选择性地做绿色屋顶。通常绿色屋顶适用于符合屋顶荷载、防水等条件的平屋顶建筑和坡度≤15°的坡屋顶建筑。

（4）防水排水条件

根据国内部分关于绿色屋顶的规范性文件比较研究，屋顶防水条件必须达到二级防水标准。《屋面工程质量验收规范》GB 50207 中规定，平屋面的排水坡度建议值为 2%～3%，在这个坡度范围内，屋面的降水可以排走，同时对屋面防水层的负荷也较小，另一方面这个坡度的屋面不需附加额外的防滑措施，是屋顶绿化的最适宜坡度；5%～36%坡度范围的屋面，降雨后排水速度较快，存水较少，且容易对屋顶造成一定的冲蚀，因此从安全角度考虑，在该坡度下应考虑一定的防滑措施，而且该坡度范围内的屋面不适宜人的游憩等活动，一般都以观赏性绿化为主；36%～58%坡度范围的屋面，除了需要较好的防化措施，还应该以胶粘剂加固表面；58%～100%坡度范围的屋面是绿色屋顶的极限坡度，一般不建议在该坡度范围内的屋面进行建设。

（5）屋顶产权所有

最容易发展用来做绿色屋顶的是国营机关及企事业单位的建筑；其次为私有制的企

业，在营建绿色屋顶的同时需要考虑美学效果的营造，以迎合企业形象宣传的目的；最难的是小区物业和居民自建房上的房主，考虑到绿色建筑成本和维护成本需要长期的引导和宣传工作。

(6) 建筑开发阶段

绿色屋顶技术对老城区、新建区、待建区的要求不同。城市新型建筑物、城市中心城区等地区最适宜建设绿色屋顶；高密集的老城区由于屋顶承重防水措施尚不完善，不适宜建设绿色屋顶。

3. 效益分析

绿色屋顶所具有的环境效益是其得到推广的重要原因，然而，却很少有人关注到绿色屋顶的出水水质。通过对比现有的一些研究结果发现，不同绿色屋顶的径流出水水质存在较大差异。这是由于径流出水的水质取决于降雨的水质以及径流流经在屋顶表面及其结构层冲刷的污染物负荷。通常在研究中忽略了来自于天然降水中的污染物量，但是天然降水可能是酸性的，含有大量的硝酸盐；或者可能受到当地污染源和主导风向的影响，含有其他微量污染物，如重金属和农药等。不同研究报告中指出，不同绿色屋顶径流水质所存在的巨大差异，可能是由于绿色屋顶建设和维护间存在差异，并且这些结果都是来源于一些短期的降雨监测结果而不是长期的研究结果。此外，径流水质的季节性变化也可能很大。

对绿色屋顶径流水质产生影响的因素主要包括：所使用的材料类型（种植土的成分、排水系统的材料类型、底层硬质屋面材料、雨水管道材料）；种植土层的厚度；排水系统的类型；所用的维护用品或化学用品；植被类型、季节（施用的肥料）；降雨变化；主导风向；本地污染源；污染物的物理化学性质等。

城市雨水径流中最常见的污染物是重金属、石油烃、农药、悬浮固体、营养物和病原微生物。而在绿色屋顶径流水质研究中通常关注的污染物包括几种形态的磷污染物和氮污染物，以及重金属。绿色屋顶径流水质研究的关键在于绿色屋顶在城市径流污染物负荷增加、削减方面是否有所助益，若有所助益，其程度又是多少，不同的人会以不同的方式呈现出不同的答案。一些学者通过比较进水（天然降雨）和出水（绿色屋顶径流出水）中污染物浓度的方式，来了解绿色屋顶对于污染物负荷的削减情况。但是在这种情况下，所得到的绿色屋顶污染物负荷削减就意味着，在所研究的降雨条件下，出水中污染物浓度要比进水中污染物浓度低。如果绿色屋顶出水中污染物浓度比进水（雨水）中的污染物浓度高，则绿色屋顶就被认为是污染物的一个来源。同时，还应注意到这种比较方法并没有考虑到绿色屋顶对径流量的削减。也有学者将绿色屋顶径流中的污染物负荷定义为：在一段时间内（通常为一年），来源于 $1m^2$ 绿色屋顶表面的总径流量中所携带的污染物量。在这种情况下，绿色屋顶对于径流负荷的削减应考虑到降落在 $1m^2$ 绿色屋顶上的雨水中的污染物负荷，以及（在这段时间中）绿色屋顶对于径流的平均削减量。相应的，在这种情况下，如果径流中的污染物负荷（来源于 $1m^2$ 绿色屋顶表面）在研究期间超过了在同一时间段内降落在同样屋顶表面的降雨中的污染物负荷，则绿色屋顶就被认为是污染物的一个来源。

一般来说，降雨偏酸性（$pH<7.0$），而绿色屋顶对于其具有很好的中和作用，且介

质层越厚，pH 的中和效果越好，从而可以减轻雨水对于屋顶材料的侵蚀。有研究显示，在绿色屋顶的出水中发现总磷和硝酸盐的浓度大于进水，出现了污染物的泄漏现象。硝酸盐属于溶解性污染物，其来源主要是雨水中所携带的硝酸盐、绿色屋顶种植土层中所淋溶出的硝酸盐，以及绿色屋顶系统中硝化作用产生的硝酸盐。由于绿色屋顶不具备反硝化脱氮过程发生所需要的条件，而硝酸盐的去除主要依靠植物的吸收作用，所以导致硝酸盐去除效果不佳。总磷的去除主要依靠植物的吸收作用和绿色屋顶的截留作用，而导致出水中总磷浓度高于进水中总磷浓度的原因可能是土壤的淋溶作用或者绿色屋顶系统的运行效果不佳。由于影响绿色屋顶径流水质的因素众多，因而想要了解绿色屋顶对污染物的削减控制效果，就需要了解各影响因素对径流水质的影响程度，以及各因素之间的交互作用，探究各污染物的组分构成，进而了解绿色屋顶对各污染物的削减控制机理[89]。

7.1.2 雨水花园

1. 技术原理

雨水花园（Rain Garden）又叫生物滞留池（Bioretention Basin），是低影响开发技术体系中一项重要的技术措施，指在绿地低洼区域种有灌木、花草乃至树木等植物的雨水滞留净化工程设施，它主要通过土壤的过滤和植物的降解作用净化雨水，同时利用洼地暂时滞留雨水增加雨水下渗时间来减少径流。

雨水花园主要由植被层、覆盖层、种植土壤层、砂层、砾石层、穿孔排水管和溢流管组成，如图 7-2 所示。其中，覆盖层是树皮、树叶等覆盖物，其厚度一般为 5～10cm，可防止雨水径流对表面土壤的冲刷，减少水土流失，还可以保持植物根部的潮湿，为微生物生长及有机物分解提供介质，且可以过滤较大的悬浮物。种植土壤层是雨水花园较重要的部分，提供了植物生长所需要的水分及营养物质，雨水通过过滤、渗透、植物吸收、土壤吸附、微生物等联合作用去除污染物。一般选用渗透系数较大的土壤，较佳成分配比是砂

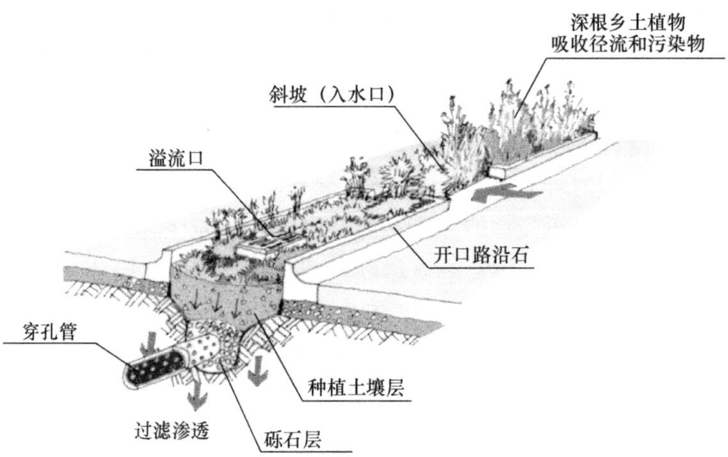

图 7-2 雨水花园典型结构示意图

图片来源：任心欣，俞露等．海绵城市建设规划与管理［M］．北京：中国建筑工业出版社，2017

子含量为 60%～85%，有机物含量为 5%～10%，黏土含量不超过 5%。砂层和砾石层收集渗透后的雨水径流，一般 30～45cm，上部设有土工布防止土层被侵蚀进入砂滤层，底部设有排水管及时排出雨水。

雨水花园具有控制径流流量和污染的功能，它主要通过植物、土壤、微生物的物理、化学及生物联合作用来处理雨水。雨水花园类似小型土壤渗滤系统，能通过植物、土壤、微生物的物理、化学及生物联合作用来处理雨水，处理过程主要是依靠土壤颗粒的过滤作用、表面吸附作用、离子交换、植物根系和土壤中生物对污染物的吸收分解。雨水花园减少地表径流的主要原因是滞留雨水和增加雨水入渗。雨水花园的植被能滞留雨水，根据植物的疏密程度和降雨形态的不同，一般能滞留 1～4mm 的降雨量；植物增加了地表的阻尼作用和粗糙度，能够延缓地表径流的产流过程，降低地表径流流速，减少雨水对地面的冲刷，减少土壤侵蚀和水土流失；雨水花园洼地截留雨水，从而增加土壤入渗量，能够有效减少径流量，削减径流负荷。

雨水花园根据地形地质条件、雨水花园用途等因素分为入渗型、过滤型和植生滞留槽三种，其各自特点如表 7-2 所示。

雨水花园形式　　　　**表 7-2**

编号	形式	特点
1	入渗型	① 可以同时实现污染控制、雨水入渗 ② 结构简单，易于施工维护 ③ 地下水位及不透水层深度要求高，地下水位及不透水层埋深需大于 1.2m
2	过滤型	① 可以作为雨水收集回用的预处理设施 ② 可结合地下建筑顶板上层结构设计 ③ 地下水位及不透水层深度要求低，地下水位及不透水层埋深需大于 0.7m
3	植生滞留槽	① 可以作为雨水收集回用的预处理设施 ② 不受地下水位及不透水层埋深限制 ③ 应用范围广泛，可用于人行道、广场等

2. 适用条件

雨水花园形式多样，适用区域广，易与景观结合，径流控制效果好，但不同类型的雨水花园对土地利用、地理条件和气候条件等有一定的要求。

（1）气候条件

雨水花园可以适用于降雨充分、湿润气候的区域；在干旱期较长的地区，需要注意洼地的水量保持。

（2）选址条件

选址时应对周边现状建筑物、地下管线、其他基础设施进行调研，避免扰动地下管线，威胁其他建筑物安全。一般要求雨水花园的边线距离建筑物至少 3m，距离有地下室的建筑外墙至少 9m，以免浸泡地基，威胁建筑物安全。

(3) 土壤条件

雨水花园的土壤需要经过配置以保证其渗透系数符合要求。一般适于雨水花园的土壤是壤质砂土、砂质壤土。入渗型雨水花园的雨水需要入渗，要求场地土壤（花园底部土壤）渗透系数应大于 4×10^{-6} m/s。过滤型雨水花园和植生滞留槽的雨水不需要入渗，对场地土壤的渗透性无要求。

(4) 地下水位及不透水层深度条件

入渗型雨水花园的雨水需要入渗，为了避免对地下水水质或地下室造成影响，要求雨水花园底部距离地下水位及不透水层深度应大于 1.2m。过滤型雨水花园的雨水也会缓慢入渗，要求雨水花园底部距离地下水位及不透水层深度应大于 0.7m。植生滞留槽不直接与场地土壤接触，对地下水位及不透水层深度无要求。

(5) 汇水面积

雨水花园的汇水面积不宜太大，主要是因为：单体占地面积太大，与景观效果的不协调；延长雨水汇流时间，并且增加了所需控制的径流污染负荷。单个雨水花园的汇水面积不宜大于 0.5hm^2。雨水花园还要求汇水区域内不应包括易引起冲刷的土壤。为保证对径流雨水污染物的处理效果，雨水花园的有效面积一般为其汇水区域中不透水面积的 5%～10%。

(6) 土地利用类型

雨水花园适用于商务区、居住小区、工业开发区、停车场、道路以及景观绿化区域，一般建设在停车场或居民区附近的各种不透水面。

3. 效益分析

雨水花园通过植物根系与土壤的化学、物理、生物的联合作用来处理雨水，可有效去除各种污染物。研究表明雨水花园能有效去除雨水中的固体悬浮颗粒、有机物质、重金属等，固体悬浮颗粒的平均去除率达 80%以上，磷和氮处理效果达到 40%以上，重金属离子去除率达 60%以上，病原体 70%[90]。但是，大量的实验室模拟和野外试验结果表明，雨水花园对氮素的去除效果不稳定，甚至出现浸出现象[91]。澳大利亚莫纳什大学 Bratieres 等[92]和南佛罗里达大学 Sarina 等[93]设计的雨水花园对降雨径流中总氮（TN）的去除率为 65～82%；而 Brown[94]在北卡罗来纳州建造的雨水花园对 TN 的去除率仅为 19%～21%；Hunt[95]的研究则发现雨水花园对 TN 的去除率为负值。Davis 通过现场和实验室研究发现，雨水花园对氨氮的去除率通常>70%，但对硝态氮的去除效果不稳定，去除率为−254%～90%[96]，这可能是导致总氮去除率不稳定的原因。

7.1.3 植被草沟

1. 技术原理

植被草沟（Grassed Swale）也可称为植草沟（Vegetated Swale），是指种植植被的景观性地表沟渠通过重力流收集雨水的排水系统。植被草沟既是一种雨水截污措施，也是一种自然排水系统。植被草沟不仅能输送雨水，当雨水径流流经浅草沟时通过植物滞留、土壤过滤和渗透作用时，可以降低雨水径流流速，减小雨水径流流量，从而起到调峰、错峰的作用。此外，雨水径流中的多数悬浮颗粒污染物和部分溶解态污染物还能够在植物—土壤—微生物的联合作用下得到有效去除。

植被草沟一般分为排水型植被草沟和入渗型植被草沟（图 7-3）。排水型植被草沟主要利用其延长汇流时间和滞流的能力，作为绿色排水设施，控制外排洪峰流量，而入渗型植被草沟则利用土壤的入渗能力实现雨水入渗。入渗型植被草沟与排水型植被草沟相比，增加了可渗透性土壤层和蓄水层。

图 7-3　植被草沟实景图（西雅图某居住区植被草沟）

图片来源：任心欣，俞露等．海绵城市建设规划与管理［M］．北京：中国建筑工业出版社，2017

2. 适用条件

植被草沟的主要作用是用于径流污染和洪峰流量控制，其不仅能滞留或入渗雨水，同时可以作为排水设施。植被草沟可以应用于各种用地类型，在土壤缺乏渗透能力时可以采用排水型植被草沟；在土壤有较好的入渗能力时可以采用入渗型植被草沟。

（1）气候条件

植被草沟可以适用于多种气候特征区域，尤其是在湿润气候的区域内能有效地减少后期管理与维护，在干旱或者半干旱的区域都需要注意植被草沟的水量保持，以便达到更好的经济效益。

（2）地形条件

植被草沟的边坡坡度（垂直：水平）不宜大于 1∶3，纵坡不应大于 4%。纵坡较大时宜设置为阶梯型植草沟或在中途设置消能台坎。

（3）土壤条件

排水型和入渗型草沟对土壤入渗条件有不同的要求：排水型植被草沟适用于土壤渗透性较差的区域，土壤渗透系数无特殊要求；入渗型植草沟适合用于土壤渗透性强的区域，入渗型植被草沟土壤渗透系数应为 $4\times10^{-6}\sim1\times10^{-4}$m/s。

（4）地下水条件

排水型和入渗型草沟对土壤入渗条件有不同的要求：排水型植被草沟底部距离地下水位及不透水层埋深应大于 0.60m；入渗型植被草沟地下水位及不透水层埋深应大于 1.20m。地下水位过高或排水不良的洼地不宜设置植被草沟，这些区域会常年积水，不利于雨水渗透，更不可以靠近供水系统或是水井周边。

（5）土地利用类型

排水型植被草沟具有较长距离传输雨水径流的功能，可以替代传统的排水沟，特别适宜于居住区或者学校等用地密度中等的区域，城市园区道路或高速公路的两侧、不透水地面（如停车场）的周边等。

入渗型草沟不仅适用于高速公路排水系统，而且可以用于径流量小以及人口密度较低的工业区、商业区以及居住小区等，能够用来替代传统的排水管网。

（6）建筑密度

植被草沟不适宜在路网复杂的区域使用，特别适宜于居住区或者学校等用地密度中等的区域。入渗型植被草沟的蓄水层不应对构筑物、道路、管道等基础产生影响。

（7）径流污染程度

植被草沟不适合污染负荷较大的汇水区域。水质较好的雨水径流可以直接通过道路道牙、雨水管道或者漫流进入植被草沟；而水质较差的雨水径流中可能含有大量的泥沙、油脂类污染物，如果不经过处理则会在植被草沟中分散开，造成草沟大面积污染，不容易清理，因此需要采用沉沙设施、沙滤设施等预处理设施对雨水径流进行处理后再排入植被草沟。

3. 效益分析

当降雨径流流经植草沟时，经沉淀、过滤、渗透、滞留及生物降解等共同作用，径流中的污染物被去除。一般而言，当前一些关于设计较好、维护较好的植被草沟的文献报告中指出，TSS 的去除率达到 70%，TP 去除率达到 30%，TN 去除率达到 25%，微量金属去除率达到 50%～90%。其中关于氮的去除率，有的研究者研究结果显示其去除率较好，有的显示去除率为负。Wigington 等[97]对高速公路植草沟研究表明，初期径流金属污染物浓度很高，经植草沟后，多数金属在植草沟表层 5cm 土壤中沉积。Reeves[98]在对华盛顿州长度为 30m 和 60m 的植草沟实验时发现，植被草沟对污染物的去除率与植草沟长度有关。30m 的植被草沟对 SS 的去除率为 60%，碳氧化合物去除率为 50%，TP 去除率为 45%，金属去除率为 2%～16%，当植草沟长度增加到 60m 时，SS 去除率增加 20%，碳氢化合物去除率增加 25%，TP 去除率下降为 30%，金属去除率则达到 46%～67%。

7.1.4 渗透铺装

1. 技术原理

渗透铺装（Permeable Pavement）是指应用各种人工材料铺装而成的具有渗透、集蓄雨水作用的地面，如草皮砖、透水面砖、多孔沥青及透水性混凝土路面等。渗透铺装使得雨水径流很快入渗到铺装的基层中，达到吸纳径流、回补地下水的目的。一般认为，透水路面系统结构，从上到下依次为面层、基层、垫层，其实景如图 7-4 所示。

（1）面层

渗透铺装的面层是与雨水、大气等直接接触的结构层，并直接承受道路荷载。面层必须具有坚实和平整的特点，同时要具有一定的透水特性。这就需要面层既要选取厚度合

(a)　(b)　(c)　(d)

图 7-4　渗透铺装实景图

(a) 美国五角大楼 9·11 纪念广场铺装；(b) 东京新宿御苑透水铺装；
(c) 美国凤凰城步行道透水铺装；(d) 美国凤凰城梅萨中心透水铺装

图片来源：任心欣，俞露等．海绵城市建设规划与管理 [M]．北京：中国建筑工业出版社，2017

适、具有一定强度的材料，又要注重材料的孔隙率等，从而保证面层达到较好的施工要求。

(2) 过滤层

在基层的顶面上部需要设置过滤层（或称找平层）。过滤层主要起到两个作用：一是可以使基层上部平整，使得面层的结构承受荷载均匀；二是可以过滤掉面层的较大颗粒物及污染物质，防止基层孔隙被堵塞，影响雨水的下渗。过滤层宜采用粗砂、细石、细石透水混凝土等材料。渗透系数应大于 5×10^{-4}m/s，厚度宜为 20～50mm。

(3) 基层

基层是透水路面最重要的环节，是贮存雨水的关键部分。基层作为汇集或短时贮存雨水的结构，必须具有较大的孔隙率，因此，细骨料的用量较少。对于如停车场、车行道等场合的渗透铺装，基层的另外一个重要功能是承受面层传递的车辆垂直载荷，并扩散到土基中去。通常渗透铺装所承受的车辆荷载不大，而土基在雨水浸透情况下无法维持足够的承载力，因此，基层应能承担面层传递的大部分荷载作用。

(4) 垫层

垫层是位于基层和土基中间的结构层。它的主要作用是防止雨水等渗透入基层，减少对土基结构的破坏。有时，垫层也可以采用透水土工布来代替。垫层的孔隙率不应小于 30%，一般采用连续级配砂砾料、单级配砾石等透水性材料。单级配砾石垫层的粒径应为 5～10mm，连续级配砂砾料垫层的粒径应为 5～40mm。

（5）土基

作为整个渗透铺装结构的最底层，土基对透水性的好坏及整个结构都具有重要的影响。下雨后，雨水会透过面层至土基部分，在土基处长期滞留，其在水和路面荷载的作用下，容易失去稳定性和结构的整体强度。因此，土基受水和荷载的影响很大，应根据土壤的类型、渗透特性及施工工艺等多方面因素进行铺装。

渗透铺装一般采用透水性较好的材料铺设路面，使得雨水较快地入渗到下层的土壤中，从而达到削减雨水径流的目的。在降雨过程中，雨水分散地下落在表面，首先通过透水面层下渗，一部分渗入土壤，回补地下水，一部保留在面层下的基层和透水材料中，最大程度上吸纳雨水径流。当基层下的土壤透水能力不强或基层不允许下渗时，也可以通过在渗透铺装基层中埋设排水管将积水导出，在延缓峰值到达时间的同时也保证了路基的安全。另外，透水路面通过透水面层过滤吸附以及微生物降解等作用净化径流水质，能够在一定程度上实现对城市非点源污染的控制。

渗透铺装主要有两类：一类是材料本身具有渗透性能，如透水混凝土、透水砖等；另一类是建造结构具有渗透性能，采用透水的制作与铺装形式，使铺面能够透水，如草坪砖、碎石卵石铺面等。根据透水材料和铺装工艺的不同，透水路面通常包括透水性混凝土、透水性沥青、透水面砖三种类型。

2. 适用条件

渗透铺装适用区域广、施工方便，可补充地下水，并具有一定的峰值流量削减和雨水净化作用，其对气候、地形等适用条件也有严格的要求。

（1）气候条件

渗透铺装可以在大部分地区使用，但是在寒冷的地区使用时存在一定难度。在下雪的季节，盐或沙子等融雪剂会堵塞透水铺装的缝隙，从而影响到渗透铺装的入渗率。除此之外，冬季渗透到路面下的融雪也会引起铺装材料的冻胀，有被冻融破坏的风险。为规避以上的风险，必须要保持良好的维护工作来实现。

（2）地形条件

渗透铺装适合在地势平坦区域，透水路面坡度不宜大于 2.0%，当渗透铺装坡度太大时，上游端的透水垫层将无法蓄存雨水，需要将渗透铺装隔断处理，才能保证渗透铺装的蓄水功效。

（3）土壤条件

渗透铺装适宜建造在土壤渗透能力较强、交通负荷量较低的区域：

① 渗透铺装适合在土壤渗透能力较强的区域。当地土壤渗透性需大于 1cm/h，土地透水能力有限时，应在透水铺装的透水基层内设置排水管或排水板；

② 在轻交通流量的行车道采用透水水泥混凝土或透水沥青混凝土时，基层土壤夯实度通常在 94%以上并设置防渗设施，需要在透水垫层中设置排水设施；

③ 在停车场和人行道采用的透水砖、透水水泥混凝土等基层土壤通常夯实度在 90%，可以允许土壤入渗；

④ 当基层土壤不允许土壤入渗时，透水垫层下应设置 150mm 砂滤层，在砂滤层与透

水垫层间设置透水土工布层，砂滤层下沿道路横向设置穿孔管，穿孔管周边采用砾石槽包裹，砂滤层与基层土壤间应设置防渗层；

⑤ 当透水垫层蓄存的雨水不能入渗或入渗能力差时，需要将雨水排出。但是为了保证排出雨水水质，需设置砂滤层过滤雨水后排出。

(4) 地下水条件

设施底部距离地下水位或不透水层埋深小于 1.0m 时，不应采用透水路面。设施底部应距地下水最高水位 90cm 以上，水平距离饮水井 30m 以上。

(5) 土地利用类型

渗透铺装适用于居民区和其他休闲区域的停车场、广场步道、人行道等。由于透水路面的铺面强度略低于传统铺面，因此不宜建设在交通负荷较高的道路上。透水路面适合建在交通负荷量较低的区域。

(6) 建筑密度

当渗透铺装设置在地下室顶板上时，顶板覆土厚度不应小于 600mm，并应设置排水层。

当渗透铺装设置在地表路面时，透水路面距建筑物基础最小距离为 3.0m，距取水井最小距离为 15.0m，距化粪池等卫生设施之间的最小距离为 30.0m。

(7) 径流污染程度

雨水径流水质较差时不宜采用透水路面。透水路面雨水径流水质太差或者周边尚有大量开发建设项目时，其雨水径流中砂粒及 SS 含量很高，易堵塞透水面层，导致雨水入渗能力下降；堵塞透水垫层，使得雨水存水能力下降等。如果雨水向底层土壤入渗，容易污染地下水。为了降低污染地下水的可能性，渗透铺装也不适用于污染负荷过高的区域。携带泥沙的径流需远离渗透路面，应设防堵塞措施。

3. 效益分析

渗透铺装能控制与道路或停车场等相关的径流污染，在渗透过程中，若径流中烃类污染物、重金属未得到有效的生物降解或去除，将会对地下水资源和土壤带来潜在的危害。与传统排水沟渠水质相比，透水铺装能有效去除固体悬浮物、COD、BOD、氨浓度，而且烃类污染物及沉降到城市表面的矿物油类也能通过透水铺装得到极大的去除。

石油及柴油燃料污染主要来自于沥青路面及其他不透水路面表面，而在透水路面表面，这类污染物却很少被检测到。当烃类污染物通过土壤层渗透时未能有效地去除，将会对土壤及地下水资源存在污染的危害。渗透铺装能有效地对烃类污染物进行捕获，且是一种极为有效的原位生物反应器。由 Scholz 等[99]人的研究整理可知，与在透水路面内自然形成的生物群落作用相比，往透水路面里人工输入的生物群落不能较好地降解油类污染物。欲有效地降解多环芳香烃，必须要满足一定的环境条件。如延长有氧环境的时间，硫酸盐减少及反硝化发生等条件。PAGOTTO 等[100]研究表明，透水路面对烃类污染物的削减率高达 92%。

通过透水路面的过滤作用，能极大地提高径流水质，如 PAGOTTO 等人的研究表明，通过透水路面，对 TSS、Pb、Cu、Cd 和 Zn 的平均去除率能分别达到 87%、74%、

21%、62%和59%。Legret等[101]人对具有不种类型填料透水路面重金属削减效果的研究表明，其Pb、Cu、Cd和Zn的削减率更高，分别为89%～98%、89%～96%、74%～98%和72%～98%。Gilbert等[102]人研究表明，与沥青铺装表面相比，透水路面年均TSS削减率达到90%～1%；TP削减率为65%～95%。Kellems等[103]人的研究表明，通过有机填料能提高和强化的过滤作用能有效地处理雨水径流，通过特别的有机填料吸收剂，透水路面能去除大约95%的溶解性铜和锌。与沥青铺装相比，锌、铜、铅的浓度要低于透水铺装。一般来讲，透水路面能有效地捕获表面径流中的重金属，然而并不是所有的铺装都能捕获溶解性重金属。颗粒物经常积累在土工布和铺装的表面，且土工布常常将镉、锌和铜等污染物与铺装下面的土壤隔开，因此，阻止其对地下水的污染。

事实上，对于降雨，初期冲刷现象确实存在，即少量的初期降雨产生的径流中含有大部分径流污染物，故而通过透水路面对径流水量进行控制，所实现的控制水量实际上要远远大于包含大部分径流污染物的初期径流量，所以，透水路面通过上述几种污染物去除机理，能去除径流中的大部分污染物。

7.1.5 下沉式绿地

1. 技术原理

城市中的绿地是渗、蓄雨水的天然场所，能够就地消纳雨水，同时截流和净化雨水中的部分污染物。而下沉式绿地（Sunken Greenbelt）又称为下凹式绿地、低势绿地，是指通过合理规划设计绿地与周边地面之间的高程关系所形成的低于周边地面50～300mm的绿地。在下沉式绿地设计过程中，控制绿地高程低于周边地面高程，同时将雨水口布置在绿地中且令其高程低于地面、高于绿地，这样就可以引导周边径流先汇入下沉式绿地予以调蓄下渗，超量的雨水则流入雨水口。与城市中常见的高于周边地面的绿地相比，下沉式设计的根本目的是为了利用下凹空间汇集周围不透水地面产生的雨水径流，从而将控制径流的功能从绿地自身的占地范围扩展到更大的汇水区服务范围，因此，可以认为是一种强化降雨径流渗透效果的设施。

具体来说，下沉式绿地的功能主要包括以下几个方面：截留汇水区内的降雨径流，只有超过绿地调蓄容量的径流才会进入城市排水系统，从而削减径流峰值和总量，缓解下游排水系统压力；综合利用绿地中植被、土壤、微生物的作用，净化降雨径流，降低面源污染负荷；能延长雨水下渗时间，增加下渗量，补充和涵养地下水；充分利用降雨，避免了绿地的频繁浇灌，尤其是在干旱缺水的地区，能有效节约绿化用水；提高土壤含水量，能够调节区域气候，从一定程度上缓解城市“热岛效应”。

下沉式绿地结构较为简单，主要由蓄水层、种植土层和溢流装置组成，其实景如图7-5所示。

（1）蓄水层：是临时储存雨水径流的场所。在降雨过程中以及降雨结束后的一段时间内，所储存的径流慢慢渗入土壤，同时部分沉淀性物质得以沉淀，而附着在沉淀物上的有机物和金属离子也一并被去除。

（2）种植土层：该结构层首先为绿地植物生长提供所需的养分，同时为雨水径流提供

(a) (b) (c)

图7-5 下沉式绿地实景图

(a) 荷兰海牙某居住区前下沉绿地；(b) 芝加哥某建筑下沉绿地；

(c) 德国柏林-Hufeisensiedlung马蹄形住宅区下凹绿地

图片来源：任心欣，俞露等．海绵城市建设规划与管理［M］．北京：中国建筑工业出版社，2017

进一步的储存空间。与此同时，在植物根系的吸附作用、微生物的降解作用以及土壤中一些黏土颗粒的过滤吸附作用下，径流得到一定程度的净化，重金属、营养物质和一些有机污染物被去除。

(3) 溢流装置：设置溢流装置的目的是将超过设计蓄水能力的多余的雨水溢流至城市排水系统或附近水体。雨水溢流口可以设置在绿地中或者绿地与硬化地表的交界处，溢流口顶部的高程应当比下沉式绿地种植土表面高出50～100mm，且低于地面高程。在土壤渗透条件不够好的地区，为避免绿地植物淹水时间过长，可以进一步降低溢流口与绿地的高程差。

另外，应尽量让雨水径流分散地进入绿地，集中入流容易在入口处造成冲刷，必要时可以在入水口处铺设鹅卵石或采取其他防冲刷措施。如果将下沉式绿地用于控制污染负荷较重的城市道路、停车场的地表径流，必要时应采取预处理措施对污染物予以截留，例如增设截污雨水口、截污树池等，避免过量污染物进入下沉式绿地造成不利影响。

2. 适用条件

下沉式绿地由于形式简单，适用范围较广，可以用在建筑小区、地面停车场、城市广场等区域，以及用作道路绿化隔离带等。对于新开发区域，可通过合理设计绿地结构和雨水口的布置方式，保证地面高程高于绿地，使汇水区域的地表径流进入绿地内；对已建城区，为了让原有绿地实现下沉式绿地的功能，可布设围埂将绿地围起来，以便把周边区域的地表径流尽可能地引入绿地。

由于在降雨过程中，下沉式绿地及其相应的汇水区范围内会同时涉及径流的产生汇集、入渗存蓄、溢流排放等环节，其对径流的集蓄渗透能力大小将受到区域降雨特征、土壤渗透能力、场地绿化率的要求、绿地植物的耐淹时间、地下水位高低、周边建筑物地基与基础情况等多方面条件的制约，在设计时应予以综合考虑。

下沉式绿地是一种典型的渗透设施，为保护地下水资源，不适合地下水位高、径流水质差的区域；或者如果用于径流污染严重、设施底部渗透面距离季节性水位或岩石小于1m及建筑物基础小于3m的区域时，应采取必要的防渗措施。雨水入渗不应引起地质灾害或损坏建筑物，因此在可能造成陡坡坍塌、滑坡灾害的场所，或是自重失陷性黄土、膨胀土和高含盐土等特殊土壤地质的场所，均不能采用下沉式绿地设施。

总体来看，下沉式绿地的主要优点有：适用区域广、建设费用和维护费用低，可以说是源头控制降雨径流的工程措施中最为简便易行的一种；在新建区域完全可以结合城市绿地系统的设计来实现，只要处理好下沉式绿地与周围地表以及溢流口的竖向衔接方式就可以起到径流处理效果，因此不会额外增加工程投资，也不需要额外占用土地资源；易与城市景观设计相结合，公众的接受程度高。其缺点则主要包括：下沉式绿地是分散的、小型的绿色基础设施，大面积应用时，易受到地形等条件的制约，对实际调蓄容积应有客观的认识；如果是对原有高位绿地进行下沉式改造，需要挖掉地表植被，取走部分土层，可能会破坏原有的生境和土方平衡；在绿地植物的选择方面会受到一定的限制，所选物种需要具有较好的耐淹性能，尤其不适合布设娇贵的植物品类，而大量使用耐水植物可能会影响到绿地的生物多样性和景观多样性。

3. 效益分析

下沉式绿地对径流总量和峰值流量均有很好的削减作用。根据尼玛次仁对绿地高度和径流拦截效果之间关系的调研[104]，若绿地标高低于周围路面，其入渗量是高于路面时的3～4倍；下沉式绿地深度为100mm时，对于一年一遇和两年一遇的暴雨径流，其拦截率分别为200%和80%。根据潘忠成等[105]人的研究，在1倍汇水面积的情况下，下沉式绿地对10年、50年和100年一遇的降雨，其拦蓄率分别为87.15%、58.48%和50.75%：对洪峰的削减率分别为71.04%、46.82%和41.52%。

下沉式绿地对径流污染控制也有较好的效果，尤其是在降雨量和降雨强度较小的情况下。陈祎潘等[106]人就下沉式绿地对径流污染物的削减效应进行研究，结果表明，下沉式绿地对COD、TN、NH_4^+-N、TP的平均削减率的范围分别为52.21%～78.93%、59.20%～66.64%、48.98%～71.86%和47.35%～75.83%。张建林[107]通过研究发现，路面径流通过下沉式绿地的净化作用，SS去除率高达94.5%。

下沉式绿地建设费用较低，新建下沉式绿地单位成本与普通绿地相近，约为56元/m^2。绿地的养护成本为9～35元/m^2之间不等。

7.1.6 雨水罐

1. 技术原理

雨水罐（Rain Barrel）是一类用于收集和储存屋面雨水的水箱或水槽，由入水口、过滤筛网、罐体、出水口、溢流部件等部分组成。一般情况下，雨水罐置于靠近草坪或花园的屋檐下，与房屋建筑的雨落管相连接。雨水罐储存的雨水可用于浇灌花草树木、洗衣冲厕、清洗车辆和浇洒路面等。由于其构造简单，使用方便，价格也较为低廉，同时还可以减少传统水资源的使用量，因此在欧美等发达国家和地区得到了广泛使用。

雨水罐的材质可以是塑料、木质、铁质等，可以直接购买成品，也可以根据实际需求设计定制（图 7-6）。一般情况下，单个雨水罐的容积在 200～300L 之间。实践中，也可以将多个雨水罐连接起来使用，以增大贮存屋面径流的能力。对于屋顶面积较大的建筑，推荐使用雨水池贮存雨水，形式可为地上式、半地下式和地下式，也可以放置在建筑物的高层，可以手动操作，也可以增设水泵等动力装置，容量则可以达到上百立方米。

图 7-6　雨水罐实物图

雨水罐收集雨水带来的污染物主要是通过沉淀作用被去除的。如果所存储的雨水直接用于植被浇洒，污染物还可以通过植物吸收、土壤过滤等作用被去除。

2. 适用条件

雨水罐的体积和形状可根据需求进行调整，适用范围广，一般设置在单栋住宅的旁边。对于居民楼或写字楼，可以采用容积较大的雨水池或多个雨水罐连接起来使用的方式。雨水罐可以和绿色屋顶、透水铺装、生物滞留池等其他雨水径流源头控制措施协同使用。雨水罐的使用对土壤条件、坡度地形、降雨量大小等没有特别要求。

另一方面，雨水罐的分布可能会非常分散，在大多数情况下，雨水罐由普通居民个人进行运行维护，因此要想确保单次降雨之前罐体有一定的储存容积或提前排空以实现径流量的有效存储，在实际操作过程中存在很大的随意性。从这个角度看，雨水罐措施对雨水管理和污染控制所能起到的作用存在较大的不确定性。

总的来说，雨水罐的主要优点有：可以收集和贮存部分屋面雨水径流，并对其进行有效利用；对径流中非溶解性污染物质有较好的去除能力；占地面积较小，对土壤条件、地形坡度没有特殊要求；价格低，操作简单；雨水罐的体积和形状可以根据实际需求进行设计和制作，与周围环境的协调性强。但其存在以下几项缺点：单个雨水罐的径流处理能力十分有限，多个雨水罐同时使用或与其他措施协同使用才会产生明显的效果；溶解性污染物质的去除能力较差；如果运行维护不当，雨水罐的周围环境会相对潮湿，容易滋生昆虫和细菌。

3. 效益分析

雨水罐对降雨径流的控制效果与其尺寸、使用个数，降雨量、汇水屋面面积以及所收集到的径流的利用情况等因素有关。对于雨量较小的单次降雨，控制效果明显。如果在整个流域内大量使用雨水罐，可以获得减少径流量、削减峰值、去除污染物等功效。当然效果好坏取决于每次降雨后储水体积能否尽快得到恢复以便收集下一场降雨。

雨水罐的成本一般与其材质、尺寸、配件的选择有关。在美国，一个成品雨水罐的售价在 20～500 美元之间。雨水罐的维护操作简单，主要包括清理过滤用的筛网、检查罐体是否存在漏损等，因此维护费用相对低廉。

7.2 城市雨水径流污染过程控制技术

本章节所介绍的过程控制措施是指雨污水已进入市政管网系统但尚未排入污水处理厂或者受纳水体之前所采取的相关措施，重点针对管网溢流和雨水口排放带来的污染，主要作用在管路上的径流污染控制措施。具体的控制对象则包括：分流制系统中的（初期）雨水、合流制管网中的混合污水溢流。有些措施特别针对的是合流制系统，例如雨污分流改造、合流污水的调蓄池等；另外一些措施则仅适用于分流制雨水系统，例如初期雨水弃流、分流雨水调蓄池等；而有些措施既适用于合流制系统，又适用于分流制雨水系统，例如管网截污措施、安装旋流分离器等。以下各小节将对不同措施分别予以介绍。

7.2.1 雨污分流改造

1. 技术原理

雨污分流改造是指将合流制系统改造成分流制系统，实现雨水、污水分离，可以消除雨污合流溢流排放问题，是降低雨季生活污染负荷排放最直接的办法。可以认为，合流制系统改造成分流制系统是控制降雨径流污染的一项“理想化”措施。

很多地方实施过雨污分流改造，包括一些很拥挤、高密度的社区。但是改建过程会涉及道路、建筑地下空间等诸多限制因素，且改建工作量巨大、成本高、周期长，因此达到预期目标的难度很高。另外，我国城市污水偷排乱排和雨污管道错接混接现象较为严重，实际改造中难以完全杜绝。因此，在排水体制改造问题上，要根据各个城市的具体情况进行深入分析，经过反复论证比选后制定细致的工作方案。对于一些合流制管道系统相对完善、空间有限、降雨量少的老城区，则应考虑在合流制系统中进行适当改造或建设合流制溢流控制设施，如采用一些截流、截污措施并对老化管道进行修复改善等[108]。对于不可改造的合流制系统，应做好维护工作，保证系统的运行性能，使系统处理尽可能多的合流污水。

2. 适用条件

当满足以下条件时，比较适合将合流制系统改造成分流制系统，具体包括：

1）排水口对应的服务片区面积不大，国外经验是小于 300 英亩，即 121hm^2；

2）现有基础设施运行状态差，面临大量修复工作；

3）截污管和污水处理厂的能力可以保证收集处理所有预计的分离后的城市污水，包括对入渗流量的必要考虑；

4）现有的合流制管道具备施工进入的条件，或者当前状况能达到用作分流制污水管的使用条件；

5）其他替代方案实施起来成本很高，例如对溢流污水进行调蓄和处理。

如果存在以下所述情况时不建议将合流制改造为分流制系统，具体包括：

1）排水口对应的服务片区面积非常大；

2）截污管和污水处理厂的能力有限，而且其他替代方案或者相关计划中也未涉及对截污管和处理厂进行扩容的安排；

3）现有合流制管道很难施工进入，例如在很窄的胡同里；而且作为分流制污水管的使用效果不好，例如坡度较平、管径过大等。

3. 效益分析

根据国外径流污染控制的经验，对一些小流域，相应的控制措施中一般都会涉及一定程度上的合流制改造工作。但是仅依靠雨污分流改造并不能去除雨水中的污染物，分流制雨水管直接排放的雨水径流所造成的水体污染还应另行考虑。

合流制系统改造成分流制系统的成本，如果直接跟其他的合流制管网溢流控制措施相比，不一定有竞争性。不过，管网改造常常可以跟一些必要的基础设施更新工作结合在一起，这样就有可能比局部的管路控制措施更为有效，而且长期的运行维护成本也会比溢流污水的存储调蓄和处理设施要低。

7.2.2 初期雨水弃流设施

1. 技术原理

由于雨水地表径流大，市政管网排水压力大，需从源头对雨水收集、储存。如果将初期雨水直接收集进入雨水回用系统，需增加处理设施，且造成处理工艺复杂，运行费用高，所以对初期雨水采用相应的弃流措施，不让初期污染的雨水进入雨水储存设施，有利于保证收集的雨水为较洁净的雨水，方便雨水的回收和利用。

初期雨水弃流的概念主要应用在雨水收集利用系统中，是指通过应用截流装置将含有杂质的初期雨水分离和抛弃，以便于收集后期干净的雨水。初期雨水弃流设施主要设置在屋面落水管下方、道路雨水口内或雨水管网排放口处。

初期雨水弃流装置有助于雨水的收集和利用，将减少雨水流失量，使径流雨水积蓄起来并作为一种可用水源。目前常用的初期雨水弃流装置主要有以下几种结构形式。

（1）利用弹簧弹力

刚开始降雨水量较小时，水流经过球体自下部排出。在雨量增大后，排污管上端的球体受到水流的压力增大，在水流压力的作用下将排污管关闭，桶体中液位升高，雨水通过水平的过滤网进行过滤后流向出水口，进行收集。雨停后，随着水流压力的减少，浮球在弹簧弹力的作用下自动复位。

（2）利用浮球浮力

弃流装置内设有浮球阀，降雨通过雨落管进入弃流池内，随着弃流池内水位的升高，浮球阀开始关闭；当收集到一定雨量后，浮球阀完全关闭；之后的雨水沿旁通管流至雨水收集管道。弃流池内已收集的初期雨水，在降雨结束后打开放空管上的阀门将其排入污水管道。对于道路雨水，考虑到其埋设于地下，收集的初期雨水不容易接入污水管道，且大面积的道路收集的初期雨水容易对污水管道系统形成冲击，因此可以考虑将收集的初期雨水排入适宜的渗透系统（如渗井、渗透管沟等）。这种装置构造简单实用，但需要一定的人工维护。

（3）容积式弃流

以下两种容积式弃流装置是利用水位升高自身的阻力进行初期雨水弃流和后期雨水收集。

1）对于小汇水面的径流雨水，由于初期雨水弃流量相对较小，可设置雨水弃流装置。初期雨水径流首先进入弃流池，当弃流池充满后雨水从设置的高水位出水管进入后续收集处理系统，待雨停后需人工排空弃流池。

2）利用屋面雨落管的弃流方式：初期雨水首先被滞留在雨落管下部的初期弃流空间，当弃流空间灌满后雨水从出水管排出进入收集利用系统，雨停后需排空弃流空间的雨水。容积法弃流控制具有简单易行、控制量准确稳定、效果好的特点，但汇水面积较大时需要较大的容积，导致造价提高。

如图 7-7、图 7-8 所示。

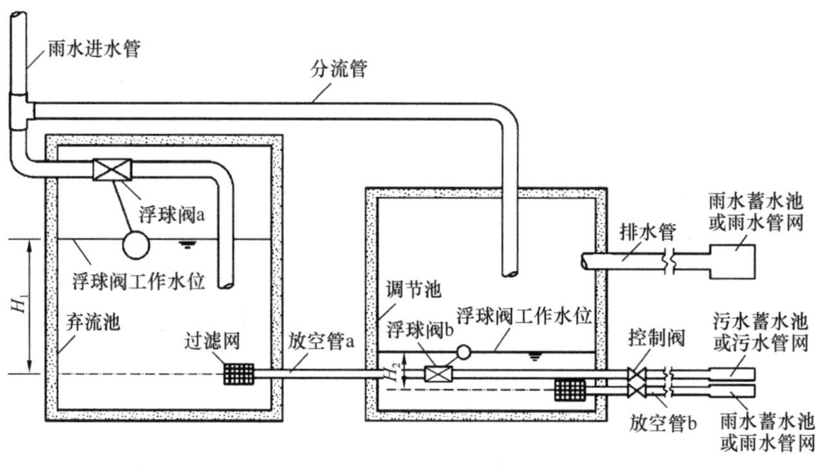

图 7-7　带有调节池的容积式弃流池结构图

图片来源．刘琦，买超，李萌．我国降雨弃流装置发展现状［J］．西部人开发（土地开发工程研究），2016（6）：18-22

（4）旋流式

雨水管道收集的雨水进入雨水分离器后，圆弧形的内壁强迫雨水开始旋转，有离心力发生，雨水贴边，透过不锈钢网贴上内壁，经离心式雨水回收器中滤网将清水与砂粒和杂物分离，流到干净雨水的出口。杂物、泥沙、树叶等随着少量雨水一起冲到排水口落下。离心式雨水回收器的整个内部空间保持畅通，不存在堵塞情况。

（5）电控式

在雨水立管的末端安装电动阀，底部设弃流池，当降雨经过一定的时间或者弃流池内的水深达到某一高度时，电动阀关闭，中后期雨水从旁通管流至雨水排出管进行收集利用，弃流池内的初期雨水在降雨结束后通过放空管排至污水、废水管道，整个设备进入下一个运行周期。

（6）跳跃井式

采用雨水跳跃井的初期雨水弃流方式，是利用物理原理和跳跃井室的合理分割来实现雨水的分离。在雨水入流管的末端设置雨水跳跃井，降雨初期，由于地面及植被的吸收作用，携带大量污物的雨水地面径流量很小，雨水入流管内的水流量也相应较小，在出口处形成跌水，跌落后的雨水进入初期雨水截流沟排至污水管；随着雨量的增大，入流管内的水量加大，流速也相应变大，此时雨水在出口处就会形成跳跃式的下落，中、后期雨水进入雨水出流管，加以排放或者回收利用。

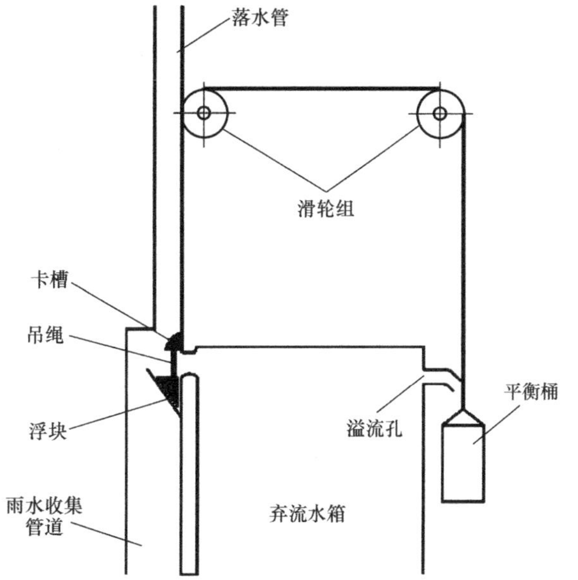

图 7-8　无调节池容积式弃流装置

图片来源：刘琦，买超，李萌．我国降雨弃流装置发展现状[J]．西部大开发（土地开发工程研究），2016(6)：18-22

（7）组合式

组合式装置原理是初期雨水由进水管流入弃流池，待进入弃流池的雨水量超过弃流池的容积，后续较为洁净的雨水将从出水管输出。初期雨水通过底部透水层下渗补充地下水。

2. 适用条件

采取何种弃流控制措施、如何确定合理的初期弃流量应该根据项目现场条件、汇水面特性、管渠系统大小、污染状况、控制目的及设计的后期工艺处理系统等综合分析而定，当初期弃流量不足时，控制径流污染的效果不明显；当弃流量过大时，则又会增加控制措施的规模、投资或者减少雨水的收集量。

在国内外已有的相关研究中，以 0.5m^{2}的自制屋面为研究对象，提出每弃流 1mm 的降雨量则污染物负荷就会减 50%，故弃流量应根据需控制的污染物负荷确定；有些地区要求初期弃流量应控制在一定范围：屋面为 1～3mm，小区路面为 4～5mm，市区路面为 6～8mm；具体数值视汇水面性质和大小、污染程度、系统设计与水量平衡（雨水利用）等因素而定[109]。具体应用时还需要注意以下问题：

（1）在雨水利用系统中弃流量的确定还需考虑后续处理利用系统和水量平衡的问题，保证可以收集到充足且水质较好的雨水量；当收集雨水量不足或汇水面雨水水质较好时可以减少弃流量，并通过后续的雨水处理措施保障雨水利用的水质要求；

（2）如果雨水的受纳水体环境容量较大、纳污自净能力强，可减少雨水弃流量，并通过沉淀、植物吸收等自然方式降解污染物；

(3) 当在学校校区或建筑群雨水收集利用系统中采用初期弃流装置时，可适当集中设置装置，避免过多装置带来成本的增加和管理上的麻烦。一般而言，应考虑分散与集中相结合的方式实施径流污染控制，可结合总体设计方案并通过技术经济分析来选择或组合高效率的径流污染控制措施；

(4) 在有条件的地区可通过实测雨水径流污染数据获取第一手的雨水资料，有针对性地确定初期弃流量和设计弃流装置。

3. 效益分析

初期雨水弃流是一种有效的径流污染控制措施，但弃流量需根据控制目的和项目的具体情况确定，有针对性地合理确定初期弃流量才能经济、高效率地控制径流污染。大汇水面管渠系统的雨水径流污染物冲刷输送规律由于众多随机、复杂因素的影响，高浓度污染物并不一定出现在径流的初期。当汇水面污染物分布基本均匀和没有沉积物被冲刷浮起时，初期冲刷现象也能得到理论和实测数据的证实，但随着管渠系统的增大，管网中有旱天存水和沉积物的情况下，污染物负荷输送呈现延后趋势。因此，仅仅依靠弃流设施对初期雨水进行处理并不能完全消除径流污染。

7.2.3 雨水调蓄池

1. 技术原理

雨水调蓄池（Stormwater Storage Tank）是典型的雨水调节和储存设施，相应构筑物则一般采用人工材料修建并且具有防渗作用。有时也可结合地形地貌特征利用天然低洼地、水塘等来构建池型的雨水调蓄设施，但此时一般不再将其称为雨水调蓄池，而是往往将其设置在排水系统末端，并且根据是否有永久性蓄水而分别称为干式滞留池、湿式滞留池等。

雨水调蓄池建设目的可以是调节和储存，即首先削减降雨径流峰值，而储存一方面可以起到调节作用，另外还便于满足后续对雨水资源的利用，尤其是在缺水地区。这类以调节峰值流量为主要目的的调蓄池，有时又被称为滞留式雨水调蓄池、雨水调节池等。雨水调蓄池还可设计用于收集污染物浓度较高的初期雨水径流，在降雨停止后，再将该部分雨水缓慢输送至污水处理厂；也可对储存雨水就地进行简单处理，例如一并考虑沉淀等污染物去除功能，之后就可以用作绿地浇洒、洗车及冲厕用水等。这类以径流污染控制为主要目的的调蓄池有时又被称为截留式雨水调蓄池。另外，在排水系统中建设雨水调蓄池，还能实现减少下游区域排水管道的管径和泵站设计流量的目的。对于已建排水系统，可在避免翻建改造下游管道和改建泵站的前提下，提高地区的排水标准，一定程度上降低管网溢流和发生内涝的风险。总体而言，雨水调蓄池的建设运行，对于削减雨天峰值流量、消除和减少排水管道的过载、降低径流污染负荷、缓解水资源短缺等都可起到重要作用。

雨水调蓄池按其工作模式是在线还是离线分为在线调蓄池和离线调蓄池两种。在线调蓄池又称管线内调蓄池。除了在现有管道中设置流量调节器使存储功能实现最优化和建设在线运行的调蓄管道外，通过新增在线调蓄池提高存储容量是又一种常用的在线调蓄技术。管线内的调蓄池可以在雨季削减洪峰，储存污水。旱季时污水流过在线调蓄池，直接排入污水处理厂；当雨天的雨量超过设计峰值时，调蓄池内的流量调节器先通过限制出流来填满调蓄池，而超过调蓄池容积的水则被运送到下游的污水处理厂进行处理。

离线调蓄池通常采用封闭或敞开的混凝土结构，一般设置在合流污水溢流排放口附近，典型的近地表调蓄池会建设在截流设施下游。之所以称为近地表调蓄池（Near-surface Storage)，是指设施的建设深度可以采用传统的地面挖掘技术来实现，这一点与隧道调蓄（本书 7.2.5 节）有较大差异，因为调蓄隧道（Deep-tunnel Storage）一般会设置在较深的地下。旱天时，污水不流经调蓄池；雨天时，雨污合流水在重力作用下或泵的抽提作用下被导入调蓄池，通过将合流雨污水存储在近地表建设的离线调蓄池中，以降低溢流次数和频率；当来水量超过调蓄池的容量时，池体的溢流结构将多余的水流导向受纳水体；当雨天结束后，管网输水能力恢复正常，储存的污水被送入污水处理厂。当无法采用在线调蓄或在线调蓄不能完全满足溢流控制要求时，离线调蓄池就成为重要的溢流控制措施。离线调蓄池可作为单池使用，也可多池联用。多池联用时，可采用顺序流模式或并流模式。初始冲刷效应明显时，多池联用对污染物控制效果更显著。多池联用还有一个好处，可以在单池进行维护的同时，仍能保证调蓄功能的实现。

2. 适用条件

根据地形和土质条件可以将雨水调蓄池修建在地上或地下，因此又可以进一步将其分为地上开敞式、地上封闭式和地下封闭式三类。三类雨水调蓄池的特点和适用条件如表 7-3 所示。其中，地下建设的雨水调蓄池尤其适合于用地紧缺的城市中心区，常被选作排水管网系统改造项目。

雨水调蓄池的类型、特点及适用条件　　表 7-3

类型	特点	常见做法	适用条件
地下封闭式	节省占地；雨水管渠易接入；但有时溢流结构的设计运行较为困难	钢筋混凝土结构、砖砌结构、玻璃钢水池等	多用于居民小区或建筑群的雨水利用
地上封闭式	雨水管渠易接入，管理方便，但需占用地表空间	玻璃钢、金属、塑料材质的水箱等	多用于单体建筑的雨水利用
地上开敞式	充分利用自然条件，可与景观相结合，生态效果好	天然低洼地	多用于开阔区域

总体来讲，雨水调蓄池具有如下优点：能够削减雨水洪峰流量，降低下游雨水干管的尺寸，减少工程造价；可与其他水质处理设施联合使用；可以采用地下构筑物的形式，此时不占用地表的空间；能减轻初期雨水污染，减少溢流频次，降低溢流污染负荷；在干旱地区，可对储存雨水加以利用。而其缺点包括：造价和维护成本较高；为保证长时间防渗抗漏，防水建材需定期维修或重新更换。

3. 效益分析

谭琼等[110]研究表明，在上海市平均年降雨条件下，分流制排水系统调蓄池每年能够拦蓄约 50%的雨水径流量。调蓄池的污染物削减效果与降雨径流初始冲刷效应及调蓄池容积大小密切相关。初始冲刷效应越强、初期雨水携带的污染物负荷比重越高、雨水调蓄池的容积越大，则调蓄池对污染物的削减效果越好。平均来看，COD 削减率为 38.2%，TN 的削减率达到 36.6%，TP 的削减率达到 31.5%，TSS 的削减率为 48.5%。

另有相关研究表明，不加净化处理的调蓄池，其 BOD_5 和 COD 平均去除率约为 5.0%～38.7%，TN 的去除率达到 20.7%～36.5%；若在调蓄的基础上增加净化处理措施，BOD_5 和 COD 去除率可大大增加，平均去除率可分别达到 50%和 60%。

雨水调蓄池的成本还是比较高的，费用大小主要取决于其规模。成本主要包括建设时的挖掘、修砌费用，运行时的设备电力消耗和维护费用等。

7.2.4 管道截污设施

1. 技术原理

在城市雨水径流污染中可采用点截污、沿河截污、总口截污等不同的雨水径流污染控制措施。点截污是指在靠近雨污水混接点的位置，采用截流措施将雨水管中的混接污水就近接入污水管道。点截污的优点是：与截流的初期雨水可就近接驳至分流制污水管，无需建设专门的截污管道，且因为靠近混接点，截流初期雨水规模相对较小。但点截污存在以下弊端：在降雨随机发生时，截流雨水对下游污水管网的冲击不可控；截流点数量多而且分散，难于管理。沿河截污是指在河流两岸或一岸设置截流管道，收集雨水管渠中的混接污水或初期雨水径流。总口截污是指排水系统的末端排放口设置截污措施，进行混接污水截流。沿河截污或总口截污的缺点在于由于位于排水系统末端，导致截流范围过大，即便选取较小的截流倍数，所需要的截流系统规模仍然巨大。而且由于降雨期间不同区域的汇流时间不同，污染较严重的雨水会与较为清洁雨水同时进入截流系统，造成顶托和溢流，及清污不分的现象，截流的污染物浓度不能控制，使得沿河截流管涵不能充分发挥效能。同时，沿河截流污水与分流制雨水混合接入水质净化厂，形成“雨污不分”，导致入厂水量显著增大，容易发生超出水质净化厂负荷的溢流现象，造成污染从上游转移至下游，而非真正得到控制。

城市雨水径流污染控制中常采用的截污技术包括：管道或箱涵截污、智能截污系统等。

（1）管道或箱涵截污

根据雨水的流行路径，通常沿着受纳水体岸边敷设截流管（渠），对河道两岸所有雨水口或合流排水口设置污物截流设施及截流井等工程措施的方式对初雨水进行截流。减少河道初期雨水的携污量，最大程度上消除河道水质污染。

典型的管道存储调蓄是指通过新建污水管道或者管渠（宜采用线型结构）来提供存储能力。建设与现有管网平行的溢流排水渠或用更大管径的新管替代旧管等做法，都可以实现管道调蓄。建设溢流排水渠或扩建管道的工作与安装新管道类似，可使用传统的开挖技术或非开挖技术，其中非开挖技术对周边环境的影响和对地表的破坏更小。管道调蓄设施既可以设计成是在线运行的，也可以采用离线形式。其实，管道调蓄和隧道调蓄的本质是类似的，不过管道的存储能力在设计时相较于隧道更为灵活，可大可小。管道调蓄与隧道调蓄相比，另一个主要区别是调蓄管道的埋深远比隧道要小，避免了水头的显著下降。

(2) 智能截污系统

为实现根据来水浓度精准截流，可在管网末端应用智能截污井，在沿河截污箱涵开孔处进行改造，对排水箱中雨水是否进入沿河截污箱涵实现智能化控制。在晴天，智能控制阀处于开启状态，将零星的旱季漏排污水完全截留至沿河箱涵，并送至污水处理厂处理。在雨天，对污染严重的雨污混流水或初期雨水，打开智能控制阀，使污水进入截污箱涵；而对水质较好的中后期雨水，则关闭智能控制阀，使清水溢流进入河道，减少箱涵水量及对后续污水处理厂的影响。在此基础上，还可以根据面源污染的特点和排放规律，结合受纳水体环境容量和污水厂纳污容量，实时调整动态智能闸门的开启度，精准计算控制截留量。

2. 适用条件

(1) 在初期雨水需要通过污水系统转输时，首先对水质和水量进行控制。防止初期弃流直接接入分流制污水管网，以保证污水系统的稳定运行。初期弃流可接入初期雨水调蓄池收集后缓慢排入污水系统，或接入雨水花园、下沉式绿地等源头控制设施就地消纳。

(2) 控制截流系统截流面积和截流倍数，保证一定的进水浓度。利用沿河截流系统截流初期雨水，根据流域的汇流条件和水质特征精确设置截流水量。可考虑应用智能化的水质控制闸门等先进截流设施，根据来水水质，精准控制截流水量，使高浓度来水优先进入截流管涵收集转输，允许低浓度雨水直接溢流入河。

(3) 分流制污水优先进厂。通过调蓄设施和阀门控制，实现雨天时水质净化厂优先处理分流制管网收集的污水，在处理能力富裕时，再处理截流系统内的径流水量。

3. 效益分析

在管网截污中普遍存在采用大截排系统做法，大截排即将沿河一段范围内的雨污水排水口不加以分类一并截流收集，再在末端设截流井或直接接入下游污水管道。该系统理论上实现了晴天所有污染源的收集和雨天溢流污染的控制，但工程实践证明存在诸多问题：雨天时，污水雨水一并收集，局部管道进来的雨水量可能是污水量的几十倍，甚至上百倍，造成污水稀释，污水处理厂进厂污染物浓度较低；当下游污水接纳管难以满足流量要求时，会造成下游污水溢流；晴天或小雨时，污水量较少，截流管普遍存在淤积现象，暴雨时使大量淤积物进入下游污水管造成淤积或通过截流井溢流进入河道，造成水体黑臭；暴雨时，雨水排放不畅，造成内涝。

因此，截污不是见口就截或见口就堵，要尽可能截污水，污水要通过污水管网或合流制管网进入污水处理厂。排污口要分类截污，属于污水直排口的直接纳管，属于雨水口排污的要从上游找出混错接点，属于合流口旱天溢流的要找到外水进入处，属于暗涵的要清理管道淤泥、管内清污分离。对沿线排水口逐一排查，按住房和城乡建设部印发的《城市黑臭水体整治——排水口、管道及检查井治理技术指南（试行）》进行分类，结合周边市政雨污水管网情况，属于污水直排排水口的，优先考虑进行改造并接入现状市政污水管道，否则考虑接入新建污水管道或截污管道；属于雨污混接的雨水排水口，优先考虑源头雨污分流，否则考虑排水口设截流井截流；合流制排水口考虑设截流井截流；分流制雨水管排水口可结合溢流污染情况，设置雨水调蓄或排水口净化设施。

7.2.5 深层隧道排水系统

1. 技术原理

随着城市的快速发展，原有排水系统所承受的压力逐渐增大，早期建设的排水系统已难以满足当前城市的需求，尤其是一些城市的中心城区和老城区，存在严重的洪涝和合流制溢流污染（CSO）问题。深层隧道排水系统可迅速、灵活、高效地缓解城市局部洪涝及合流制溢流污染问题，且用地所受限制小，不占用宝贵的土地资源，避免了城市地面或浅层地下空间各种因素的影响，也不影响市政管道的布置。典型的深层排水隧道由浅层整合连接系统及深层隧道组成，组成要素有截流管、调节堰、整合连通管、竖井、隧道及出水泵站等。初小雨通过溢流进入竖井，在不需排涝时通过隧道调蓄，降雨过后 24h 内通过初小雨泵组排入污水厂处理。深层排水隧道不仅可以提高城市防洪排涝能力，也可以消除溢流 CSO 污染，减少溢流次数，COD 削减率约 96%以上。

隧道调蓄主要是指在地下建造大型隧道对雨污合流水或雨水进行暂时储存，削减峰值流量。储存的污水在雨季过后运往污水处理厂，恢复隧道储存能力。隧道调蓄方式具有储存容积大，对地表的影响小等优点。而且隧道除了具有存储能力外，还有一个好处是可以提供额外的污水转输能力。但是隧道调蓄设施的地下施工较难，还需要加固和连续维护，一旦发生渗漏可能会影响地下水和周边水体。

深层隧道排水系统是埋深和直径均较大的隧道式排水系统，按照目的和功能可以分为以下三种类型：

（1）用于污染控制的深层隧道：通常又分为合流调蓄隧道和污水输送隧道。合流调蓄隧道多用于老城区合流制管道的改造提升，通过收集超过截留管道截留能力的溢流的混合污水和雨水，减少溢流污染，改善河湖水质；污水输送隧道仅收集分流制污水管道的污水，输送到污水处理厂进行集中处理，节省分散污水厂建设的用地空间，提高城市排水系统的管理水平和效率。

（2）用于雨洪控制的深层隧道：收集和调蓄超过现有排水系统排水能力的雨水径流，还可以截留和滞蓄上游洪水，实现引流排放，提高城市防洪能力，避免城市内涝。

（3）多功能的深层隧道：通过运行方式调整和系统优化设计，实现洪涝控制、污染控制、交通等多种功能兼顾。

目前国内外的主要深层隧道工程如表 7-4 所示。

国内外深层隧道工程 表 7-4

国家或地区	项目	主要功能	工程规模	建设情况
中国大陆	广州东濠涌试验段工程	合流污水调蓄输送和雨洪控制	长 1.77km，直径 6m，埋深 40m	建设中
	武汉大东湖核心区污水传输系统工程	污水输送	长 17.52km，直径 3～34m，埋深 25.5～35.5m	建设中

续表

国家或地区	项目	主要功能	工程规模	建设情况
中国香港地区	荃湾雨水排放隧道工程	雨洪控制	长 5.1km，直径 6.5m，最大埋深 200m，3 座竖井和 1 个自流出口	已建成
	荔枝角雨水排放隧道工程	雨洪控制	长 3.7km，直径 4.9m，埋深 40m	已建成
	净化海港计划污水隧道工程	污水输送	长 23.6km，直径 0.9～3m，平均埋深 100m	已建成
新加坡	深层隧道污水系统	污水输送	长 48km，直径 3.5～6.5m，埋深 20～55m	一期建成
日本	江户川深层排水隧道	雨洪控制	长 63km，直径 10.6m，埋深 60～100m	已建成
美国	芝加哥深层隧道和水库工程（TARP）	合流污水调蓄输送和雨洪控制	长 176km，直径 3～10.6m，埋深 45～107m，256 座竖井和 3 座泵站	已建成
	克里弗兰净湖工程	合流污水调蓄输送	共 7 条隧道，总长 33.8km，直径 5.2～7.3m，埋深 30～60m	已建成 1 条隧道
	旧金山深层隧道工程	合流污水调蓄输送和雨洪控制	长 3km，直径 9m，埋深 30m	已建成
	印第安纳波利斯隧道储存系统	合流污水调蓄输送	长 40km，直径 5.5m，埋深 75m	建设中
英国	泰晤士河潮汐隧道	合流污水调蓄输送	长 25km，直径 7.2m，埋深 65m	建设中

2. 适用条件

深层隧道排水系统技术通过在地下建造大型隧道存储、运输雨污水，主要用于合流制管网，但在分流制系统中也有一些成功应用。隧道运行时几乎不受地表影响，可提供很大的存储调蓄容量，因此适合于拥挤的高密度区域。但在建设时需要考察场地的地下条件，如土壤成分、岩石结构、地下水水位等，明确其适宜性。国内外的案例表明，选择隧道存储的主要原因往往是缺少建设地表调蓄设施的场地，或者公众对于在地表设置污水设施难以接受。

3. 效益分析

深层隧道排水系统的成本主要包括隧道建设成本和运行维护成本。由于其建设难度较大，维护困难，因而比其他在线和离线调蓄设施的建设费用都要高；但是与运行维护多套分散的小型设施的总费用相比，隧道调蓄的运行维护费用有可能降低。而且随着隧道直径和总容积的增加，隧道调蓄方式会逐渐变得更为有效。

7.2.6　旋流分离器

1. 技术原理

旋流分离器是一种利用物料之间的密度差或者粒径差进行多相分离的设备。20 世纪 50 年代起，旋流分离器开始大规模应用在世界各地的选矿厂。1980 年以后，旋流分离器逐步在化工、石油、纺织、金属加工、水处理等行业推广使用，是工业领域应用最广泛的分级设备之一。

在城市降雨径流污染控制方面，旋流分离器最初是被设计用于处理合流制管网溢流污水，后来逐渐出现在径流污染控制中，主要是去除合流污水和雨水中的固体颗粒[111]。目前国内外均已有相应的商业化产品。

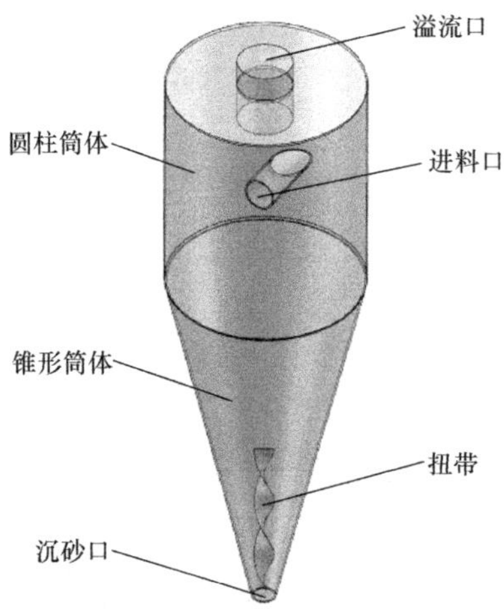

图 7-9 水力旋流分离器

图片来源：孙毅，饶永超，李立军等．内置扭带水力旋流器分离性能研究［J］．石油机械，2019，47（11）：66-73

典型的旋流分离器[112]，如图 7-9 所示，其上部是一个中空的圆柱体，下部是一个与圆柱体相连的倒锥体，二者共同组成旋流器的工作筒体。其他核心部件还包括进水管、溢流管、底流管等。旋流分离器用于污水处理时，污水以一定的速度从其上部进水管沿切线方向进入旋流器内部做高速旋转运动，产生很强的离心力场。污水和污水中所含颗粒物质因存在密度差而受力不同，密度较大或粒径较大的颗粒物在离心力所用下，在旋转运动中向下向外运动，最终形成外旋流被甩向外壁后减速并沿锥面进入底流管后排出；而污水和密度（粒径）较小的颗粒物组分在旋转运动中向上向内运动，最终以溢流的形式从位于筒体中央的溢流管排出，从而达到分离的目的[113]。

2. 适用条件

旋流分离器可以看作是既能限制流量又能分离固体物质的一体化设备，可以在发挥流量调节功能的同时实现一定的固体物质和漂浮物去除功能。旋流分离器除了适用于处理合流制管网溢流污水外，也可以被用在分流制系统中处理污染物浓度较高的初期雨水。旋流分离器分为机械和水力两种，合流制系统的溢流控制和雨水径流处理中常使用水力旋流分离器。

旋流分离器可以有效地进行固液分离，去除污水中的 SS 和 COD；同时还具有占地面积小、单位体积处理能力高、抗冲击负荷能力强、易于设计安装和调节控制、成本较低等诸多优点。它的缺点主要是磨损问题，进水口和底流管出口处采用耐磨材料可以在一定程度上解决该问题。另外，为了提高分离效率、保证进水流速，可能需要对进水予以加压，例如用泵，此时分离器的运行能耗会大大增加；而且高压运行还会进一步加重磨损。

旋流分离器适用范围很广，对于降雨径流这种流量波动性大、SS 浓度高、含有大量固态氮磷污染物的污染源有较强的针对性。但是对细小颗粒以及溶解性污染物去除效果差，而且水流速度过大时处理效果不好。根据相关研究报道，颗粒物粒径在 0.1mm 以上时，效果最好。

旋流分离器的安装使用没有特别的选址要求，可用在合流制管网溢流口末端处理合流污水，也可直接用于雨水的处理。用于合流制溢流污水处理时，既可以作为独立的处理单元，也可以作为预处理单元与其他溢流污染控制设施如调蓄池、沉淀池等联合使用。

旋流分离器的商业化程度较高，因此在实践中，往往直接选购成型的产品。既有产品的最大出厂规格成为所能服务的汇水区面积大小的限制条件。另外，商业化产品的规格尺寸是固定的，为了满足所需的处理能力，很多情况下不得不选购尺寸偏大的产品，导致成本的增加。

3. 效益分析

旋流分离器的去除率与进水固体物质的浓度、污水中固体物质的种类和沉降性能、旋流水流流态、漩涡的结构和稳定性等有关[114]。根据经验，使用旋流分离器控制溢流污染，其粒径下限为100～200μm（对应沉降速度为1mm/s），TSS去除率可超过80%；控制雨水径流污染，粒径下限为50μm，TSS去除率为60%；但当粒径小于50μm时，去除率将大大降低。

旋流分离器的费用取决于其尺寸规格、附属部件造价等因素，但其建设、运行维护成本均较低。

7.3　城市雨水径流污染末端控制措施

7.3.1　人工湿地

1. 技术原理

人工湿地是由人工建造和控制运行的与天然湿地类似的结构，主要利用土壤、人工介质、植物、微生物的物理、化学、生物三重协同作用，对污水进行处理的一种技术。人工湿地也广泛用于雨水径流污染控制，其对SS、BOD、COD、TN、TP以及重金属等污染物均具有较好的去除效果。人工湿地按照雨水流动方式，分为表面流人工湿地、水平潜流人工湿地和垂直潜流人工湿地。

三种人工湿地净化污染物的机理也略有差异。各类湿地系统的组成、隔水要求、坡降要求见表7-5。

湿地工艺系统分类　　　　**表7-5**

湿地类型	表面流人工湿地	水平潜流人工湿地	垂直潜流人工湿地	天然湿地
组成	芦苇、土壤及附着微生物，并有漂浮植物、浮游动植物	芦苇、渗滤介质及附着微生物	芦苇、土壤及附着微生物	芦苇、土壤及附着微生物，并有漂浮植物、浮游动植物
隔水层	天然隔层距地表15～20cm，依靠地下水顶托	人工塑料或水泥衬底	天然隔层距地表15～20cm	天然隔层距地表15～20cm，依靠地下水顶托
坡降	水面坡降4%～5%	床底坡降2%～4%	0	水面坡降4%～5%
布水方式	地表布水	地表布水	地表布水	地表布水
布水器	溢流堰	砾石层布水器	布水管	水管
水流途径	地表推流	水平渗滤	垂直入渗和水平入渗	地表推流
集水设施	明沟	滤层卵石或暗管	波纹PVC管，暗管或明渠	明沟

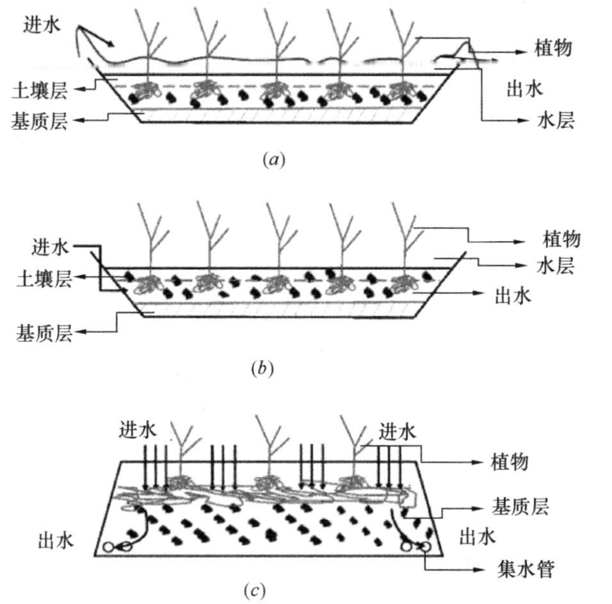

图 7-10　人工湿地工艺系统示意图

(a) 表面流人工湿地；(b) 水平潜流人工湿地；(c) 垂直潜流人工湿地

(1) 表面流人工湿地

表面流人工湿地是指水面在固体介质表面以上，雨水从池体进水端水平流向出水端的人工湿地。该系统与地表漫流土地处理系统非常相似，不同的是：在表面流湿地系统中，四周筑有一定高度的围墙，维持一定的水层厚度（一般为 10～30cm）；湿地中种植挺水型植物（如芦苇等）。湿地运行时向湿地表面布水，水流在湿地表面呈推流式前进，在流动过程中，与土壤、植物及植物根部的生物膜接触，通过物理、化学以及生物反应，雨水得到净化，并在终端流出。

(2) 水平潜流人工湿地

水平潜流人工湿地的水面在填料表面以下，雨水由进水口一端沿水平方向流动的过程中依次通过砂石、介质、植物根系，流向出水口一端，以达到净化目的。在该系统中，污染物能与填料上的生物膜、植物根系充分接触，填料能进行吸附截留作用。与表面流人工湿地相比，水平潜流人工湿地具有更高的水力负荷和有机负荷，对 BOD_5、COD、SS、重金属等污染指标的处理效果较好，但投资比表面流人工湿地系统略高。

(3) 垂直潜流人工湿地

在垂直潜流系统中，雨水由湿地表面垂直向下流过填料床或从底部垂直向上流过填料床，床体处于非浸泡状态，氧气可通过大气和植物传输进入人工湿地，从而达到净化的目的。垂直潜流人工湿地的硝化能力相比水平潜流人工湿地要高，适用于处理氨氮浓度较高的雨水处理。垂直潜流人工湿地具有完整的布水系统和集水系统，其优点是占地面积较其他形式湿地小，处理效率高，整个系统可以完全建在地下，地上可以建成绿地和配合景观规划使用。

潜流人工湿地相比表面流人工湿地具有更高的SS和COD处理效率，但其处理能力较小。所以在雨水径流污染控制中，一般采用表面流人工湿地。

2. 适用性分析

人工湿地在处理径流污染时，即使具有相同的水力停留时间、平均污染物负荷、水深、填料、坡度等设计参数，其与进水水质、水量相对恒定的常规污水处理人工湿地在污染物去除效果上仍具有明显差异[115]。其主要原因在于径流污染处理的非稳态水质、水量和水文学特征。因此，雨水径流处理人工湿地的设计和运行应充分考虑径流的实际特征。

人工湿地具有如下优点：基建投资低，且易于维护，技术含量低；处理效果稳定，除磷能力也较强，脱氮效果有限，此外还能对重金属和难降解有机物进行一定程度的净化；可直接或间接提供效益，如水产、畜产、造纸原料、建材、绿化、野生动物栖息、娱乐和教育。缺点包括：占地面积大、易受病虫害影响、达到高效稳定运行所需时间长，且生物和水力复杂性加大了对其处理机制、工艺动力学和影响因素的认识理解，目前缺乏充足的运行设计资料，因此常由于设计不当使出水达不到设计要求或容易堵塞达不到设计水量。

人工湿地处理径流时需要一定的入流和干旱期的基流来保证其正常运行，因此需要有足够的汇水区，最小汇水面积应该在4～10hm^2之间。同时，其对建设区域土壤的渗透率有一定要求，当土壤渗透率过高时，建议采用入渗池。

由于人工湿地和天然湿地在生物功能和多样性上存在差异，且人工湿地的建设目的主要是控制污染，为了达到去除效果可能需要经常进行工艺调整，所以应尽量避免将人工湿地设置于天然湿地之中，防止造成不利影响。

3. 效益分析

人工湿地用于城市雨水径流污染治理在国内具有较多的案例，且具有独特的优势：雨水径流污染中污染负荷最高的一般为SS，并且SS的含量和COD、TP等污染物的含量具有显著相关性，而人工湿地对SS具有显著的去除效果，一般可达80%以上，TN、TP的去除率分别可达40%～80%、30%～60%，可有效控制径流污染[116~118]，且环境融合度高、景观效果好，但其占地面积较大，需要考虑其用地需求，可与城市公园绿地统一建设。

人工湿地处理合流制溢流污水时，对污染物的去除效率可参照《人工湿地污水处理工程技术规范》HJ-2005的规定，详见表7-6。

人工湿地系统污染物去除效率（%） **表7-6**

湿地类型	BOD_5	COD_{Cr}	SS	NH_3-N	TP
表面流人工湿地	40～70	56～60	50～60	20～50	35～70
水平潜流人工湿地	45～885	55～75	50～80	40～70	70～80
垂直潜流人工湿地	50～90	60～80	50～80	50～75	60～80

7.3.2 生态护岸

1. 技术原理

生态护岸是满足一定的结构强度，能够长期承受水力冲刷并保护边坡不受侵蚀，防止水土流失，在安全性基础上，使用植物、石材等材料与土木工程措施相结合，构建具有渗透性能的仿自然生态水工结构[119]（图 7-11）。

图 7-11　生态护岸效果示例

图片来源：社官背生态护岸［Online Image］．［2018-10-11］．http：//www.gkdw.gov.cn/n534428/n534430/c21966911/content.html

生态护岸按照人为干扰程度可分为自然生态型护岸和人工生态护岸。人工生态护岸是利用工程措施，采用植物与天然或人工材料结合，形成一个有别于河段所在区域河床和岸带基质类型，拥有较强的抗冲刷能力和类似自然护岸生态功能的人工护岸。坡面既有抗冲刷能力，又为植物生长提供基质[120]。人工生态护岸多用于对护岸抗冲击能力要求较高，或坡岸陡峭、不适合修建自然生态护岸的情况。目前城市河道多以人工生态护岸为主，本节所讨论的也主要指人工生态护岸。

生态护岸可以通过介质材料、植物、动物和微生物的共同作用，降解转化水中的污染物，改善雨水径流与河水的水质，所以可作为雨水径流污染的末端控制措施。

按照护岸结构类型，可分为石笼护岸等多种形式，常用的河道生态护岸类型有钢丝石笼、预制混凝土块、生态混凝土、土工格室及抗冲植生毯[121]。

2. 适用性分析

在污染物去除效率影响因素中，其中护岸结构对于水体电导率、磷含量、溶解氧的影响较大。护岸坡度和宽度是影响生态护岸去除径流中污染物的重要因素。护岸缓冲带的作用时间越长，污染物截留和降解效率也增强，使得河道水体磷含量、电导率降低，水溶解氧升高[122]。所以对于主要以去除径流污染为目的的生态护岸而言，护岸除了要有稳定的生态群落外，还应保证：护岸有足够的宽度，护岸坡度不宜高于 5%，水流速度平缓，最好低于 0.45m/s，不超过 1.5m/s，径流与护岸的接触时间不低于 5min。

生态护岸对末端径流污染控制具有较好的效果，一方面可以对漫流进入河道的面源污染物进行削减，同时通过直接与河道水体接触净化河道水质。所以对于改造或新建的护岸宜优先采用生态护岸。

3. 效益分析

生态护岸对河道水质有一定的改善作用，但对污染物的去除规律整体研究较少，且护岸类型、护岸结构均对去除效果有明显影响，难以给出具有参考性的去除率范围。有研究表明，生态河岸对COD、TN、TP的去除效率均优于硬质河岸，与污染物反应的一级速率常数约为硬质河岸的三倍[123]。

除了能净化径流污染外，生态护岸还具有排洪、景观和生态的功能。可增加岸坡稳定性，提高河道泄洪能力，搭配植物的立体绿化，营造良好的景观效果，同时为各类生物提供生存条件和繁衍场所，增加生物多样性，提高水体自净能力，修复河道生态系统。

7.3.3　污水处理厂雨季强化措施

1. 技术原理

为减少径流污染进入水体，目前部分污水处理厂在设计和运行时会承担一部分截流初期雨水或雨污混流水的处理。污水处理厂在设计时为该部分水量预留一定规模，和正常运行系统相结合，灵活调整运行工况，充分发挥整个污水厂处理厂的处理能力。

针对初期雨水和雨污混流水的处理，目前有两种运行情况：第一种，进入污水厂一级处理后排放；第二种，污水厂采用晴雨天两种运行模式。

（1）一级强化处理

采用一级强化预处理工艺，即初期雨水或雨污混流水经过粗格栅提升泵房后进入细格栅及旋流沉砂池，并经过高效沉淀池进一步处理，达到相应的水质处理目标后排放。

高效沉淀池是采用泥渣循环方式及斜管沉淀的一种高效沉淀池。在处理水量一定的条件下，沉淀系统的容积就可大大减少，其体积要远小于二沉池，而且处理效果更佳。高效沉淀池表面负荷高，占地面积小，排泥浓度高，出水悬浮物含量低，最主要的是对原水的水质波动不敏感，抗冲击能力强，可适用于污水处理厂处理初期雨水和雨水占比较大的雨污混流水。

（2）晴雨天两种运行模式

采用晴天、雨天两种运行模式。在晴天时，污水处理厂进行深度处理（沉淀处理和生物处理）。在雨天时，当流量在一定范围内，仍采用沉淀处理和生物处理方法，但生物处理的停留时间有所降低，以便处理更多的污水和雨水。随着水量的增加，当流量超过常规处理能力，多余的流量进入生物反应池的末端，以避免对生物系统造成过大的冲击，同时可在一定程度上保证污水处理厂的出水水质，该处理工艺简称3W法（Wet Weather Wastewater）（图7-12）。3W法可以去除更多污染物，因此目前国外大多推荐该处理方式，在德国、日本、法国等均有采用了3W方法的污水厂，或正计划对原有污水厂进行改造。

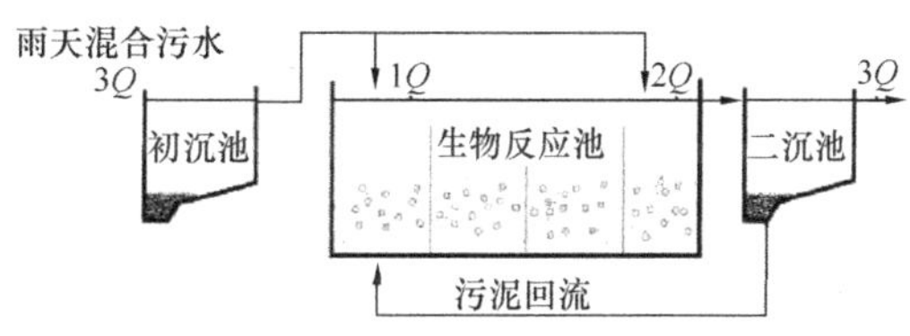

图7-12　3W法工艺流程示意图

还有一种污水处理厂与调蓄池联合运行的模式，雨天时初期雨水先由调蓄池进行收集调峰，经调峰后，再输送至污水处理厂处理。污水处理厂按设计流量的1.3～1.5倍运行，运行至调蓄池排空为止，时间一般控制在1～2d。

2. 适用性分析

污水处理厂单独采用雨水一级强化处理，其中的高效沉淀池占地面积小，抗冲击能力强，但是设备的运营和维护工作较为复杂。由于初期雨水已与污水混合，溢流的雨水中污染物的量还是比较多的，对处理后水质有一定的影响。晴雨天两种运行模式，可在一定程度上保证污水处理厂的出水水质，但同时造成雨季、旱季运行管理复杂等一系列问题。此外，目前由于国内尚未划分旱天标准和雨天标准，也制约了污水处理厂晴雨天两种运行模式的实现。

3. 效益分析

采用一级强化处理时，高效沉淀池＋深层床纤维束滤池结合的初雨处理站净化初期雨水，对主要污染物 COD_{Cr}、BOD_5、NH_3-N、TP 的平均去除率分别为 44.4%、75%、21%、88.9%，且处理效能稳定[124]。但是高效沉淀池的机械设备多，能耗大，运行管理较为复杂，同时深层床纤维束滤池滤料填装较复杂、易板结，故后期需要加强设备的运营和维护工作。

通过软件对 3W 法运行效果进行模拟分析，当雨水直接和污水混合进入污水处理厂，流量为设计平均流量的 3 倍，历时在 0.5～2h，温度在 20℃以上时，COD、BOD_5、SS 的去除率均仍保持在 80%以上，与正常运行效率相差不超过 9%；TN、TP 的去除率仍在 50%以上，但水温较低时下降明显；当与调蓄池联合运行，进水流量为 1.5Q 时，COD、BOD_5、SS 的去除率影响很小，去除率在 85%以上，TN 的去除率保持在 80%以上，TN 的去除率受温度影响较大，20℃以上时在 55%以上[125]。

第8章 管 理 措 施

本章内容主要介绍如何通过加强管理来减少降雨前污染物的产生和累积，包括大气治理、环卫管理、管网维护和排水管理四个方面。减少大气、路面、管网中的污染物的累积，可以显著减少随降雨冲刷进入径流的污染总负荷，减轻后续的工程技术措施负荷压力，提高雨水径流污染控制效果。同时，为保障雨水径流污染控制相关措施得到有效实施，本章从组织、政策、制度、资金、公众参与等五个方面提出了相关建议。

8.1 大气治理

大气沉降分为大气湿沉降和大气干沉降。城市雨水径流中的环境污染主要是指大气的湿沉降。大气中存在着粉尘、灰尘等一些污染物，这些污染物会在降雨的时候同雨水一起降落下来，从而造成城市环境污染，这就是面源污染或非点污染源。它的分布范围广，且地点不固定。建筑工地里的扬尘、车辆尾气排放的石油类物质以及众多工业污染中排放的SS等物质进入大气中，形成大气沉降，都可造成城市雨水径流环境污染。

相关研究表明[126]，大气干湿沉降、机动车尾气是屋面径流污染的主要污染源，同时也会对路面径流污染造成较大影响。所以控制好大气污染，是减少径流污染的有效途径之一。根据大气污染来源，大气治理主要包括以下管理措施。

1. 工业企业监管

对于工业企业，特别是“高耗能、高污染、高排放量”企业，虽然对其生产过程中“三废”的排放有明确规定，但由于缺乏严格的管理，跑、冒、滴、漏及超标排放现象时有发生，甚至存在偷排、直排的现象，对大气环境造成了严重影响。对这类企业，要采取完善的治污设施，严格执行环保要求，坚决杜绝环境违法行为。环境保护主管部门应严格制定污染物排放标准及相应的环境治理要求，严格要求企业尽可能采取清洁能源，或污染相对较小的工业原料、燃料，并在建设及生产工程中严格落实“三同时”制度，即治污设施与主体工程同时设计、同时建设、同时投入生产和使用。同时，督促工业生产企业加强日常管理，建立环保台账，保证企业大气污染物能够稳定达标排放。为防治工业废气污染，应淘汰严重污染环境的落后技术和设备，同时更新技术和设备，采用高技术起点的清洁技术，改革生产工艺，最大限度地减少能源和资源的浪费。

2. 机动车尾气控制

汽车、火车、飞机及其他运输工具在行驶过程中排放大量废气，废气中含有大量的一氧化碳和可吸入颗粒物，给空气环境带来了极大的压力，同时也给人们的健康带来危害。要控制机动车的污染，有必要借鉴国外的污染防治经验，加强新车和在用车的环保监管，将尾气排放能否达标作为汽车能否出厂的一项硬性指标，推进机动车环保检验合格证的核发和管理工作；加强油气管理和新型燃料的使用，采用天然气、液化石油气、液态氢等替代燃料，改善能源结构以及减少气态和颗粒态污染物的排放；并在法律法规、环保科技等多方面不断完善和进步，加强城市规划和交通管理，倡导绿色出行。

3. 加强城市绿化

植树造林是防治大气污染最有效的途径之一。植物能吸收大量有害气体，从而净化空气。提高植被覆盖率，可以有效地防治沙尘暴，减少气流携带的大颗粒灰尘和吸附的飘尘，从而达到净化空气的功能。

8.2 环卫管理

路面雨水径流污染来源除了大气沉降和汽车尾气排放外，还包括机动车轮胎及路面磨损、生活垃圾及工业固体废物等。在路面径流污染中，污染物种类多、成分较为复杂，降雨初期冲刷效应明显。一般情况下，污染物浓度会在降雨开始的 15～30min 内明显提高，之后会渐渐减少。

加强环境卫生管理，有利于减少地面垃圾和沉积物，从而降低雨水径流污染。针对生活垃圾及工业固体废物，需加强重点污染区域的管理；针对路面累积物的污染，需对路面进行定期清扫。

1. 重点区域管理

环卫管理的重点区域主要包括工地、旧村、垃圾转运站、屠宰场、菜市场等，这些区域散排乱排现象最为明显，不仅导致周边区域的路面污染物增加，还可引发管道污染物的沉积和堵塞。因此，需对其进行定期和不定期监督检查，同时鼓励群众参与，采用举报、奖惩等措施，建立长效监管机制。

2. 路面清扫

污染物初期冲刷效应的形成是路面污染物累积的结果，累积的污染物大部分被初期雨水冲走导致雨水径流初期污染物的浓度显著高于后期。当道路的污染物如灰尘、磨损轮胎颗粒等，累积到一定程度时，及时清扫，可有效降低初期冲刷效应。美国环保局（EPA）早期研究表明，街道清扫可去除 40%～50%的地面沉积物。清扫污染物的量，即可视为减少排入水体的污染物的量。路面清扫能减小地面沉积物在雨季时随地面径流输移入附近雨水口的沉积物，避免沉积物沉积在雨水口或进入相连的雨水管。

除了人工清扫外，路面清扫可采用多种清扫方式，如普通刷扫车清扫、高压水枪清扫等。其中人工清扫整体去除效果差，普通刷扫车能较好地去除大颗粒物质，对小颗粒去除效果一般，高压水枪清洗适用于顽固小颗粒物质的去除，效果差异如图 8-1 所示。但采用水枪清洗方式时，冲洗后的浑水应采取有效措施进行控制，防止直接通过雨水口进入雨水管道。综合应用多种清扫方式，有利于提高清扫效率和提升清扫效果。

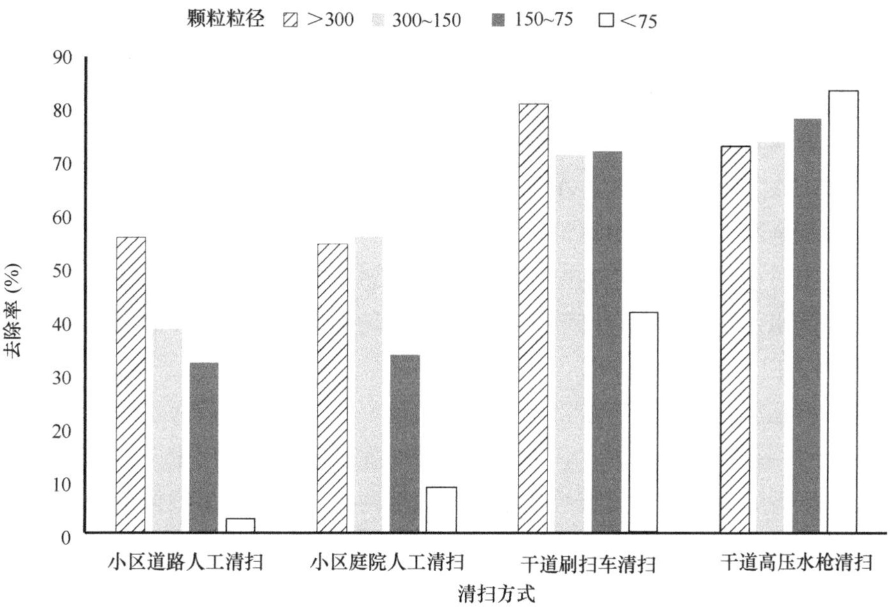

图 8-1　不同清扫方式对不同粒径污染物的清扫效率

图片来源：段丙政．重庆老城区面源污染及街尘清扫措施研究［D］．武汉：华中农业大学，2014

8.3　管网维护

雨水管道中易积存污染物，其来源主要包括汇水面的地表颗粒物质以及由于混接或者散排乱排污水而进入雨水管道的污染物。合流制污水管道中悬浮颗粒的沉积也会导致管道污染物的增加。雨水管中污染物大多是无机颗粒，主要来自地表和大气沉降；合流制污水管道中沉积物成分以有机颗粒为主，其主要来源为生活污水，生活污水成分因地区不同存在一定差异，从而导致管道沉积物的影响也各不相同。

管网中的沉积物作为污染物的载体，这些污染物质只是在管道中暂时储存，在暴雨条件下将会释放，产生初期冲刷效应。从而引起污染。同时，沉积物底层生物化学条件的变化还可能形成腐败状态，产生对排水管道结构有腐蚀性的气体。大型沉积物，包括塑料袋和树枝等，易引起管道堵塞，对管道排水能力造成严重影响，导致内涝或合流制系统过早溢流，对河道水体造成污染。

张伟对某南方城市老城区存量管网的研究发现[127]：区域内一半的排水管道都存在不同程度的沉积现象，沉积物主要由粒径小于 250μm 的细砂颗粒组成；管道沉积量与管径成正相关；钢筋混凝土管道比 PVC 管道沉积现象严重；不同汇水区域中，老式小区、商业区管道沉积现象最严重；分流制雨水管道由于难以彻底分流易导致旱季污染物积存，而比合流制系统沉积甚至更为严重；不同城市功能区、不同时期沉积物颗粒的粒径分布不均匀，粒径在 250μm 以下及 450～900μm 范围内的沉积物颗粒富集了沉积物中的 60%～80%的污染物；沉积物中细砂颗粒含量高的区域，雨季时 50%以上的污染物将被释放。

该文章还对管道沉积影响因素进行了研究，研究结果表明：管道沉积的影响因素包括主要管道坡度、降雨强度、汇水区域污染物性质、管道材质及截面形状等。其中，管道坡度对管道沉积的影响最大。考虑到坡度直接影响到流速，流速低于不淤流速则极易导致污染物沉积，一般规定污水管道设计充满度下最小设计流速不低于 0.6m/s，雨水管道和合流管道满流时不低于 0.75m/s。因此，在管道设计时坡度要满足管道流速的要求，防止低于不淤流速，更要杜绝平坡，甚至倒坡情况的出现。

为缓解管道污染物沉积带来的初期冲刷效应，除了在源头上定期清理地面垃圾外，还需进一步加强排水系统维护，以降低径流污染和提高排水能力。主要措施包括：

1. 加强雨水口管理

雨水口管理措施包括：严格控制洗车废水、菜市场清洗废水等污水通过雨水口排入雨水系统；推广采用环保型道路雨水口，定期维护清理垃圾等。环保型雨水口通过设置截污挂篮、入渗模块等方式，其相比传统雨水口有较好的截污效果，但截留的垃圾如果清理不及时，反而可能成为堵塞物，严重影响雨季过流能力（图 8-2）。因此，环保型雨水口的推广使用需要有强化的管理及人员配置做支撑。

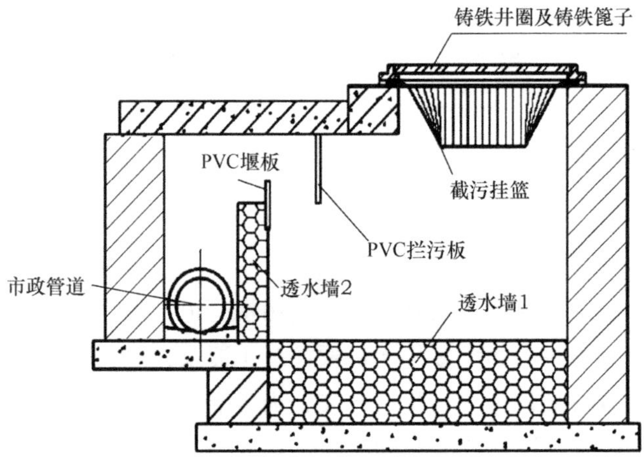

图 8-2 环保型雨水口示意图

图片来源：孟莹莹．环保型道路雨水口应用效果初探［A］．北京水问题研究与实践（2011 年）［C］．中国水利水电出版社，2012：10

2. 定期管道清淤

目前，管道清淤的常用方式包括绞车清淤法、高压水射流清淤法、水冲刷清淤法等。各种方式的优缺点如表 8-1 所示

常用清淤方式及其特点 **表 8-1**

清淤方式	原理	优点	缺点
绞车清淤法	把需穿过管段的 TT 片两端系上钢丝绳，同时将钢丝绳系在绞车上，通过拉锯似的来回绞动清淤	适用于各种管径的排水管道，清淤效果好。尤其适用于淤积严重、沉积物密实、不适合水力冲刷的管段	需要人工下井，易引发事故

表续

清淤方式	原理	优点	缺点
高压水射流清淤法	水经高压水泵加压后进入射水喷嘴，喷头和胶管在反作用力下，清洗管壁的同时逆向移动，高压水流不断将管道沉积物冲刷至下游检查井	适用于各种管径的排水管道，清淤效果好	需消耗较多干净水，成本较高，且吸泥车体积大，易影响交通
水冲刷清淤法	将挡水装置放于排水管道中，积蓄污水到一定水位后便放水，通过瞬时冲刷水流来清除管道沉积物	成本低，操作简单	冲刷能力较弱，不适用于垃圾较多、沉积物密实板结的管段

同时，国内外对于清淤机器人的研究和应用也在不断进行。清淤机器人是专为管道清淤作业而设计的一种新型机械设备，除机械部分以外，还设有监控通信设备和清淤装置。依靠这些先进技术，可以实现地面操作机器人在管道中行走并有针对性地完成清淤工作，解决传统清淤工作的诸多难题，为更有效地完成排水管道的清淤疏通工作提供了新的解决方案。清淤机器人的发展有赖于机械以及通信技术的进步，可以进行精确控制，大大提高清淤作业自动化水平，具有广阔的应用前景。

根据在管道内的行走方式不同，清淤机器人分为蠕动式、履带式、脚式和轮式（图 8-3）等，清淤机器人通过以上四种方式实现在管道中行走，其目的是为了清理不同管段的淤泥。为了达到这一目的，机器人往往还需具备如清淤斗、清淤螺旋等除泥设备。这些设备通过自动控制进行作业，理论上能够实现疏浚管道的目的。除此之外，清淤机器人有效地作业还应满足以下几个要求：

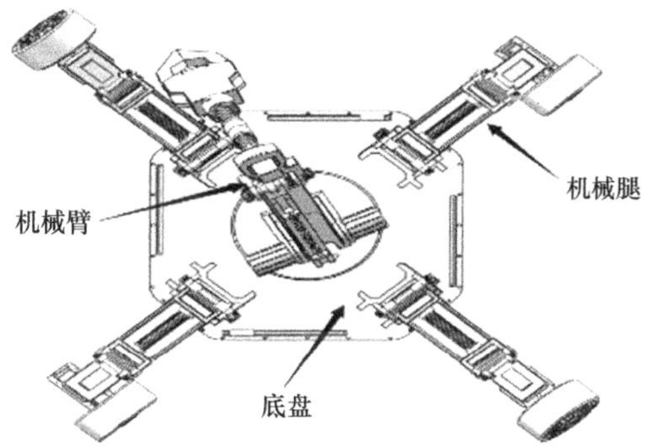

图 8-3　轮式管道机清淤器人主体结构

图片来源：安海涛，唐杰，雷虎城．轮式管道清淤机器人设计 [J]．科技风，2019（23）：9

（1）在管道的污水和污泥环境中保持密闭，因此机器人本体一般会采用一体化箱体结构设计；

（2）需要电源，除了为机器人行走提供动力外，还向监控系统提供电源以及为清淤设备运行提供动力，往往采用内置蓄电池供电；

（3）需要通信系统以便很好地对清淤机器人进行控制。为了减少电缆与管壁之间的摩擦，可采用无线通信系统，机器人的作业行程及运动灵活性均得到提高。

雨水管道清淤时需要注意的是对淤泥清洗产生的浑水采取有效措施进行控制，防止直接通过管道向水体排放，否则还是会造成水体污染，难以实现减少入河污染物的目的。

3. 强化管道防淤施工设计和管网沉积模拟

上述清淤方式都是在发现管道明显沉积后再进行清淤，具有较大的滞后性。在新建管网时，合理的管网设计能保证管道坡度和一定的流速，使污水中固体颗粒物不容易沉积。在基础数据翔实和边界条件确定的情况下，可基于管道沉积物传输原理，运用软件和模型，利用如图 8-4 所示方式进行排水管道设计，更合理地选择管径和坡度，改善管道污染物沉积现象。

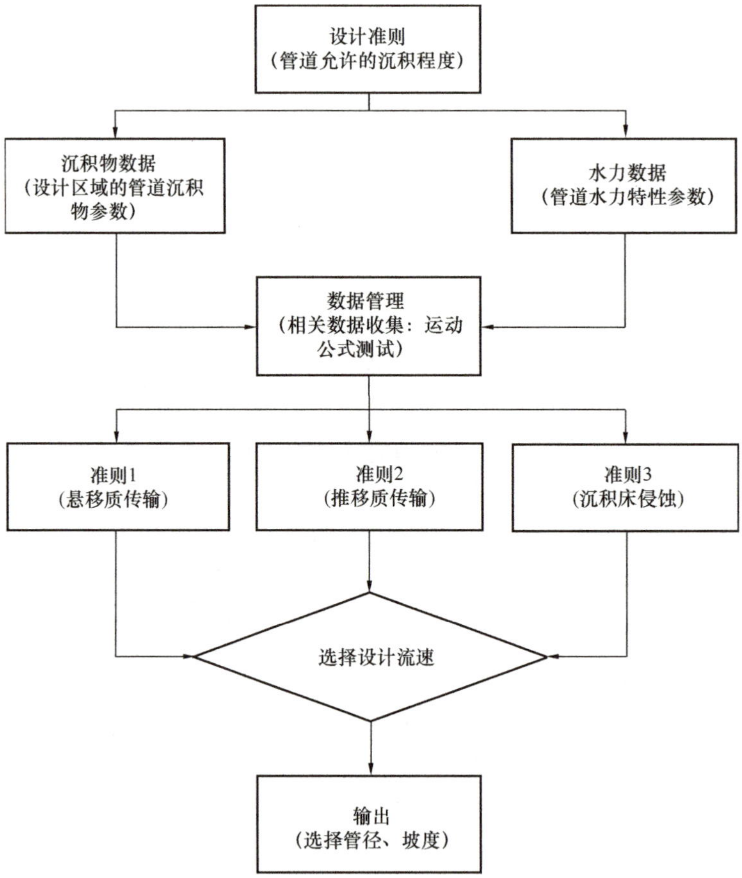

图 8-4　排水管道设计流程

为进一步加强对污染物在管道中沉积规律的研究，可利用模型模拟排水管网运行情况，通过对流速及汇水范围内污染物特征等的分析，预测沉积风险较大区域和对应管段，做到有针对性地、预防性地清淤维护和管网改造。

8.4　排水管理

当城市排水系统完全分流制还未形成的情况下，雨水径流污染和整个排水系统的运行存在很大关系。污水混入雨水，或者雨水混入污水导致污水厂能力不足形成溢流，都增加了径流污染负荷。所以加强源头雨污分流建设、开展“正本清源”工程，杜绝排水管网错接、混接现象，有序推进分流制建设是非常必要的。同时，分流制系统的运行效率与整个排水系统的管理水平息息相关。

目前，我国排水行业的多元化投资主体基本上形成了一个完善而稳定的体制和局面，从管理角度来看，排水行业采取的是中央和地方两级政府进行监管的方式，而多数排水管理中存在的问题根源在于传统管理体制的弊端。目前排水管理存在的主要问题包括：

1. 多头管理，协调机制差

水务部门与城建、环保及交通等系统的分工协作未完全理顺，在排水设施规划、建设、管理及改造、污水处理等方面仍有脱节，排水管理及执法分属于水务部门和城管部门，对违法排水行为查处程序长、时效性差等，没有形成统一有效的管理机制。

2. 缺乏应有的竞争机制

对于我国绝大多数的城市来讲，排水行业依然是以行政垄断为主的管理模式，在为公众提供服务时，政府首先想到的还是财政拨款，而不是在市场机制中寻求外部的投资和融资。虽然相对市场机制的运作，政府行政管理更容易调动社会资源，规避风险，实现目标，但是同时也易导致缺少竞争、运行效率低下、滋生腐败等问题。

3. 排水管理能力不足

实际工作中，排水管理能力已难以满足现有排水管理的需求。一是专业人员缺乏，不能及时发现、分析、处置问题，对排水系统研究不够，对现代信息技术了解不多，满足不了管理工作需求。二是信息化手段使用较少，没有很好地结合应用地理信息、排水模型、大数据分析等技术，使得现状资料难以得到充分发挥作用，快捷地为现场操作人员使用，导致在综合整治、管网改造、应急处理等情况中往往是被动应付、捉襟见肘、效率低下。

综合考虑以上因素，建议在以下方面进行排水管理方面的提升：

1. 理顺职责，完善管理机制

面对城市水务改革的深化，应通过完善政策法规体系，重新界定规划、建设、管理及改造、污水处理等部门职责，减少水务行业管理部门的数量和职能交叉；针对当前水务部门与环保部门之间面临水质管理权限分歧，需理顺水务、环保部门对城市水务行业的监管职责，明确各部门监管内容和责任，完善政府内部的协调机制，改善部门间协调关系；通过规范行政行为，强化依法行政，加强政府监管机构的规范运作和透明行政，促使政府监管部门独立、公正、客观高效地行使监督管理权力[8]。

2. 加强市场运作，多元化融资渠道

如何提高城市的排水管理效率，实现快速化的应急措施，保障城市不再陷入内涝之灾害，是每个地方政府关注的重点问题。完善市场运作机制，打破政府行政职能的垄断，采用承包和服务外包、政府与社会资本合作等方式，让市场主体积极介入排水管理行业，是有效提高排水管理效率的方法之一。

推行排水管理的市场化，主要是为了理顺排水管理体制，强化监管职能，实现管养分离，提高排水设施管理的建设和运营水平，并通过市场竞争降低运营成本，由运营企业提供集投资、咨询、工程施工于一体的综合排水服务，政府则负责做好监督监管、规划指导、技术标准的制定以及竣工验收严格把关等工作。

与此同时，推行排水管理的市场化，亦能丰富融资的途径，吸引社会资本参与城镇排水与污水处理设施的投资、建设及运营，理顺排水设施的资金渠道，可进一步为政府财政减轻压力。

3. 建立行业管控机制

建立和完善与排水统筹市场化相适应的上下对应、配套完善的排水管理机构，主要包括：由政府授权事业单位统筹城乡排水“厂站网”一体化管理，负责排水设施的规划落实、建设监管、移交接收、运行维护计划制定与监督考核及技术指导，制定统一的规划、政策、法规、标准等；通过排水许可证、排污许可证、污水处理费、市场准入和退出机制，依靠立法规定政府和运营企业权利和义务等措施，加强政府对城乡排水行业的技术监管、经济监管、服务监管和环境监管，建立“一龙管水，多龙治水”的城市排水发展方式。

建立和完善配套政策和制度，主要包括：制定特许经营标准，建立项目建设管控、行政执法、监督考核机制，强化业务主管部门的协调、统领作用；加强排水运营过程监管、结果控制，对运营过程中不合规的企业进行严厉处置，对涉及公共安全的突发事件和企业的违规行为，政府可以采取终止合同和临时接管等方式加强保障。

4. 探索新型管理模式

目前，随着各地河道水环境综合整治工作的开展，各种老旧小区的“正本清源”工作也在相应开展。老旧小区、城中村的雨污混流、地表径流污染是分流制改造、河道治理面临的最困难问题之一。但在雨污分流、“正本清源”工程实施后，往往过一段时间又会出现雨水管道偷排污水的现象，“返潮”情况严重。据统计，深圳市某区城中村的“正本清源”工程“返潮”率高达20%。这主要在于城中村的排水管理主体众多，技术手段参差不齐，政府监管难度较大。目前，深圳市正在推行“排水管理进小区”模式，即排水运营单位将管理职能从小区的出流管延伸到接户管，充分动用排水运营单位强大的人员队伍和技术力量，实现排水全流程的管理，这种“排水管理进小区”模式的开展将有望大幅降低雨污分流的“返潮”率，加快分流制建设进程。

8.5 保障措施

8.5.1 组织保障

组织保障措施主要包括：设立专门的领导组织，负责统一协调和管理雨水径流污染控制的各项事宜和具体工程的实施监督；明确工作机制，制定任务分解表、建立信息报送制度、落实工作目标责任制；建立完善规划推进机制、重大问题协商机制、督促检查机制等；各相关部门要履行好生态环境保护职责，按“一岗双责”的要求抓好工作，做到守土有责、守土尽责；加快构建市级环保督察体系，按照“表格化、项目化、数字化、责任化”原则，建立任务台账，开展“红黄绿、盯观跟”进度跟进，实施任务清单销号制，扎实推动各项任务完成。加强队伍建设，保障一线执法需求。

8.5.2　政策保障

1. 完善相关法律法规

我国现行的关于雨水污染治理的政策和立法远远落后于现实的需求和技术领域的研究进展，有待进一步完善。通过相关法律法规的制定和实施，建立税收、财政等经济手段的调节机制，推行低碳环保的下垫面材料和清洁生产技术，践行低影响开发理念并推进设施建设等，以达到初期雨水污染治理的目的。

2. 制定面向不同土地利用类型的面源污染防治标准

不同土地利用类型的面源污染物种类和来源都不同，也带来不同的环境风险。我国可借鉴国外雨水管理先进经验，对不同用地类型排入地表水和地下水分别提出污染防治标准，对于低风险区（如文教和居民用地），通过源头低影响开发设施即可进行处理。对于有些土地利用（比如交通和工业用地），其径流排放被认为具有高风险，这些地区的外排径流就需要满足当地风险评价的特殊要求。根据土地利用类型采取不同的防治标准可以使治理措施更加具有针对性和有效性。

8.5.3　制度保障

制度保障措施主要包括：落实生态环境保护“党政同责、一岗双责”制，完善和推行环境污染责任保险、环境信用评价、绿色信贷等生态环境保护经济政策；推行生态环境损害赔偿等制度；组织开展智慧城管建设行动，打造一流智慧城市，推进公共平台、智慧城管指挥中心建设，建立集感知、分析、服务、指挥、监察“五位一体”的城管指挥运行体系，对城市管理态势进行实时分析和预警，及时发现问题、及时解决问题。

8.5.4　资金保障

1. 加大财政投入

各级财政要加强雨水径流污染控制工程的资金保障，设立专项财政预算，通过现有渠道统筹安排资金进行支持，并积极引导扶持初期雨水处理处置工程的建设和发展。充分利用国家经济刺激政策，抓住拉动内需、生态补偿、节能减排等有利时机，争取国家和省专项资金，市级财政给予足额资金配套。同时，政府应加强建设资金的投入与统筹，并加强对建设资金使用的监督管理，确保资金发挥效益。

2. 激励社会资本

完善环境保护投融资机制，综合运用土地、规划、金融多种政策，激励社会资本的主动投入。主动推广政府和社会资本合作（PPP）、特许经营等模式，吸引社会资本广泛参与初期雨水处理处置工程建设。出台相关政策，对建设项目进行绩效考核，并根据考核结果，分级予以资金补贴、容积率奖励、绿色建筑评级加分和资助等，从而形成引导社会资本持续投入的机制。

8.5.5 公众参与

1. 加强环保宣传教育

开展知识宣传普及，提高居民对初期雨水污染和日常不正确排放行为的认识。开展不同类型的公众参与推广行动，不断适应城市管理治理现代化要求，围绕“美丽深圳”这一品牌，拓展志愿者、社会组织、企业家、市民公众等社会主体参与城市管理的广度和深度。鼓励公众积极参与、支持和配合环境卫生的管理、初期雨水的治理等工作。

2. 强化推行公众监督

通过互联网、广播电视等媒介及时公开水体环境监测数据，公布水污染水环境执法信息，推进信息公开，完善和便捷水污染投诉和举报途径。充分发挥环保举报热线和网络平台作用，相关责任部门限期办理群众举报投诉的环境问题，一经查实，给予举报人奖励。自觉接受人大代表、政协委员和市民群众的监督，加大环境水务违法案件的曝光力度。

3. 鼓励公众参与决策

构建水环境信息沟通和协商平台，充分听取公众对重大决策和建设项目的意见，告知公众相关治理项目的名称、采取的措施、治理进展和责任部门等，主动引导公众参与和接受公众监督。

4. 引导公众绿色生活

推进绿色学校、绿色社区、环境教育基地和自然学校命名活动。开展绿色家庭评优活动，作为优秀范例在绿色社区推广。倡导绿色出行，鼓励市民到自然学校等地体验环境课程。所有符合条件的垃圾处理设施和城市污水垃圾处理设施向公众开放。

第3篇

实 践 篇

随着城市污水系统的不断完善，生活污水及工业废水得到了有效收集和处理，影响城市水环境的点源污染得到了有效控制，雨水径流污染逐渐成为城市水污染重要来源，旱季水质达标但雨季水质超标成为部分城市水污染治理面临的突出问题之一。近年来，国内外已有大量关于雨水径流污染的分析研究，也有不少地区确定了初期雨水标准、开展了初期雨水收集处理工作，但由于雨水径流面源污染的复杂性和随机性，粗放的初雨标准和调蓄方式难以取得良好效果。

本篇基于编写组在深圳市开展的污水系统规划和治水提质咨询工作经验，介绍了深圳市初期雨水收集与处置系统研究、深圳河流域水质稳定达标方案评估、大沙河沿河智能截污系统研究实践三个实践案例，探索提出因地制宜的初期雨水收集标准、近远结合的初期雨水处置策略、全要素统筹的流域水质达标方案以及面向水质全天候达标的径流污染收集调度方法，为深圳市乃至全国类似城市雨水径流污染治理和水环境持续提升提供借鉴。

第 9 章　初期雨水收集与处置系统专项研究实践

9.1　项目概况

随着深圳市治水工作的不断深入推进，晴天的河道水质已经得到了较好的保障，然而在雨天，由于雨水径流污染的影响，导致河道水质出现反复恶化，严重影响了水环境治理成效。因此，雨季河流水质管理已成为深圳市治水工作的瓶颈。在城市雨水径流污染的过程中，初期雨水的污染程度往往尤其严重，部分污染物指标甚至会超过市政污水。研究表明，占深圳市全年总雨量 43.7%的初期雨水，携带了 COD 污染总量的 74.9%。因此，初期雨水的收集和处置是雨季水环境污染治理的关键。

与传统市政污水的收集与处理不同，我国城市的初期雨水污染治理仍处于探索起步阶段。目前国家尚未出台初期雨水控制技术规范或指南，深圳市也缺少开展相关工作的统一思路。因此，有必要开展初期雨水收集和处理系统的专项研究。本项目的主要目的是评估深圳市污染现状，研究初期雨水控制目标与标准，以及制定初期雨水污染治理策略与系统思路。通过本项目的开展，评估适用于深圳的初期雨水治理措施，明确各阶段初期雨水的工作重点，制定初期雨水收集和处置方案的分区指引，为相关规划和设计提供控制标准和工作思路。项目研究范围为深圳市城市建成区，面积约 955km²。工作技术路线如图 9-1 所示。

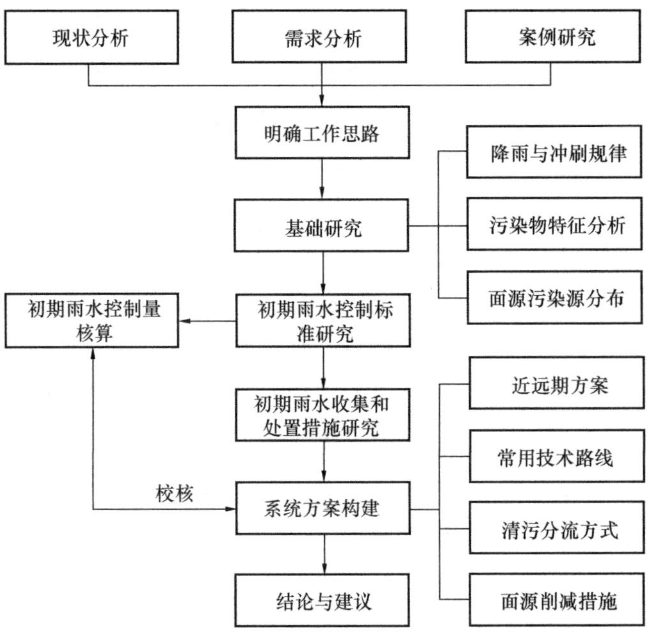

图 9-1　工作技术路线图

9.2 项目内容

9.2.1 识别污染特征

明确面源污染物的负荷和分布情况是研究雨水径流污染和初期雨水控制的重要基础，其主要工作包括下垫面分类和污染累积负荷分析。

1. 下垫面分类

城市下垫面累积的污染物一部分来源于大气沉降，另一部分来源于人类活动，且后者影响较大。前者在全市范围内的差异可以近似忽略，而后者的差异则主要是由于不同城市区域的人类活动差异所导致的，因此，在不同的城市用地类型上污染物累积和冲刷过程具有不同的特征，同时，屋顶和地面的污染物累积情况也明显不同。据此，将深圳市城市下垫面划分为9种类型，分别为：商业区、工业区、居住区、文教区、三旧区、屋顶、公共绿地、市政道路和其他。下垫面的分类及占比情况如表9-1、图9-2所示。

城市建成区下垫面的分类与解析　　表9-1

序号	下垫面类型		面积（km^2）	面积占比（%）
1	小区地面（不含屋顶）	三旧区	74.6	5.9
2		商业区	15.1	1.6
3		工业区	83.9	8.8
4		居住区	56.8	5.9
5		文教区	56.3	5.9
6	屋顶		179.2	18.8
7	公共绿地		250.6	26.2
8	市政道路		168.9	17.7
9	未开发及其他用地		90.2	9.2

2. 面源污染累积负荷分析

在原深圳市人居环境委2014年编制的《深圳市雨水径流污染现状、迁移机理及控制对策研究》报告[129]中，根据深圳市不同典型用地类型的分类，共选取43个点位进行地表累积物干法采样，每个样品检测5项指标，即化学需氧量（COD）、悬浮颗粒物（SS）、总氮（TN）、总磷（TP）、氨氮（NH_3-N）。采样点位的分布兼顾了原特区内外的区域。深圳市不同功能区下垫面单位面积污染物负荷情况如表9-2所示。

不同城市下垫面单位面积污染物负荷（单位：mg/m^2）　　表9-2

序号	下垫面类型	悬浮物	COD	氨氮	总氮	总磷
1	商业区	32.13	72.82	0.8632	1.0163	0.1421
2	工业区	35.69	116.90	0.6151	0.9042	0.2000
3	居住区	38.61	104.49	0.7422	0.8818	0.2394

续表

序号	下垫面类型	悬浮物	COD	氨氮	总氮	总磷
4	文教区	38.33	50.65	0.6873	0.8419	0.1241
5	三旧区	37.13	196.02	1.1517	1.2463	0.3102
6	屋顶	104.86	97.32	0.8998	1.1890	0.1972
7	公共绿地	—	—	—	—	—
8	市政道路	37.42	219.94	0.7308	0.8516	0.2024
9	其他	46.31	122.59	0.81	0.99	0.2022

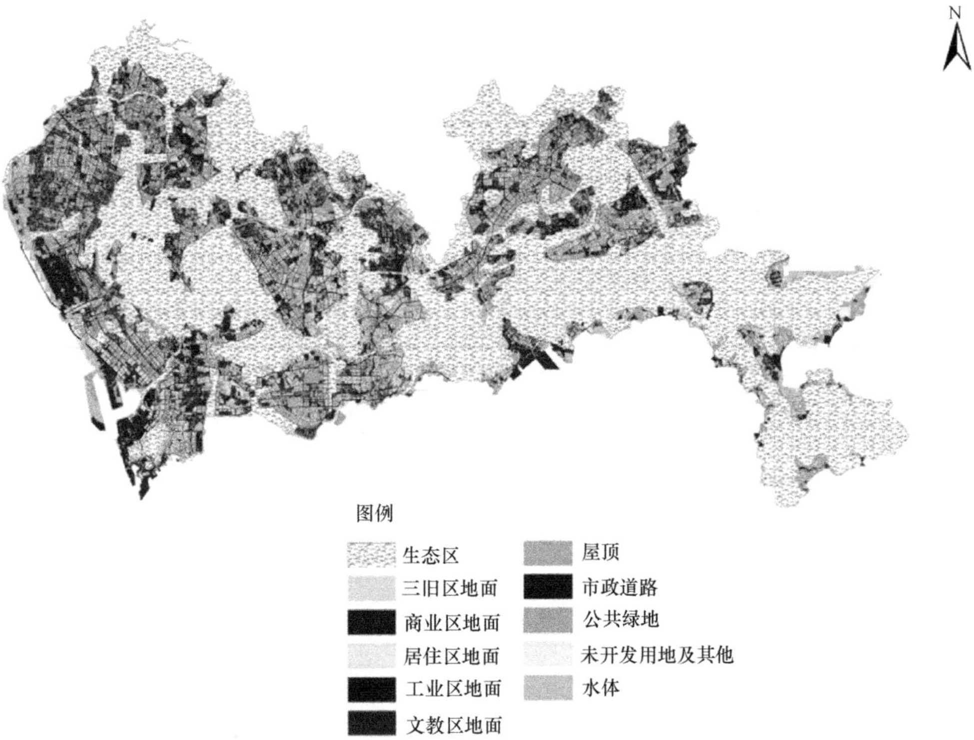

图 9-2　城市建成区下垫面解析图

经 GIS 空间叠加，得到全市不同区域的面源污染负荷分布如图 9-3 所示。

3. 降雨径流量与径流污染负荷的关系研究

为研究年尺度下深圳市降雨径流量与径流污染负荷之间的对应关系，以 SWMM 为基础构建全市降雨径流模型，采用多年实测降雨数据为输入条件进行模拟，统计分析各流域年径流量和年径流污染负荷，并依据径流量和径流污染物过程线，统计不同截留雨量全年所能截留径流量以及截留污染负荷。

（1）总量分析

根据模型结果统计全年九大流域径流总量和 COD 及氨氮污染负荷产生量。全市一年共产生降雨径流 107388.9 万 m^3，COD 负荷为 30109.9t，氨氮负荷为 196.9t。各大流域径流量及污染负荷结果如表 9-3 所示。

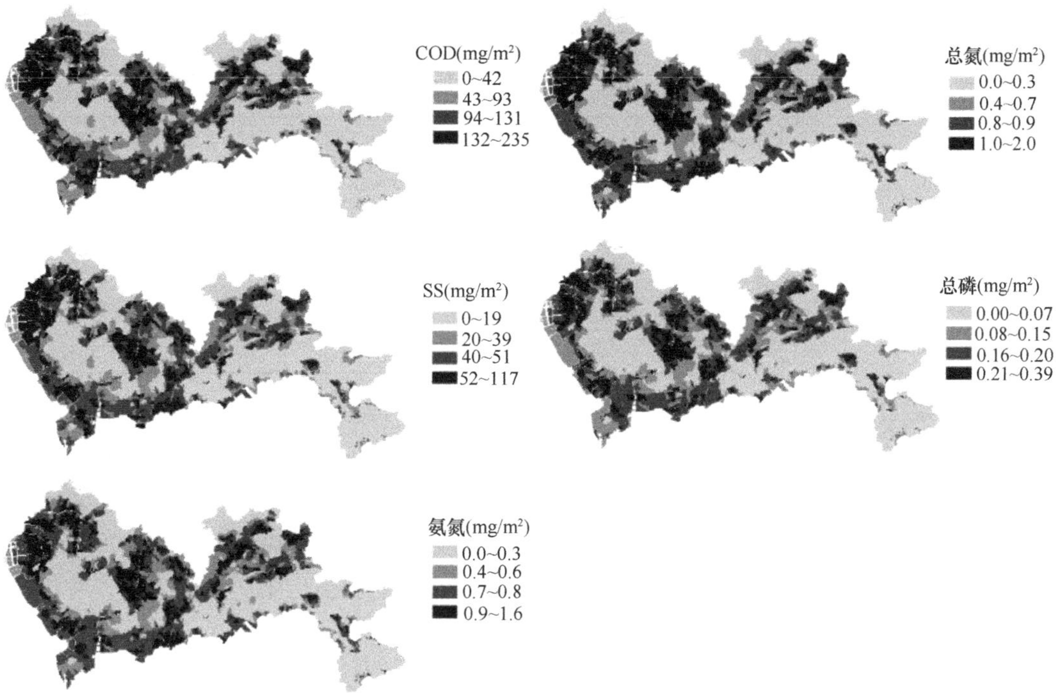

图 9-3　面源污染负荷分布图

各大流域径流量及污染负荷结果表　　**表 9-3**

流域名称	径流量（万 m^3）	COD 负荷（t/a）	氨氮负荷（t/a）
深圳湾流域	10099.2	2824.9	19.6
深圳河流域	10388.6	2819.9	18.6
大亚湾流域	3172.2	943.8	8.6
大鹏湾流域	4683.3	1276.0	9.6
坪山河流域	5343.1	1543.3	10.7
珠江口流域	19088.4	4998.7	33.6
茅洲河流域	19040.5	5439.0	32.0
观澜河流域	18392.6	5195.0	32.2
龙岗河流域	17181.0	5069.2	32.0
总计	107388.9	30109.9	196.9

九大流域 COD 污染负荷由大到小排列分别是茅洲河流域、观澜河流域、龙岗河流域、珠江口流域、深圳湾流域、深圳河流域、坪山河流域、大鹏湾流域、大亚湾流域。九大流域氨氮负荷由大到小分别是珠江口流域、观澜河流域、龙岗河流域、茅洲河流域、深圳湾流域、深圳河流域、坪山河流域、大鹏湾流域、大亚湾流域。

（2）截留雨量与污染控制率的关系研究

统计不同截留雨量下截留的径流量和截留污染物负荷（以 COD 为例），结果如表 9-4 所示。

不同截留雨量截留效果分析　　表 9-4

截留雨量(mm)	总径流量(亿 m^3)	总 COD 负荷(万 t)	截留径流量(亿 m^3)	径流截留率	截留 COD 负荷(万 t)	COD 负荷截留率
2	10.7	3.01	1.27	11.9%	0.79	26.2%
4			2.30	21.5%	1.32	43.9%
6			3.23	30.2%	1.74	57.8%
8			4.02	37.6%	2.04	67.8%
10			4.69	43.8%	2.26	75.1%
12			5.26	49.2%	2.41	80.1%
14			5.75	53.7%	2.53	84.1%
16			6.18	57.8%	2.62	87.0%

绘制不同截留雨量下 COD 控制率曲线图，结果如图 9-4 所示。可见，随着截流雨量增加，COD 负荷控制总量上升，而单位水量的控制效率下降。当截流雨量达到 10mm 以后，COD 控制率达到 75%左右，已能够满足多数情况下的面源污染的控制要求，并能兼顾一定的控制效率。

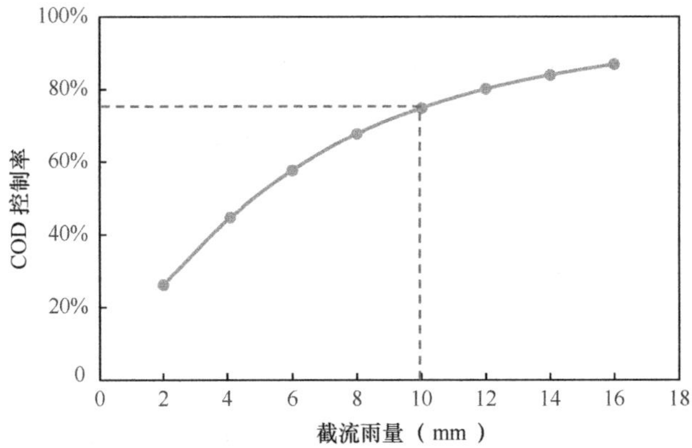

图 9-4　截流雨量与 COD 控制率关系图

9.2.2　初期雨水控制标准研究

初期雨水控制标准是制定控制方案、计算设施规模的基础。本项目首先分析了初期雨水划分的指标依据，然后对比了标准设置的研究方法，通过相关标准解读、实测数据分析和模型模拟的方法开展综合分析，最终得出初期雨水控制标准的推荐值范围（表 9-5）。

不同下垫面初期雨水控制目标　　表 9-5

序号	下垫面类型	初期雨水控制量取值范围（mm）
1	“三旧”小区地面	6～10
2	一般小区地面	4～8
3	建筑屋顶	2～3

续表

序号	下垫面类型	初期雨水控制量取值范围（mm）
4	公共绿地	0
5	市政道路	6～8
6	未开发用地及其他	4～6

注：1. 建议初期雨水截流或调蓄设施的控制汇流时间不大于 30min，以保证一定的初期效应。若汇流时间超过 30min，则应增加截流控制体积或分割汇流面积。

2. 若在区域内通过源头控制措施的实施减少了不透水下垫面的面积，则区域内的截流规模可相应减小。

3. 水源地保护区、有毒有害污染区等存在特殊径流控制要求的区域不适用于上表。以上区域的径流污染控制应按照所属行业的专门技术要求来执行。

9.2.3　近远期建设策略

目前深圳市正在大力推动多项水务工程的建设，包括水质净化厂提标改造、正本清源改造、黑臭水体整治、海绵城市建设等一系列工作。城市排水系统的整体工况在动态变化，规划近期和远期也存在不同的工作目标和侧重点。为了充分考虑这种差异，有必要分别对近期（2020 年）和远期（2035 年）的控制方案和策略进行论证研究。

鉴于雨水径流污染治理是一项复杂的系统工程，本次研究遵循统筹兼顾“厂网河城”的原则，全面考虑城市水文系统各方面要素的影响。其中，“厂”即水质净化厂；“网”即市政排水管网；“河”即河道；“城”即城市。

1. 近期策略分析

“厂”：2017 年全市水质净化厂数量为 32 个，总规模为 548.5 万 m^3/d。近期将持续开展水质净化厂新建和提标改造工作，在不断扩大处理规模的同时，陆续将一系列现状厂的出水指标提升至地表水准Ⅳ类标准。

“网”：分流制改造仍在进行，错接乱排现象依然存在。大规模的正本清源和市政道路雨污水管网分流改造工作正在开展。

“河”：存在现状黑臭水体 133 条（数量动态变化），计划在近期消除河道黑臭，并力争实现多条主要河流达到地表水Ⅴ类水质标准。

“城”：近期计划完成 20%全市建成区面积的海绵化改造。但目前海绵城市改造完成的城区在总量上依然不多，海绵城市整体效应尚未形成规模。

雨水径流污染特征：雨水径流污染的主要来源包括大气沉降、地表冲刷、管道沉积物冲刷和市政污水混入。由于雨污混接的现象依然存在，在雨水径流污染物中来自管网沉积物和市政污水的污染负荷占比较大。降雨期间混流污水溢流污染和面源污染的问题同时存在。

近期雨水径流污染治理策略应以问题为导向，重点满足河道黑臭水体治理和水质达标的要求。为使治理工作快速见效，可以采用一定的末端截流调蓄措施以控制径流污染。考虑到海绵城市建设尚未形成规模，因此，源头控制和过程控制措施仅作为近期雨水径流污染管控的辅助手段。具体措施包括：

（1）改造升级沿河截流系统

1）通过开展截流系统的设施改造和管理维护，降低截流系统的旱季水位，以保证其在雨季的实际截流能力。

2）根据不同区域的雨污混接情况、面源污染情况、河流水环境容量、截流系统转输能力等，适时设置分散截流污水调蓄池，以提高对雨污混流水的截流能力。调蓄后截流水量错峰分时进入水质净化厂，实现高标准处理。

3）应用先进技术，提高对截流系统入水和出水水质的管理。包括运用智能截污设施，根据来水浓度自动调节启闭，实现“收浓弃淡”“精准截流”，以及升级改造截流点垃圾拦截、沉砂设施，减少溢流进入河道的垃圾和泥砂量等。

（2）提升水质净化厂雨水处理能力

水质净化厂应为雨水处理预留足够的规划规模。在新建以及改扩建的水质净化厂中注重雨水处理工艺的设计，以应对截流雨污混流水的水质水量波动大的特点，使水质净化厂的雨水处理能力与截流系统的收集能力相匹配。

（3）建设分散式初期雨水处理设施

在亟需改善入河雨水水质，而又缺乏将截流初期雨水转输至水质净化厂通道的区域，适宜建设分散式初期雨水处理设施，将污染严重的初期雨水处理达标后就地排放。

（4）持续推进海绵城市建设

按照海绵城市有关规划和实施计划逐步在全市推进海绵化改造，以实现近期20%建成区完成海绵化改造的目标。

2. 远期策略分析

“厂”：2035年全市水质净化厂规划数量为42个，规划总规模为941万m^3/d，出水标准为不低于一级A标准。

“网”：全市雨污分流制系统基本建成。

“河”：主要河道水质达到地表水Ⅴ类或Ⅳ类及以上，并存在进一步提升水质的需求。

“城”：海绵城市全面建成。预期目标为80%建成区达到海绵城市标准。

雨水径流污染特征：由于雨污分流的实现，雨水径流污染的主要来源中市政污水混入和管道沉积物冲刷的成分显著降低。加上对于水质净化厂尾水等点源污染负荷的进一步消减，可以预见，初期雨水带来的面源污染所占的比重将会相对升高，成为影响河道水质的主要因素。

远期雨水径流污染治理策略应以目标为导向，即实现进一步提升水环境质量，全面满足水功能区划要求的目标（表9-6）。雨水径流污染治理的重点为初期雨水面源污染，主要治理措施为从源头到末端的径流全过程管控，具体包括：

（1）全面建设海绵城市。

力争实现80%建成区海绵化改造的规划预期，通过完善海绵城市设施，实现初期雨水的源头截流、滞蓄和消纳。

（2）将沿河截流系统改造作为初期雨水转输通道。

在具备条件时，逐步取消沿河截流管涵的旱季截污功能，将其作为截流初期雨水转输至水质净化厂的专用通道。

（3）发挥调蓄池和水质净化厂预留能力，进一步提升雨水处理率。

利用保留的截流系统和水质净化厂的预控规模来收集和处理初期雨水，以达到更高的雨水污染控制率，进一步提升水环境质量。

深圳市近远期初期雨水控制策略分析 **表 9-6**

<table>
<tr><th colspan="2">系统要素</th><th>近期策略（至2020年）</th><th>远期策略（至2035年）</th></tr>
<tr><td rowspan="5">现状分析</td><td>厂</td><td>2017年全市水质净化厂数量为32个，总规模为548.5万 m^3/d。对雨水处理能力预留不足</td><td>2035年全市水质净化厂规划数量为42个，规划总规模为944万 m^3/d；规划预留初期雨水处理能力</td></tr>
<tr><td>网</td><td>① 管网分流制改造尚未完成
② 沿河截流系统旱季水位较高</td><td>① 雨污分流系统基本建成
② 沿河截流系统旱季流量较少或为零</td></tr>
<tr><td>河</td><td>① 消除河道黑臭
② 主要河流达到Ⅴ类水体</td><td>① 主要河道水质达到水功能区划要求目标
② 进一步提升水环境质量</td></tr>
<tr><td>城</td><td>① 城市建设以存量改造为主
② 海绵城市尚未形成规模</td><td>① 城市精细化管理达到较高水平
② 海绵城市形成规模效应</td></tr>
<tr><td>雨水径流污染特征</td><td>混流溢流污染＋面源污染</td><td>① 混流溢流污染基本消除
② 以面源污染为主</td></tr>
<tr><td colspan="2">策略研究</td><td>① 合理利用沿河截流系统截流混合雨污水，减少雨季溢流
② 适当建设调蓄设施，增加截流能力
③ 提升水质净化厂雨水处理能力
④ 推进海绵城市建设和雨水就地处理设施建设</td><td>① 大范围利用海绵措施对径流污染进行消纳和管控
② 将沿河截流系统改造为初小雨转输通道
③ 利用调蓄池和水质净化厂富余能力，进一步提升雨水处理率，改善水环境质量</td></tr>
</table>

9.2.4 分区指引

结合深圳市城市发展基础条件和相关设施建设情况，综合考虑城市初期雨水治理工作的特点，除生态控制区之外，将城市建成区划分为海绵消纳区、沿河截流区和分散调蓄区（图 9-5），并分别采用不同的初期雨水收集与处置技术路线。

1. 海绵消纳区

初期雨水海绵消纳区主要包含全市27个海绵城市建设重点片区（根据最新《深圳市海绵城市专项规划及实施方案》），面积约214.7km^2，占全市建成区面积的21.3%。该区域主要采用海绵措施控制初期雨水，通过源头海绵措施对初期雨水进行滞蓄和消纳，并通过末端海绵设施，如湿地、生态护岸等，进一步提升出水水质。

海绵消纳区初期雨水的收集与处置常用技术路线如图 9-6 所示。

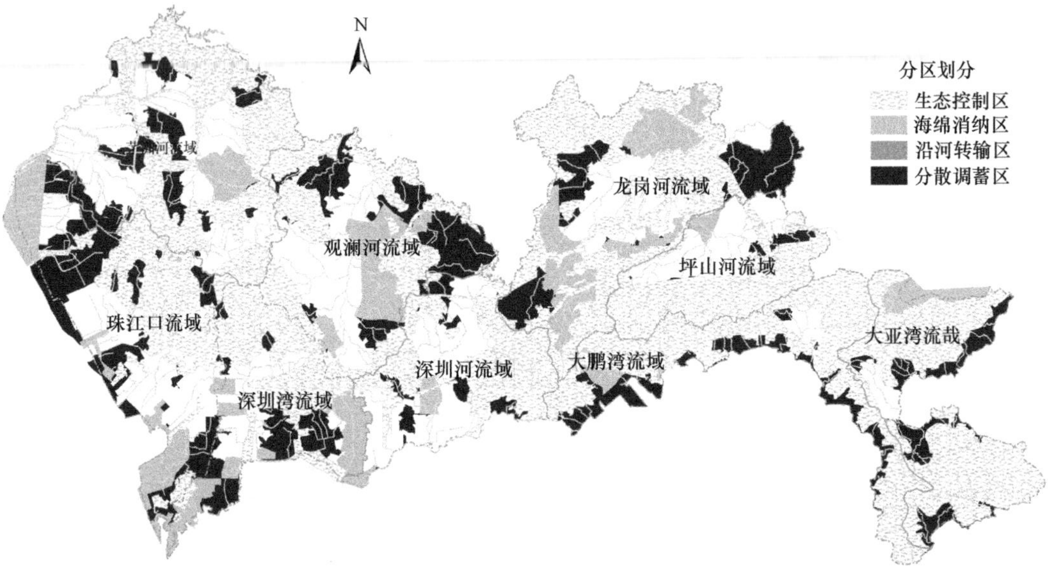

图 9-5　城市径流污染治理分区示意图

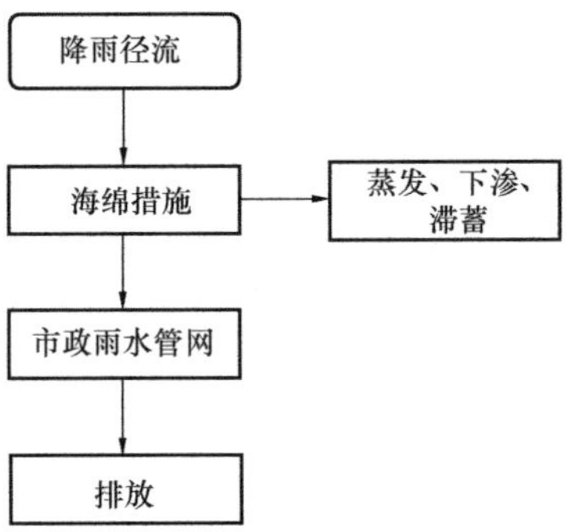

图 9-6　源头海绵设施控制初期雨水

2. 沿河截流区

初期雨水沿河截流区包含全市已建沿河截流管涵周边约 30min 雨水汇流范围的区域，面积约 451.4km^2，占全市建成区面积的 44.7%。由于从该区域内汇流至沿河截流管涵的初期雨水仍保留一定的初期效应，因此可充分利用已建沿河截流管涵进行初期雨水的截流和转输。

沿河截流区初期雨水的收集与处置常见技术路线如图 9-7 所示。

3. 分散调蓄区

在上述两类区域之外，既暂不具备系统化海绵改造，也无法利用沿河截流系统转输初期雨水的区域，可对初期雨水进行分散式调蓄。该区域面积约 343.9km^2，占全市建成区面积的 34%。通过设置分散式初期雨水调蓄设施，在降雨期间将污染严重的初期雨水进行收集，然后在晴天通过市政污水干管转输至水质净化厂处理。若下游污水干管转输能力不足，则可采用就地处理达标后排放的方式。

分散调蓄区初期雨水的收集与处置常见技术路线如图 9-8 所示。

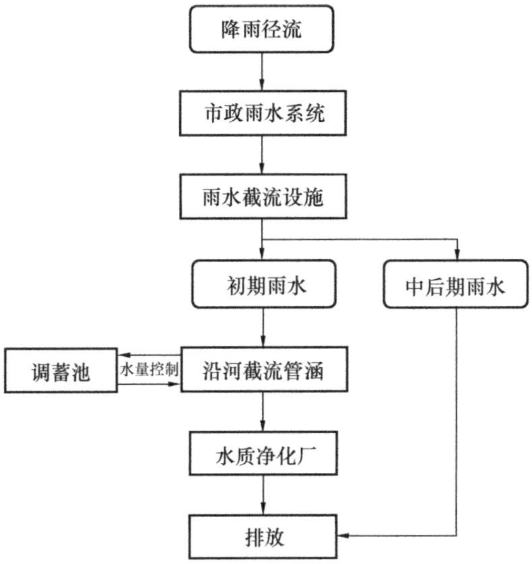

图 9-7　沿河截流系统收集和处置初期雨水

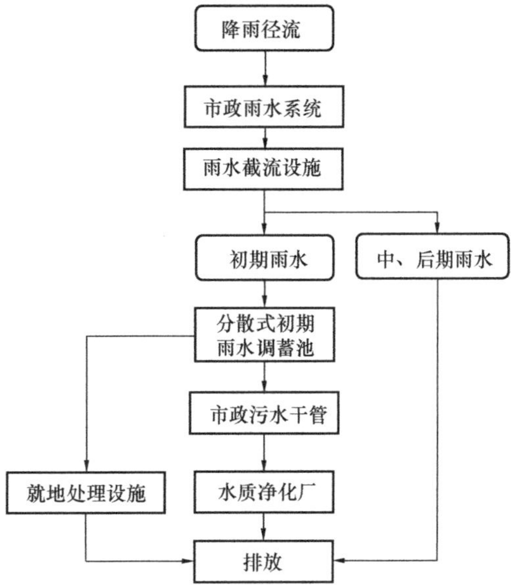

图 9-8　分散式雨水调蓄设施收集和处置初期雨水

9.3　探索创新

本项目为深圳市首个全市层面的初期雨水收集与处置措施的系统研究。项目在以下方面开展了探索与创新。

1. 运用系统思维实现统筹兼顾

如何将初期雨水控制措施与城市基础设施的整体布局相融合，是制定全市系统方案的关键。本次研究创新应用系统思维方式，在规划初期雨水系统时，综合分析“城”“厂”“网”“河”“雨”等要素之间的相互关联和动态影响，对城市布局、河道水质、降雨特征以及各排水设施之间的路由衔接和水量平衡等进行统筹考虑，最终实现系统衔接和方案优化。

2. 制定近远兼顾的工作方案

结合不同时期的系统特征和治水目标，明确不同阶段初期雨水治理工作的重点，实现近远兼顾。在 2020 年之前，由于全市的雨污分流改造工程尚未完成，近期的入河污染既包括“合流制溢流污染”，又包括“面源污染”。鉴于河道消除黑臭和达标治理要求的紧迫性，近期的治理措施应以快速见效为目标，并能兼顾合流制溢流污水的控制，因此可适当采用末端截流和调蓄等手段。

而在远期，全市排水系统将基本实现雨污分流，届时“面源污染”将成为主要的雨季污染来源，同时，海绵城市的建设将形成规模。因此，远期的初期雨水控制措施应在海绵城市建设的基础上，以源头消减和过程管控方式为主。

3. 提出因地制宜的分区指引

结合深圳市不同区域的城市条件和排水系统特点，首次提出了初期雨水治理的分区指引。将全市建成区划分为海绵消纳区、沿河转输区和分散调蓄区三类。

海绵消纳区是指全市的海绵城市重点建设区。在此区域内可主要结合海绵城市相关措施消纳初期雨水。沿河转输区是指建设有沿河截污系统的区域，在此区域内可利用沿河截污管涵作为初期雨水的转输通道。分散调蓄区是指除上述二者之外的区域，可通过建设分散式调蓄池对初期雨水进行调蓄或就地处理。通过因地制宜的布局方案，可实现对现有设施的充分利用，并提高措施的可实施性和实际的治理效果。

4. 应用大数据方法分析污染规律

在分析降雨和径流规律时，为减少数据分析过程中的随机性和不确定性，采用“全体数据分析法”代替“局部取样法”。将全市建成区划分为2730个排水分区，基于规划一张图数据构建全市降雨径流污染模型，并以多年连续降雨数据为输入条件进行反复模拟，实现了降雨径流量与径流污染负荷的关联。

第10章　水体稳定达标方案评估实践

10.1　项目概况

水环境问题突出、黑臭水体数量多、基础设施历史欠账多制约了深圳的可持续发展，是深圳市建设社会主义先行示范区必须解决的问题。习近平生态文明思想和习近平总书记对广东、深圳的重要批示指示精神，为深圳推进生态文明建设指明了方向、提供了根本遵循。《深圳市水污染治理决战年工作方案》指出：市委将2019年定为"水污染治理决战年"。2019年底前，深圳市全面消除黑臭水体；深圳河河口断面稳定达到地表水Ⅴ类；五大流域主要一级支流和全部入库支流消灭劣Ⅴ类。

经过不懈的努力，深圳河水环境质量显著改善，旱季水质稳步提高。从2018年12月开始，深圳河河口国考断面水质指标连续4个月稳定达到地表水Ⅴ类标准。旱季深圳河口国考断面氨氮维持在1.0～1.5mg/L，总磷维持在0.2～0.3mg/L，基本达到地表水Ⅴ类标准的考核要求。但是由于流域内正本清源、雨污分流系统尚不完善，加之部分水质净化厂缺乏调蓄能力，短时间内无法消纳片区产生的雨水径流，导致深圳河流域应对雨季污染的能力不足，雨季河道水质波动较大，实现深圳河口断面稳定达标仍有一定的压力。2019年是深圳市水污染治理决战年，亟需进一步贯彻落实市委市政府关于深圳河水污染防治工作有关要求。为此，通过开展《深圳河流域水质稳定达标方案研究》项目，全面梳理深圳河流域内的各排水要素，明确目前雨季水质不达标的关键问题所在和整个系统的薄弱环节，为实现深圳河口国考断面水质全年稳定达标提供技术建议。

本次项目研究范围为深圳市深圳河流域，面积约187.5km^2。主要工作内容包括：从"厂、网、河、站、池、源"排水系统全要素的角度，通过现状梳理和调研、数据剖析、根源总结等方式，以系统思路研究和总结本底问题；将全流域进行分区，根据现状情况量化各片区的污染负荷，从而确定重点整治区域；从全要素角度，提出系统、长期治水的策略和方向，提出关键环节的指标控制建议和需要增加的相关工程、管理举措。工作技术路线如图10-1所示。

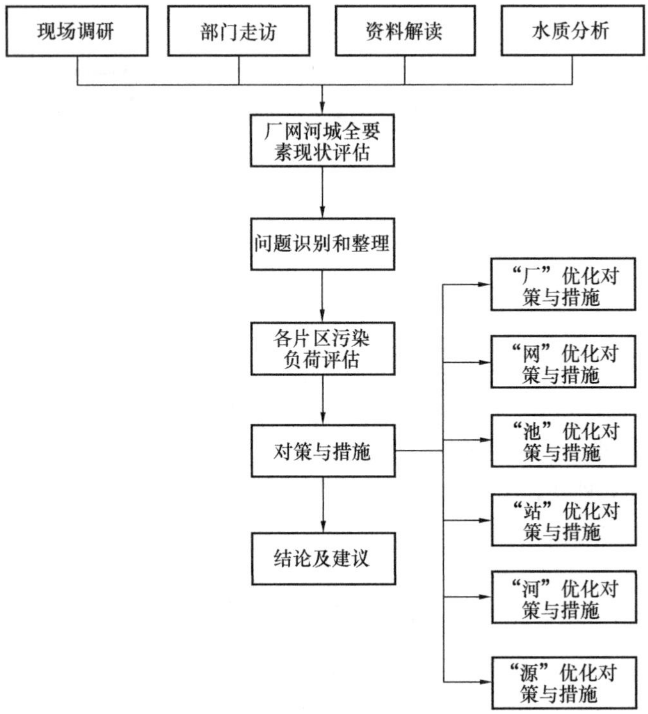

图 10-1 技术路线图

10.2 项目内容

10.2.1 流域概况

深圳河是深圳市和香港特别行政区界河，发源于梧桐山牛尾岭，由东北向西南流入深圳湾，流域面积 312.5km²，其中深圳市一侧（右岸）187.5km²，香港一侧（左岸）125.0km²，河长 37.6km，河道比降 1.1‰。流域内有大小河流 36 条，一级支流有 5 条，分别为：莲塘河、沙湾河、布吉河、福田河、皇岗河。深圳河中上游（三岔河口以上）流经台地和低丘陵区，坡度较陡，河床比降为 2‰～4‰，三岔河口以下为平坦的冲积海积平原，比降较缓，河床纵比降仅为 0.2‰～0.5‰，深圳河下游河段为感潮河段，潮流界可达三岔河口。

深圳河流域面积约 71%属于原特区内，建成区面积占比 54%，生态控制线内面积占比 46%，城市建成度较高。流域内 30%以上为硬化下垫面，径流系数大，形成的径流对水体污染程度较高。

深圳河流域河流概况表　　表 10-1

流域名称	一级支流名称	流域面积（km^2）	河道长度（km）	上游水库
深圳河流域	莲塘河	10.10	13.24	—
	沙湾河	68.52	14.08	深圳水库

续表

流域名称	一级支流名称	流域面积（km^2）	河道长度（km）	上游水库
深圳河流域	布吉河	63.41	10.00	笋岗滞洪区、三联水库
	福田河	14.68	6.77	—
	皇岗河	4.65	1.79	—

10.2.2 水质情况

深圳河流域共设置水质监测断面 58 个。其中，深圳河干流设置监测断面 12 个，一级支流设置监测断面 20 个，二级支流和三级支流设置监测断面 26 个。研究选取 2018 年 11 月～2019 年 2 月共 40 个典型断面的一周一测水质监测数据进行研究，将旱季和雨季水质均为劣Ⅴ类的断面定为污染最严重断面，旱季达到Ⅴ类而雨季为劣Ⅴ类的断面定为污染严重断面，旱季达到Ⅴ类而雨季偶有劣Ⅴ类的断面定为基本达标断面，旱季和雨季水质均达到Ⅴ类及以上的断面定为达标断面。基于以上断面划分原则，经过研究分析，深圳河流域 40 个典型断面中污染最严重断面有 10 个，污染严重断面 8 个，基本达标断面 4 个，达标断面 18 个。污染情况较为严重的是沙湾河龙岗段、布吉河、福田河、皇岗河。典型断面等级划分空间分布图 10-2 所示。

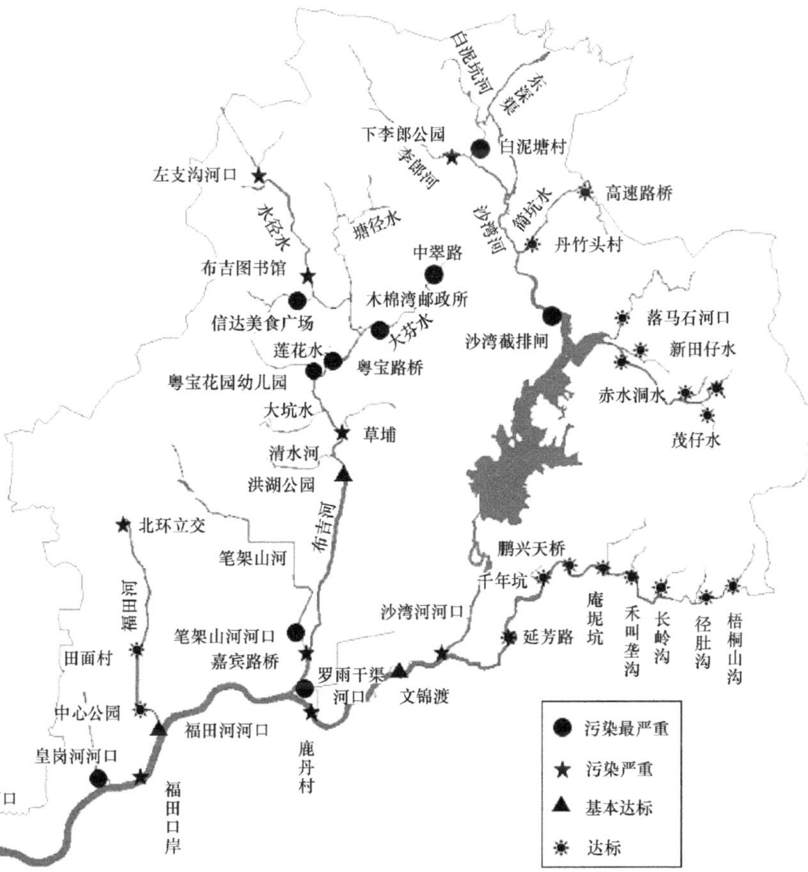

图 10-2 典型断面污染等级划分空间分布图

10.2.3 全要素现状分析

对深圳河流域内组成排水系统的“厂、网、河、站、池、源”等各个要素进行现状分析。

1. 厂

深圳河流域共建成水质净化厂 6 座，分别为罗芳厂、滨河厂、布吉一厂、布吉二厂、埔地吓一厂、埔地吓二厂，总设计处理规模 105 万 m^3/日，出水水质标准为准Ⅳ～准Ⅴ类。另外，流域内共建成分散处理设施 5 座，分别为布吉河口分散污水处理站、丹竹头处理站、沙塘布处理站、深圳水库闸前处理站、大望处理站，总设计处理规模 9.6 万 m^3/日，出水水质达到一级 B 及以上标准。

深圳河流域水质净化设施情况汇总表 表 10-2

类型	序号	名称	设计规模（万 m^3/d）	合计（万 m^3/d）	出水标准
水质净化厂	1	罗芳厂	40	105	准Ⅳ类
	2	滨河厂	30		准Ⅴ类
	3	布吉一厂	20		准Ⅴ类
	4	布吉二厂	5		准Ⅳ类
	5	埔地吓一厂	5		准Ⅴ类
	6	埔地吓二厂	5		准Ⅳ类
分散处理设施	1	布吉河口分散污水处理站	4	9.6	一级 B
	2	丹竹头处理站	1		一级 B
	3	沙塘布处理站	2		一级 B
	4	深圳水库闸前处理站	0.6		一级 B
	5	大望处理站	2		地表水Ⅴ类
合计			114.6		

2. 网

（1）污水管网

在深圳河流域内以罗芳、滨河、布吉、埔地吓水质净化厂为中心的污水干管网络基本形成，污水干管总长约 51.9km。但部分区域市政污水管网系统缺失、市政污水管接驳混乱、管道缺陷严重等问题依然存在。特别是沙湾河龙岗片区、布吉河龙岗片区错接、混接现象较严重，存在大量清污混流水的现象，造成部分污水管道高水位运行，导致雨季污水溢流严重。

（2）小区排水管网

深圳市自 2016 年开始推进小区排水管网正本清源工程建设，2016 年底前完成正本清源小区（城中村）改造 3725 个，2017 年完成 1471 个，2018 年完成 7146 个（计划 5520 个），总计 12342 个。

（3）截污管道/箱涵

深圳河流域现状已建成沿河截污箱涵 49.62km，布吉河、沙湾河、福田河、大芬水等主要的干支流已基本全覆盖。但污染较严重的笔架山河、罗雨干渠和皇岗河等暗渠尚未敷设沿河截污管，依靠河道截污，雨季总口溢流严重。根据福田区、罗湖区 2019 年工作安排，笔架山河、罗雨干渠和皇岗河预计于 2019 年底完成暗渠段截污挂管工程。

3. 站

深圳河流域内目前已建成污水泵站共计 20 座，其中污水泵站 16 座，总规模 46.4 万 t/日，截污泵站 4 座，总规模 25.2 万 t/日。

4. 池

深圳河流域内现有调蓄池 2 座，分别为福田河 1 号调蓄池、南岭泵站调蓄池，调蓄规模分别为 2.2 万 m^3 和 2.0 万 m^3。另外有 1 座鹿丹村调蓄池在建，调蓄规模为 9.0 万 m^3。已建调蓄设施数量少，初雨调蓄能力严重不足。而且福田河 1 号调蓄池无配套管网和处理设施，未能发挥调蓄功能，必须完善后才能使用。因此，整个深圳河流域调蓄能力不足。

5. 河

（1）黑臭水体整治

深圳河流域 2017 年有 17 条黑臭水体，通过整治，截至 2018 年底，还有 7 条存在黑臭反复的现象，分别为白泥坑河、李朗河、塘径水、水径水、大芬水、莲花水及笔架山河。黑臭水体的存在，使布吉河片区、沙湾河片区成为污染负荷严重区域。

（2）暗涵基本情况

深圳河流域范围内暗涵比例高，淤积严重，治理难度大（表 10-3）。2019 年 6 条暗涵开展了清淤、截污挂管工程，分别为笔架山河、金塘街渠、红岭渠、罗雨干渠、福田河及皇岗河。

深圳河流域河道暗涵情况 **表 10-3**

流域名称	河流名称	河道长度（km）	暗涵长度（km）	暗涵占比（%）
布吉河	布吉河干流	9.80	3.40	34.69
	大坑水库排洪河	1.70	1.30	76.47
	清水河	2.80	1.30	46.43
	笔架山河	5.82	5.29	90.89
	水径水	4.44	1.92	43.24
	塘径水	4.03	0.4	9.93
	蕉坑水	2.1	0.67	31.90
	大芬水	4.56	4.16	91.23
	莲花水	1.8	0.82	45.56
	水径水左支沟	1.01	0.25	24.75
	高涧河	1.10	1.10	100.00
沙湾河	简坑河	4.52	0.55	12.17
	李朗河	4.06	1.85	45.57
	东深供水渠	4.08	0.65	15.93

续表

流域名称	河流名称	河道长度（km）	暗涵长度（km）	暗涵占比（%）
深圳河	金塘街渠	0.99	0.99	100.00
	红岭渠	2.54	2.54	100.00
	罗雨干渠	3.90	3.90	100.00
	福田河	8.52	3.47	40.73
合计		67.77	34.56	51.00

6. 源

根据调研，深圳河流域内污染主要来自以下几个方面：

（1）初雨污染

道路广场等的沉积垃圾在降雨初期会被冲入雨水管道，最终对河流造成污染。特别是城中村以及部分疏于卫生管理的工业区、商业区，初期雨水污染尤为严重，初雨 COD 可达 1000mg/L 以上。

（2）“三产”涉水污染源

主要包括餐饮、汽修（洗车）、农贸市场、畜禽养殖场、屠宰厂等废水、垃圾污染等。

（3）“三池”污染

大量化粪池、隔油池、垃圾池未按规定定期清理和运维，堵塞后直接溢流至河道，造成严重污染。

（4）工业企业散乱排污

工业及“散乱污”企业（场所）存在偷排、漏排、超排等违法行为。

7. 现状问题总结

根据以上分析，从各要素角度，对现状排水系统存在的问题进行总结。

（1）厂

1）污水厂布局不均衡，污水重复处理。主要表现在：沙湾河龙岗片区用水高峰期，埔地吓厂污水处理能力不足；埔地吓片区和大望片区的污水重复处理，占用罗芳厂的处理能力。

2）污水厂雨季能力不足。主要表现在：滨河厂、布吉厂一期、埔地吓厂一期不能满足雨季流量的要求，发生厂前溢流，污染河道；大范围截流系统与污水厂处理能力不匹配。

3）污水厂间调配能力不足。主要表现在：布吉厂、罗芳厂和在建的洪湖厂间缺少纵向调配管网通道；福田厂、滨河厂和罗芳厂间缺少横向调配管网通道。

（2）网

1）正本清源未全覆盖、返潮率高。主要表现在：罗湖区和福田区已基本实现正本清源全覆盖，但是返潮率约 20%；布吉河龙岗片区和沙湾河龙岗片区的城中村正本清源改造率不足 30%。

2）城中村雨污混流严重，雨污分流基本未实施。福田区、罗湖区城中村面积占比 15%以上，布吉河、沙湾河（龙岗区）流域城中村占比 30%以上。

3）市政排水管网雨污混流。罗湖区笋岗片区、草埔片区排水管网不完善；布吉河上游、沙湾河上游混流管比例高；地铁施工区域市政排水管网中断和错接。

4）沿河截流不彻底，仍有部分污水直排。

5）污水管涵高水位运行，缺少截污箱涵排空设施。部分区域高峰期处理能力不足，提升转输调配能力不足，早期管网设计承载能力不足，海水、河水、山水、地下水、雨水“五水”混入，导致靠近污水厂和污水泵站的污水管涵高水位运行，罗雨干渠片区尤其严重。

（3）河

1）仍存在大量黑臭水体。比如布吉河龙岗段及其支流水径水、塘径水、大芬水、莲花水等。

2）暗涵比例高，治理未完成，污染贡献大。

（4）站

污水泵站转输能力不足。宝安路泵站、东门泵站、福田厂泵站、白石洲泵站未建成，制约罗芳、滨河、福田、南山厂间污水调配能力；南岭泵站等调峰能力不足；福田河截污泵站能力不足，导致福田河截污管道溢流。

（5）池

初雨、溢流污染的调蓄能力严重不足。

（6）源

面源污染影响大。菜市场、路边摊和路边汽修等“三产”涉水污染源监管难度高；大量化粪池、隔油池、垃圾池“三池”未进行清理和运维；工业及“散乱污”企业（场所）存在偷排、漏排、超排等违法行为。

10.2.4 污染负荷评估

为量化评估深圳河流域内各汇水分区对深圳河干流的污染贡献度，将深圳河流域划分为27个子汇水片区。通过综合考虑各片区小区和市政排水管网完善度、溢流风险、下垫面类型、面源污染程度、截流系统收运能力、支流调蓄等要素，结合已收集的溢流水质监测数据，估算27个片区溢流污染负荷，直观、量化地展示各分区的污染程度，从而确定重点治理片区。

溢流污染负荷为溢流量和溢流污染物浓度乘积。溢流量根据截污方式分为以下三种情况进行计算：①直排：溢流量＝漏排污水量＋径流量；②总口截污：溢流量＝漏排污水量＋径流量－总口河道调蓄量；③沿河截污：溢流量＝漏排污水量＋径流量－截污管渠调蓄量。

其中漏排污水量根据雨污分流系数计算，雨污分流系数根据片区城中村面积占比、单位建成区面积混流点个数和点截污个数等情况确定；径流量根据降雨量及下垫面综合径流系数计算；总口河道调蓄量按河道尺寸断面计算，年均排空次数取6，截污管渠调蓄量按设计截留倍数计算，沿河截污不完善的进行折算，降低截流倍数取值。年均降雨天数按118天计算，得到各片区年污染负荷如表10-4所示。

各片区雨季年均污染负荷　　表 10-4

序号	区域-水系	COD（t/a）	氨氮（t/a）	TP（t/a）
W1-1	深圳河-1	65.1	15.9	2.8
W1-2	皇岗河	722.3	92.3	11.6
W1-3	福田河	492.9	86.0	12.4
W1-4	深圳河-2	266.3	41.6	4.9
W1-5	荔枝湖	244.3	44.9	6.3
W2-1	深圳河-3	5.0	0.4	0.1
W2-2	罗雨干渠	1194.0	186.3	24.0
W2-3	笋岗滞洪区-1	72.5	8.6	2.6
W2-4	笋岗滞洪区-2	2.6	0.7	0.2
W2-5	笔架山河	1138.2	205.9	19.7
W2-6	清水河	55.4	4.4	3.0
W2-7	大坑水库排洪河	94.3	7.6	5.0
W2-8	布吉河干流	152.2	31.5	3.1
W2-9	高涧河	45.1	3.6	2.4
W2-10	莲花水	61.2	9.0	1.1
W2-11	大芬水	410.1	96.1	10.1
W2-12	水径水-1	597.4	104.1	10.7
W2-13	塘径水	390.6	82.1	10.0
W3-1	深圳水库排洪河	43.3	5.2	1.6
W3-2	莲塘河	55.7	3.6	0.8
W3-3	深圳水库-1	0.0	0.0	0.0
W3-4	深圳水库-2	45.4	5.4	1.7
W3-5	梧桐山河	53.2	1.7	1.0
W3-6	沙湾河干流龙岗段＋东深渠	378.1	92.8	17.0
W3-7	简坑河	129.6	31.8	5.8
W3-8	正坑水	31.5	0.9	0.4
W3-9	李朗河＋白泥坑河	352.3	86.4	15.8
合计	—	7098.7	1248.6	174.0

由表 10-4 可知，笔架山河、罗雨干渠等溢流污染浓度较高且片区面积较大的，污染负荷总量也较高，对深圳河污染贡献最大。为更直观地反映各片区对深圳河的污染贡献，且深圳河河口水质相比Ⅴ类水标准超标指标主要为氨氮（2018 年河口水质超标次数：COD 2 次，氨氮 41 次，总磷 32 次），故选取氨氮作为评价指标反映片区污染严重程度，各片区氨氮雨季年污染总量如图 10-3 所示。

根据 27 个片区氨氮的估算结果，雨季年污染负荷最高的三个片区依次为笔架山河片区、罗雨干渠片区和水径水片区，其次为布吉河龙岗段、沙湾河龙岗段、皇岗河。这些片区为深圳河流域重点整治对象。

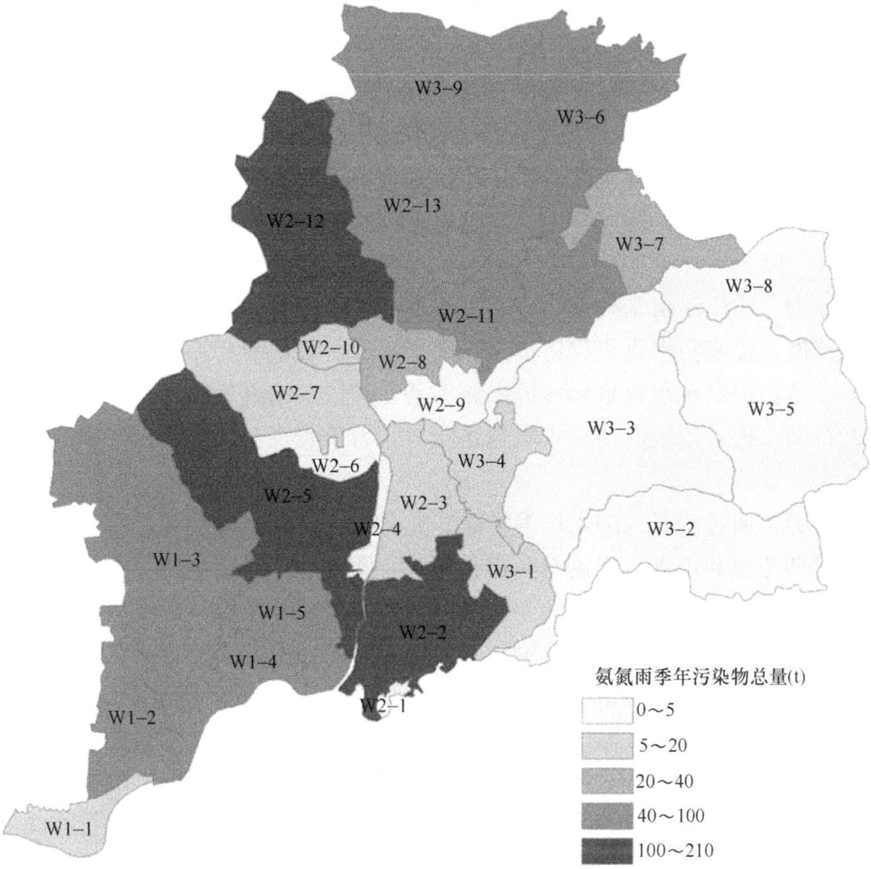

图10-3 各子汇水分区雨季氨氮溢流污染量估算

10.2.5 全要素对策与措施

1. 厂

(1) 拓能：新建和扩建污水处理设施，扩大污水处理规模，预留初雨处理能力；深入研究服务范围内 K_z 值，合理确定污水处理规模；完善罗芳厂膜处理系统。

(2) 提标：提标水质净化厂标准，出水标准实现准Ⅳ类；提标分散处理站，出水标准实现准Ⅴ类。

(3) 增效：提高上游水质，逐步消除罗芳厂重复处理；完善垃圾填埋场污染治理，加快推进下坪垃圾填埋场生产废水净化站及受污染地表径流净化站；加快污泥深度脱水工程建设和污泥处理能力，降低污水厂污泥浓度；加强流域内污水系统之间的调配能力建设。

2. 网

(1) 补短板：污水管网全覆盖，消除盲区。

(2) 改错接：制定阶段性提升实际分流率的工作方案，加强管网网格化管理，加快改造已排查的混接错接点，彻底解决管网断头、大管接小管、管道倒坡等问题。点截污改造，采用精准截污的方式减少合流制管渠对分流制管渠的影响。

(3) 控返潮：在全市统一工作标准和要求下，加强正本清源质量管控，落实绩效评价和监管，确保工程效果实现。

(4) 腾空间：开展外水减量工作，查清流域内河水、海水、雨水、山水、地下水来源，采取相应措施进行修复，确保“清污分流”；开展全面箱涵、暗渠、管网疏浚工作，市政排水管渠、沿河截污箱涵全面清源，还原管渠输送能力，减少内源污染释放；降低旱季污水管网和箱涵的水位，腾空容量，提高雨季污水输送能力。

3. 站

(1) 扩能力：建设污水调配设施，通过调度充分发挥各污水处理设施的效能。

(2) 配管网：提高污水收集和转输保障水平，加快泵站配套管网建设。

(3) 改设备：提高污水收集和转输保障水平，加快泵站更新改造。

(4) 截初雨：提升流域内初雨收集覆盖能力，力争实现全收集、全处理。

4. 池

(1) 挖潜力。通过清淤、降水位等措施，充分发挥现有大型管涵调蓄能力，减少雨季溢流污染；近期考虑利用支流河道空间进行调蓄，实现国考断面水质的达标。

(2) 定标准。对降雨初期产生的溢流污染所需要的调蓄池设计标准进行细化研究，明确调蓄池设计的功能、标准和配套管网；针对因高峰期污水处理能力不足而增设的厂前污水调蓄池，应深入研究变化系数 K_z，合理确定污水调蓄池的设计标准和规模。

(3) 控用地。加快推进流域内沙湾河李朗河口调蓄池、鹿丹村调蓄池等 15 座调蓄池；尽快明确每一座调蓄池的选址、用地规划、权属等信息，保障调蓄池的顺利落地。

(4) 重配套。无条件建设调蓄池时，考虑采用临时设施对溢流污水进行在线处理，减少需要转输和集中处理的规模；调蓄池配套的泵站和管网应同步进行完善。

5. 河

(1) 消黑臭。科学制定系统性整治方案，加快推进黑臭水体及小微水体治理工程实施，实现稳定消除黑臭。

(2) 加强干流清淤，减少内源污染。

(3) 加快暗涵清淤、挂管整治及截洪沟建设，实现清污分流。

(4) 加大对河道生态补水，改善河道水动力及自净能力，不断提升水环境质量。

6. 源

(1) 强化污染源监管

对“三池”污染源、“三产”涉水污染源和工业污染源进行整治，建立长效监管机制。

(2) 推进海绵城市建设

参考深圳市海绵城市相关规划和文件，落实海绵城市建设理念，新建小区、道路、公园必须满足海绵城市建设要求，结合采用“渗、滞、蓄、净、用、排”等措施，削减径流污染负荷。建成区在有条件的情况下，逐步进行海绵化改造。

10.3 探索创新

本项目是深圳市水质稳定达标类首个项目，项目在以下方面开展了探索与创新。

1. 基于“厂网河城”全要素的流域污染治理思路探索

针对水环境污染这个当前最大的环境问题，从全系统、全流域的角度，对“厂网河城”等各要素进行逐项分析，明确当前水污染治理体系中的关键技术节点与薄弱环节，通过厂网联动、河网联动、上下游联动、市政水务设施联动等实现全流域、全要素治理，为其他城市流域污染治理提供参考和借鉴。

2. 提出有效、可量化的稳定达标方案技术路线

目前，深圳市乃至国内其他城市均缺乏对雨季污染严重具体原因的定量化、分布式评估，部分方案的实施效果缺乏系统性的支撑研究，本次研究在现状分析研究的基础上进行方案优化，确保水环境质量稳定提升的目标可以逐步实现。

3. 采用数学模型直观量化各子汇水分区的入河污染物量

为量化评估各子汇水分区对深圳河干流的污染贡献度，将深圳河流域划分为27个子片区。通过综合考虑各子片区管网完善度、溢流风险、面源污染量、截流系统收运能力、支流调蓄等要素，结合已收集的溢流水质监测数据，估算各子片区入河污染量，直观、量化地展示影响深圳河水质稳定达标的各子汇水分区的污染量，从而进一步提出有针对性的建议和对策。

第 11 章　沿河智能截污系统研究实践

11.1　项目概况

2015 年以来，深圳市全面推进治水提质工作。截至 2018 年，深圳市新增 5897km 污水管网，完成正本清源小区改造 12342 个，通过补齐管网缺口，消除管网系统盲区，使点源污染得到全面、有效的控制。因此，伴随着点源污染问题的解决，雨水径流污染控制将成为下阶段工作重点。

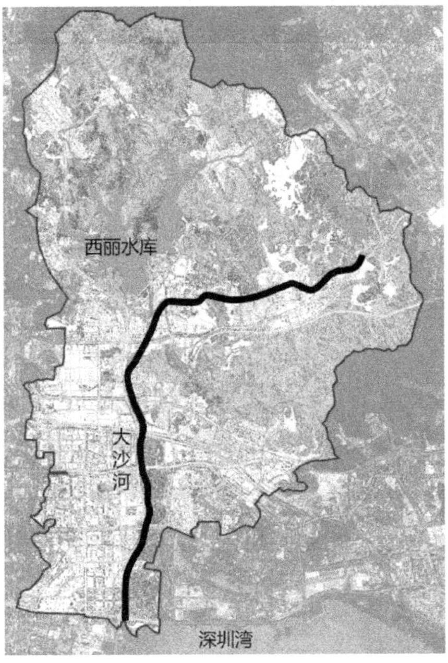

图 11-1　大沙河流域示意图

由于雨水径流污染受降雨条件、下垫面类型、海绵化改造、排水管网运行情况等因素影响，固定、单一的截流形式难以实现对雨水径流污染的精准、高效收集。过多的雨水截排导致污水厂进厂水量大、水质波动大，影响污水处理效率；截流不足又难以达成河道水环境目标。为做好雨水径流污染精细收集和调度，保障水质达标，有必要选择条件较好的流域开展相关研究和示范建设。

大沙河位于深圳市南山区，起始于长岭陂水库溢洪道，由东向西流过长岭陂村、福光村、塘朗村、平山村，与西丽水库溢洪道汇流后折转流向，由北向南流经珠光、光前、大冲村，穿过深南大道、滨河立交汇入深圳湾。是南山区的主要河流，流域面积 92.99km^2，干流长 13.7km（图 11-1）。大沙河流域山林及水域面积约 60.3km^2，占总面积的 64.8%，建成区约 32.7km^2，占总面积的 35.2%。大沙河流域已建成沿河截污干管和初雨箱涵两套系统，除部分城中村外，其余小区雨污分流已完成，具备利用沿河初雨箱涵开展雨水径流污染精细收集与调度示范建设条件。

本项目以大沙河流域为研究对象，通过开展流域水质水量特征及治理目标研究、面源污染识别和产生规律研究、排水系统运行工况和受纳水体环境容量研究、面源污染控制系统策略和工程措施研究、面源污染精准收集与调度方案研究、示范排口精准截污与调度系统建设等工作，分析雨水污染分布特征和累积—冲刷规律，提出系统化的初雨水污染控制措施方案，制定初雨水的精细收集和智能调度方案，并建设智能启闭系统和管控平台，确保高效、精准收集雨水污染，为流域水环境持续稳定提升提供技术示范（图 11-2）。

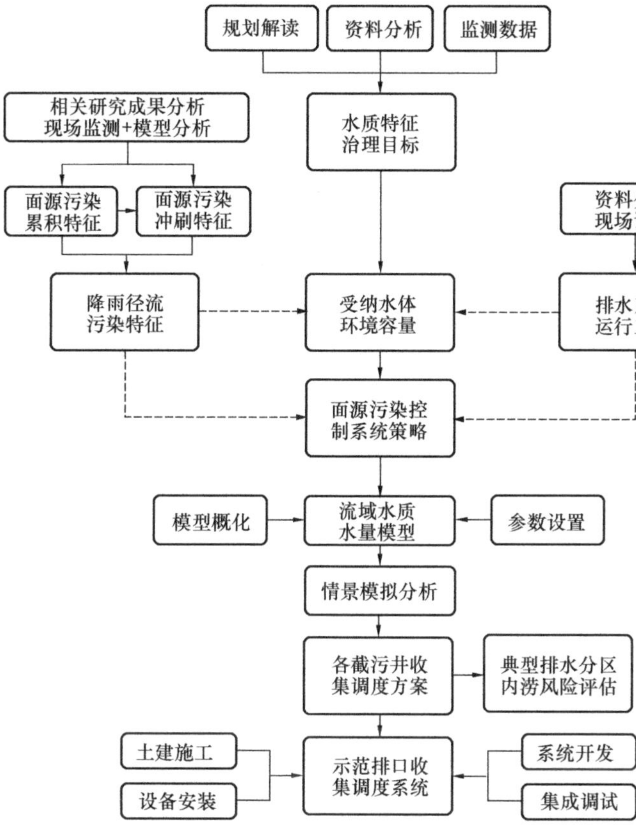

图 11-2 工作技术路线图

11.2 项目内容

11.2.1 流域水质水量特征及治理目标研究

根据监测资料，自 2017 年 7 月～2019 年 2 月，大沙河河口断面水质总体达到地表水Ⅴ类，个别超标时段主要出现在汛期。根据深圳市治水提质、污染防治攻坚战等要求，大沙河水质目标为地表水Ⅴ类（表 11-1、图 11-3）。

大沙河水质监测统计表 **表 11-1**

监测断面	监测指标	最大(mg/L)	最小(mg/L)	平均(mg/L)	Ⅲ类以上比例	Ⅳ类以上比例	Ⅴ类以上比例	劣Ⅴ类比例
大学城	COD	38.50	6.00	12.00	84.00%	94.00%	100.00%	0.00%
	氨氮	8.38	0.09	1.35	82.00%	84.00%	86.00%	14.00%
	总磷	2.12	0.03	0.31	58.00%	68.00%	74.00%	26.00%

续表

监测断面	监测指标	最大(mg/L)	最小(mg/L)	平均(mg/L)	Ⅲ类以上比例	Ⅳ类以上比例	Ⅴ类以上比例	劣Ⅴ类比例
珠光桥	COD	23.70	6.00	10.80	96.00%	100.00%	100.00%	0.00%
	氨氮	2.26	0.12	0.66	78.00%	86.00%	96.00%	4.00%
	总磷	0.40	0.04	0.16	76.00%	90.00%	100.00%	0.00%
北环大道	COD	22.90	6.00	12.20	92.00%	100.00%	100.00%	0.00%
	氨氮	2.65	0.17	0.71	74.00%	84.00%	96.00%	4.00%
	总磷	0.31	0.06	0.14	82.00%	98.00%	100.00%	0.00%
大冲桥	COD	26.20	6.00	12.50	88.00%	100.00%	100.00%	0.00%
	氨氮	2.44	0.11	0.70	80.00%	90.00%	96.00%	4.00%
	总磷	0.36	0.05	0.12	92.00%	98.00%	100.00%	0.00%
河口	COD	167.00	6.00	19.90	70.00%	92.00%	96.00%	4.00%
	氨氮	8.81	0.10	1.25	72.00%	80.00%	86.00%	14.00%
	总磷	1.38	0.04	0.23	66.00%	80.00%	92.00%	8.00%

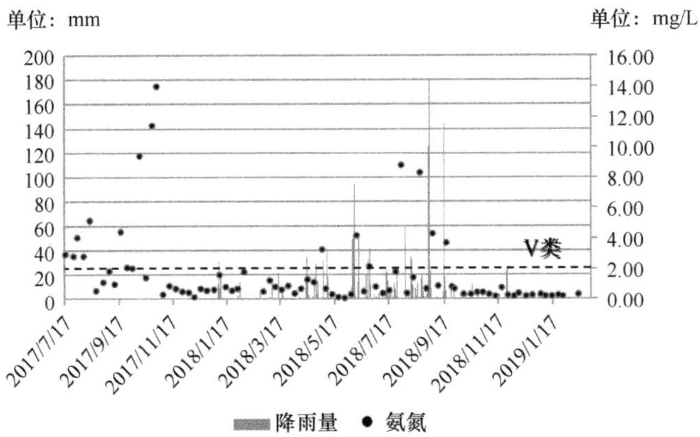

图 11-3　大沙河河口水质情况

11.2.2　径流污染识别和产生规律研究

通过对流域范围内用地功能、下垫面类型、道路等级、人口密度、上游汇水水质等多种因素综合分析，及对排水分区、地块和排污口开展面源污染的监测，网格化和定量化识别面源污染源及其分布，掌握大沙河流域面源污染特征、产生和排放规律。在此基础上，搭建流域水质水量模型，测算在不同降雨条件下流域面源污染排放量和空间分布。

1. 监测区域

考虑到用地类型的多样性、下垫面类型的丰富性，以及管网分布的复杂程度，选择包含一个闭合排水分区的区域作为典型下垫面的主要监测区域，同时对排水分区内的雨水口进行水质和水量的跟踪监测。主要监测区域位于大沙河上游，西丽大学城东南部，占地面积为 3.4km^2，区域用地类型包括居住区、工业区、商业区、文教区及城中村等。针对不同用地类型的屋面、道路、铺装、绿地以及市政管网的排放口，共布置18个监测点位，覆盖居住区、工业区、商业区、文教区、城中村等用地类型，具体如表11-2、图11-4所示。

监测点位布置　　表11-2

类型	子类	点位个数	类型	子类	点位个数
屋面	居民区	1	铺装	居民区	1
	工业区	1		工业区	1
	商业区	1		商业区	1
	文教区	1		文教区	1
	城中村	1		城中村	1
道路	次干路	1	绿地	公园绿地	1
	支路	1		街旁绿地	1
	城中村	1		小区绿化	1
排口		1		工业绿化	1

图11-4　监测区域及点位示意图

2. 分析模型

（1）地表污染物累积模型

城市地表污染物具有晴天积累、雨天排放的特点。相关研究认为，地表污染物的累积速率在降雨之后的最初几天最快，随干旱时间增加而逐渐减小，由此建立地表污染物累积的饱和函数模型，即地表污染物随着降雨过程的逐渐推进呈饱和函数关系，积累到最大值时停止累积。

$$B=\frac{C_1 t}{C_2+t} \tag{11-1}$$

式中　B——污染物累积量；

t——污染物累积时间；

C_1——最大累积可能；

C_2——半饱和常数。

（2）地表污染物冲刷模型

国内外对径流污染冲刷模型研究较多，大多数认为污染径流冲刷过程是一个指数冲刷的过程。SWMM 可设置的冲刷模型包括指数冲刷模型、流量特定曲线和场次降雨平均浓度，为同时反映污染物冲刷量与地表累积总量和径流量的函数关系，本研究选择指数冲刷模型，一般用污染负荷冲刷率 W_t 表示，具体表达式为：

$$W_t = C_1 q_t^{C_2} (P_0 - W_{pt})$$

式中 P_0——集水区污染负荷累积量（kg）；

W_t——t 时刻集水区雨水径流污染负荷冲刷率（kg/h）；

q_t——t 时刻集水区单位面积径流率（mm/h）；

W_{pt}——0～t 时刻集水区雨水径流污染负荷冲刷累积量（kg）；

C_1——冲刷系数，反映了冲刷时污染负荷的衰减情况，一般而言，集水区 C_1 越大，其内聚集的非点源污染物越容易（快）被冲刷干净。

C_2——冲刷指数，在式中为单位面积径流率的幂指数，它反映了降雨径流（可以用 q_t 表示）对污染物冲刷强度的影响。

（3）模型参数

基于监测结果的分析，参考深圳市及其他高密度城市地区相关研究成果，最终确定累积-冲刷模型参数，具体如表 11-3、表 11-4 所示。

累积模型饱和函数典型取值表 **表 11-3**

下垫面类型	参数	SS	COD	氨氮	TP
铺装	最大累积量（kg/hm²）	180	10	0.8	0.3
	半饱和常数（d）	7	7	7	7
道路	最大累积量（kg/hm²）	230	15	0.057	0.2
	半饱和常数（d）	4	4	4	4
屋顶	最大累积量（kg/hm²）	140	6.8	0.8	0.2
	半饱和常数（d）	10	10	10	10
绿地	最大累积量（kg/hm²）	100	33.9	1.28	1
	半饱和常数（d）	20	20	20	20

冲刷模型指数函数典型取值表 **表 11-4**

下垫面类型	参数	SS	COD	氨氮	TP
铺装	冲刷系数	0.008	0.14	0.1	0.015
	冲刷指数	1.8	1	1	1.8
	清扫频率（天）	70	70	70	70

续表

下垫面类型	参数	SS	COD	氨氮	TP
道路	冲刷系数	0.008	0.1	0.1	0.008
	冲刷指数	1.8	1.1	1.1	1.6
	清扫频率（天）	70	70	70	70
屋顶	冲刷系数	0.004	0.05	0.026	0.002
	冲刷指数	1.8	1	1	1.7
绿地	冲刷系数	0.03	0.01	0.008	0.042
	冲刷指数	1.2	1.2	1.2	1.2

3. 流域水质水量模型

根据地形、下垫面、排水管网及相关水工设施等基础数据，筛选、整合和标准化数据信息，概化排水管网，划分流域的子汇水区。结合径流污染累积-冲刷规律的研究成果和相关研究经验确定 SWMM 模型参数，建立流域水质模型，进行典型降雨过程的水质模拟。

（1）模型概化

对排水分区的排口特征、受纳水体进行分析，整合相邻的小排水分区为一个子汇水区，将雨水径流汇入水库、湖泊等的排水分区纳入对应水库、湖泊的子汇水区，最终确定大沙河流域共划分为 41 个子汇水区，每个子汇水区的径流通过一个排水口进入大沙河（图 11-5）。同时，将河道概化为由节点（雨水口、检查井或其他构筑物）、排水通道（河道、管道、沟渠等）和排水出口构成的线状网络，排水系统的主要属性参数包括：排水节点顶部/底部高程、埋深、排水管渠长度、断面形状、管材粗糙系数等。

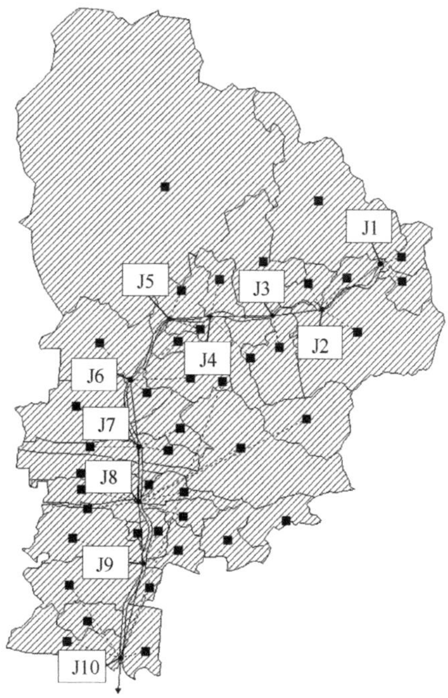

图 11-5 流域概化示意图

（2）污染负荷计算

通过模拟降雨量在 10～60mm 之间的 5 场降雨过程，分析不同降雨强度条件下，大沙河流域径流污染冲刷量和冲刷浓度、关键河道断面径流污染负荷以及河道水质水量变化情况（图 11-6）。

分析可得，随着降雨强度的增大，流域地表径流中的污染物负荷逐渐增大。其中随径流量的增加，污染物冲刷量增长负荷大小为 SS＞COD＞氨氮＞TP，增长比例为 SS＞COD＞TP＞氨氮，具体如表 11-5 所示。

（3）污染物负荷变化过程分析

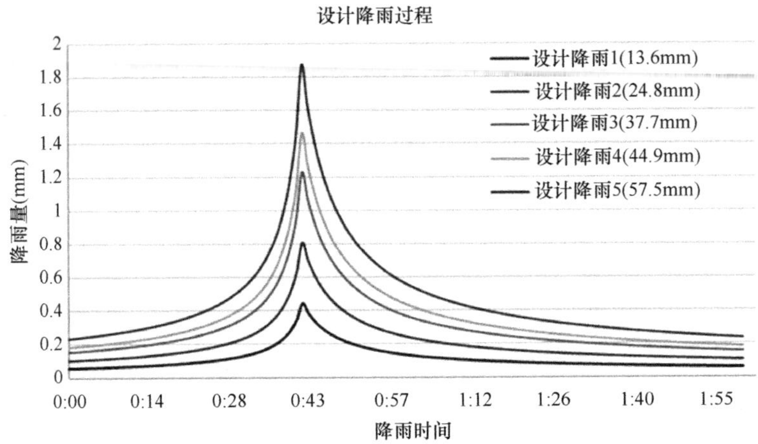

图 11-6　不同降雨强度的设计降雨过程

设计降雨过程污染物冲刷负荷　　表 11-5

设计降雨序号	场次降雨量（mm）	场次地表径流量（mm）	SS 冲刷负荷（kg）	COD 冲刷负荷（kg）	氨氮冲刷负荷（kg）	TP 冲刷负荷（kg）
1	13.587	3.865	38653.2	18134.1	615.8	348.2
2	24.823	9.31	141842.2	38495.2	1222.2	964.4
3	37.66	15.589	287520.8	55574.6	1698.3	1590
4	44.942	19.158	365360	63081.9	1909.3	1863.9
5	57.453	25.296	473977	73227.2	2212.8	2207.1

在不同设计降雨条件下，流域地表污染物随降雨过程逐渐累积：在降雨初期 0.5h 内，由于地表洼蓄和下渗，地表径流污染物的冲刷负荷较小；随降雨历时增加，雨水径流持续冲刷，在 1h 地表污染物冲刷负荷达到场次降雨污染物冲刷总量的 5%～35%，在 2h 达到 43%～88%，在 3h 达到 70%～97%，在 12h 达到 100%。

通过分析径流总量和污染物负荷的累积关系可知，在降雨量为 10mm 左右时，地表径流污染物的冲刷负荷随径流量的累积而呈近似线性增长；随降雨强度增大，地表径流中的污染物负荷初期冲刷越显著，显著程度为 SS>TP>COD>氨氮。

11.2.3　排水系统运行工况和受纳水体环境容量研究

通过初步研究沿河截污箱涵及水质净化厂的建设运行情况，估算大沙河排水系统调蓄处理雨水径流的能力；并基于 TMDL 理论（Total Maximum Daily Loads，最大日负荷总量），估算不同降雨条件下河道纳污能力。

1. 水质净化厂规模

大沙河流域内共涉及两个污水处理系统，即西丽水质净化厂、南山水质净化厂。

西丽水质净化厂服务大沙河上游片区 14.29km^2，规模 5 万 m^3/d，近期出水将从一级

A类提至准Ⅳ类，向大沙河补水。结合实际运行参数，西丽厂雨季负荷率明显升高，通过对降雨/非降雨期厂站处置能力分别统计，推算西丽厂允许入厂雨水负荷为 40140m^3/d。

南山水质净化厂是深圳市目前处理规模最大的污水处理厂，规模 56 万 m^3/d，服务面积 86.43km^2，其中大沙河流域面积 31.52km^2。结合实际运行参数可得，总允许入厂雨水负荷为 114772m^3/d，估算大沙河流域内水力负荷、污染负荷比例均为 0.37，推算大沙河流域入厂雨水负荷为 42884m^3/d。

2. 初雨截污箱涵规模

大沙河两岸设截污箱涵，通过沿河道两侧敷设截流箱涵（管），作为两岸排水口漏排污水和初期雨水的末端截流系统。该箱涵依照 7mm-1h 的降雨强度、区域综合径流系数为 0.7 的初雨水截流规模开展设计，其主截流箱涵尺寸为 2m×2.5m～4m×3m，长约 2265m；龙井河支流截流箱涵 1.5m×2.0m，长约 1.85km。通过逐段统计，截污箱涵调蓄容积可达 186841m^3。

3. 河道环境容量

大沙河作为雨源性河流，除河川基流量外，河水的主要来源为再生水补水和降雨径流。根据目前的资料情况，大沙河内的再生水补水主要来自西丽水质净化厂，平均出水量为 4.07 万 m^3/d，出水水质为准Ⅳ类。降雨径流在不同重现期、不同历时的浓度值会有较大变化，考虑到雨水径流污染的控制需在保障水安全的前提下进行，选择不同降雨条件进行分析。

由于降雨条件下河道汇水的连续性，本项目采取分河段累积汇水的形式，假定河川基流、再生水量均为Ⅴ类，降雨本底水质为无污染，推算降雨条件下各河段污染负荷，即降雨条件下的受纳水体环境容量（表 11-6～表 11-8）。

$$W = 0.01(1+K)C_i \sum Q_{降雨} + 0.01(C_j - C_1 + KC_j)Q_{补水} + 0.01(C_j - C_2 + KC_j)Q_{基流} - MOS$$

式中 W——流域水环境容量（t/d）；

$\sum Q_{降雨}$——河段累积汇水量（万 m^3/d）；

C_j——目标水质（万 m^3/d）；

$Q_{补水}$——河道补水量（万 m^3/d）

$Q_{基流}$——河川基流量（万 m^3/d）

C_1——河道补水水质（mg/L）

C_2——河川基流水质（mg/L）；

MOS——安全余量，取环境容量的 10%。

各河段汇水分区典型降雨重现期下的环境容量最大值（COD，单位：kg）　表 11-6

重现期 河段	16d	1month	2month	3month	6month
J0-J1	120.10	252.13	403.13	488.84	636.32
J1-J2	849.44	1936.59	3188.31	3899.17	5121.90
J2-J3	846.01	1990.31	3311.05	4061.80	5353.19

续表

河段 \ 重现期	16d	1month	2month	3month	6month
J3-J4	297.76	665.97	1088.22	1327.93	1739.99
J4-J5	334.09	762.25	1254.18	1533.63	2013.44
J5-J6	1775.03	3374.63	5220.06	6269.25	8073.74
J6-J7	1318.72	3139.91	5243.36	6439.62	8496.76
J7-J8	1873.73	4354.27	7213.99	8839.70	11635.56
J8-J9	852.21	2021.57	3371.88	4139.95	5460.62
J9-J10	1051.03	2447.35	4056.46	4971.29	6543.98

各河段汇水分区典型降雨重现期下的环境容量最大值（氨氮，单位：kg）　　表 11-7

河段 \ 重现期	16d	1month	2month	3month	6month
J0-J1	5.74	12.08	19.33	23.44	30.52
J1-J2	40.68	92.86	152.94	187.06	245.75
J2-J3	40.55	95.47	158.87	194.90	256.89
J3-J4	14.26	31.94	52.21	63.71	83.49
J4-J5	16.01	36.56	60.18	73.59	96.62
J5-J6	82.98	159.76	248.34	298.70	385.31
J6-J7	63.23	150.64	251.61	309.03	407.77
J7-J8	89.77	208.84	346.10	424.14	558.34
J8-J9	40.85	96.98	161.80	198.67	262.06
J9-J10	50.36	117.39	194.62	238.54	314.03

各河段汇水分区典型降雨重现期下的环境容量最大值（总磷，单位：kg）　　表 11-8

河段 \ 重现期	16d	1month	2month	3month	6month
J0-J1	1.10	2.31	3.70	4.49	5.85
J1-J2	7.78	17.78	29.29	35.83	47.08
J2-J3	7.76	18.29	30.44	37.34	49.22
J3-J4	2.73	6.12	10.00	12.21	16.00
J4-J5	3.06	7.00	11.53	14.10	18.51
J5-J6	15.44	30.16	47.13	56.79	73.39
J6-J7	12.10	28.86	48.21	59.22	78.14
J7-J8	17.17	39.99	66.30	81.26	106.98
J8-J9	7.82	18.58	31.00	38.07	50.22
J9-J10	9.64	22.48	37.29	45.70	60.17

11.2.4　径流污染精准收集与调度方案研究

1. 总体思路

根据“厂-网-河-城”的系统思路，精准截污及调度系统需考量在不同降雨条件下的河道环境容量和污染负荷变化，以满足水质目标和厂站能力为边界条件，对雨水径流进行收集调度。精准截污系统控制参数需通过对不同降雨条件下的污染负荷与区域环境容量进行比对，确定其控制调度方式。其中，当环境容量值大于污染负荷累积量时无需收集；当环境容量值小于污染负荷累积量时，则需采取调度措施，使得溢流污染雨水满足大沙河的水环境承载能力，截流初雨负荷则需满足污水厂的实际承载能力。如图11-7所示。

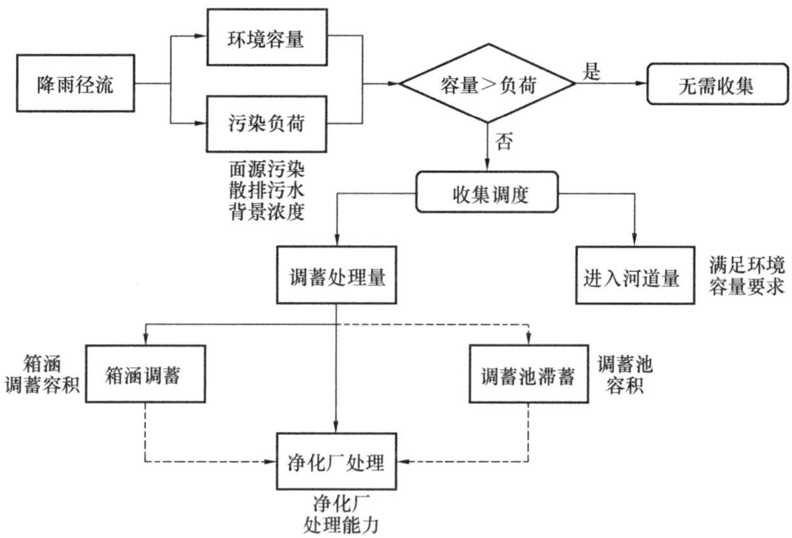

图11-7　初期雨水精准收集预调度示意图

结合大沙河流域排水系统工况，截流初雨负荷主要由截污箱涵及厂站进行调蓄，当截流初雨负荷大于箱涵及厂站调蓄能力之和时，则需构建初雨调蓄池，实现对初雨负荷的进一步消纳（表11-9）。

雨水负荷去向分析　　表11-9

雨水类型	雨水去向	截排条件
初期雨水负荷	截污箱涵、厂站	低于厂站控制能力
	调蓄池	若超出厂站及箱涵控制能力，否则不设
后期雨水负荷	进入河道	低于环境容量

2. 径流污染负荷分析

降雨污染负荷主要考虑径流污染、散排污水及河川基流背景浓度值。其中，径流污染依照污染物累积-冲刷规律根据模型进行判定，得到不同降雨条件下的污染物浓度变化曲线；散排污水量依照污水漏排率5%计；河川基流背景浓度值按Ⅲ类，可忽略不计。

依据散排污水量的统计及径流污染负荷的SWMM模型结果，分别推得在不同降雨量条件下，各河段的污染物负荷量最大累积量及负荷变化过程。以 J0-J1 断面为例，其污染物在不同降雨条件下的累积负荷变化如表 11-10 所示。

J0-J1 断面在不同降雨条件下的污染物最大累积负荷　　表 11-10

降雨量	SS（kg/d）	COD（kg/d）	NH_3-N（kg/d）	TP（kg/d）
13.6mm	622.76	255.55	6.07	7.98
24.8mm	1767.56	622.01	13.01	20.90
37.7mm	3280.05	1034.85	20.45	36.03
44.9mm	4175.28	1257.88	24.43	44.23
57.5mm	5710.71	1618.08	30.95	57.31

3. 精准收集与调度参数

入河污染负荷及河道环境容量均随降雨径流的汇入而增加，且在控制入河径流污染量的同时，也将减少入河水量，故在精准截污与调度时，需避免出现河道纳污能力低于未控制径流污染负荷的情景。因此，为保障河道水质达标，需确定径流控制点，使得进入河道的污染量不超过河道纳污能力。通过降雨全过程模拟，可获得任一时刻后续污染负荷与纳污能力增量变化曲线，据此确定径流控制点，结合径流累积曲线和污染浓度变化曲线，确定相应的控制指标（图 11-8）。

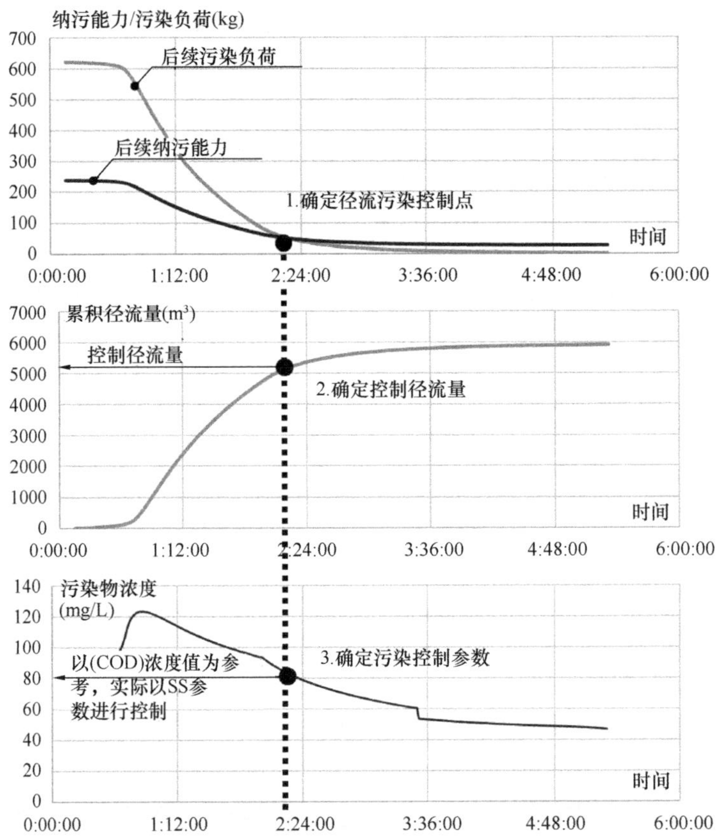

图 11-8　某断面径流污染控制指标确定示意图

4. 径流调蓄处理方案

(1) 初雨调蓄池的构建

在现有排水系统条件下，截排雨水需通过箱涵进行滞蓄后，进入水质净化厂进行处理。经核算，大沙河流域初雨箱涵与水质净化厂调蓄处理雨水径流量最大值为 269865m³/d，具体如表 11-11 所示。

大沙河流域可调蓄处理的雨水径流量　　表 11-11

排水设施	雨水径流处理能力 (m³/d)
西丽厂	40140
南山厂	42884
截污箱涵	186841
总计	269865

通过对以上各降雨条件下的径流控制点分析可以发现，雨水径流截排量随降雨量增加呈先升后降的趋势，并在 37.7mm 时截排量最大，为 455947m³，超出箱涵调蓄量与水质净化厂处理能力 269865m³，故初步确定大沙河内需构建初雨调蓄设施 18.6 万 m³。

(2) 径流调蓄处理方式

实际降雨时，雨水截入顺序为：箱涵→调蓄池→厂站。通过对各降雨条件下的累积截排量分析，确定其箱涵、调蓄池、厂站的滞蓄雨量。其中，降雨量为 13.6mm 的截排量为 185205.6m³，仅通过箱涵即可控制；而在降雨量为 37.7mm 时，则需箱涵、调蓄池、厂站全部满负荷运行，具体如表 11-12 所示。

不同降雨量下的截排量分配统计　　表 11-12

降雨量	截排雨量 (m³)	所需调蓄空间 (万 m³)		
		截污箱涵	调蓄池	水质净化厂
13.6mm	185205.6	18.5	—	—
24.8mm	435195.6	18.7 (满)	18.6 (满)	6.2
37.7mm	455947.2	18.7 (满)	18.6 (满)	8.3 (满)
44.9mm	422332.8	18.7 (满)	18.6 (满)	4.9
59.5mm	348787.8	18.7 (满)	14.4	—

11.3　探索创新

本项目通过对雨水径流污染采取精准截流与动态调度的控制方式，协调和优化了河道污染控制需求与城市污水处置能力之间的关系，为我国城市雨水径流污染控制及水环境提升提供新思路、新技术、新手段。

该项目针对雨水径流污染负荷随降雨强度、时长、晴天间隔、下垫面等因素变化的实际情况，定量甄别排水系统对雨水径流污染从产生到排放全过程的影响，结合城市河流对雨水径流污染的承受能力随河道水质水量特征、雨量变化的特点，以深圳市大沙河流域为例，围绕“动态控制雨水径流污染，实现河流水质达标”这一核心目标，按照“厂-网-河-城”系统化治理思路，基于环境容量控制的理论依据，综合运用现场监测、数值模拟、地理信息系统等技术，评估径流污染控制边界条件，定量分析雨水径流污染产生规律、污水处理系统对雨水径流的处理能力及河道水环境对雨水径流污染的承受能力，提出雨水径流污染动态控制系统方法：

（1）在已有雨水径流污染累积-冲刷规律成果的基础上，通过全面考虑雨前干旱时间、降雨强度、管网沉积物冲刷等因素，对径流污染排放过程、下垫面累积-冲刷过程进行研究，合理分布典型下垫面及管网关键节点的监测点位，并采取技术适宜性较强的取样方法，确保监测方案的全面性、科学性。

（2）将环境容量理念应用拓展到城市水文循环的层面，基于“厂-网-河-城”系统整治思路，将雨水径流污染控制与污水厂站处置能力、河道水质目标统筹兼顾，在综合考虑现阶段不可避免的污水漏排、管网沉积物冲刷等污染问题的同时，在海绵化改造实现源头净化的基础上，结合已有初雨截污设施，开展针对末端雨水径流污染的动态控制系统研究工作，形成源头-过程-末端相协调的系统化控制方案。

（3）突破雨水径流污染静态控制的传统技术思路，通过结合精准收集与动态控制的模型模拟结果，提出可定量监测并具有弹性的控制参数，在满足静态最大污染负荷控制的工程规模基础上，实现雨水径流污染的高效、精准控制。

附 录

附录 1　雨水径流污染相关术语

1. 雨水径流污染　rainwater runoff pollution

在降雨作用下，大气悬浮污染物被雨水淋洗带到地面或地面累积污染物被径流冲刷，经由排水系统收集、输送，最终排入河流、湖泊等受纳水体而形成的水污染。

2. 城市雨水径流污染　urban stormwater pollution

指在城市建设区域内，通过降雨和地表径流冲刷，将城市大气和地表中的污染物带入受纳水体，使受纳水体遭受污染的现象；也指合流制排水系统中，超过截流倍数的雨污水溢流进入受纳水体，使受纳水体遭受污染的现象。

3. 初期雨水　initial rainwater

一场降雨事件中降雨形成径流初期的某一部分雨水。

4. 初期冲刷效应　first flush effect

一场降雨事件中径流形成初期污染物含量高于径流后期的现象。

5. 排水系统　waste water engineering system

收集、输送、处理、再生和处置污水和雨水的设施以一定方式组合成的总体。

6. 城市雨水系统　urban drainage system

收集、输送、调蓄、处置城市雨水的设施及行泄通道以一定方式组合成的总体，包括源头减排系统、雨水排放系统和防涝系统三部分。

7. 排水体制　sewerage system

在一个区域内收集、输送污水和雨水的方式，有合流制和分流制两种基本方式。

8. 排水设施　wastewater facilities

排水工程中的管道、构筑物和设备等的统称。

9. 合流制　combined system

用同一管渠系统收集、输送污水和雨水的排水方式。

10. 合流制管道溢流　combined sewer overflow

降雨时，在合流制排水系统中超过截流能力的水排入水体的状况。

11. 分流制　separate system

用不同管渠系统分别收集、输送污水和雨水的排水方式。

12. 面源污染　diffuse pollution，Non-point Source Pollution

通过降雨和地表径流冲刷，将大气和地表中的污染物带入受纳水体，使受纳水体遭受污染的现象。

13. 城镇污水　urban wastewater，sewage

综合生活污水、工业废水和入渗地下水的总称。

14. 生活污水　domestic wastewater，sewage

居民生活产生的污水。

15. 工业废水　industrial wastewater

工业企业生产过程产生的废水。

16. 入渗地下水　infiltrated ground water

通过管渠和附属构筑物进入排水管渠的地下水。

17. 径流系数　runoff coefficient

一定汇水面积内地面径流量与降雨量的比值。

18. 径流量　runoff

降落到地面的雨水，由地面和地下汇流到管渠至受纳水体的流量的统称。径流包括地面径流和地下径流等。在排水工程中，径流量指降水超出一定区域内地面渗透、滞蓄能力后多余水量产生的地面径流量。

19. 暴雨强度　rainfall intensity

单位时间内的降雨量。工程上常用单位时间单位面积内的降雨体积来计，其计量单位以 $L/(cs \cdot hm^2)$ 表示。

20. 重现期　recurrence interval

在一定长的统计期间内，等于或大于某统计对象出现一次的平均间隔时间。

21. 低影响开发（LID）　low impact development

强调城镇开发应减少对环境的冲击，其核心是基于源头控制和延缓冲击负荷的理念，构建与自然相适应的城镇排水系统，合理利用景观空间和采取相应措施对暴雨径流进行控制，减少城镇面源污染。

22. 截流倍数　interception ratio

合流制排水系统在降雨时被截流的雨水径流量与平均旱流污水量的比值。

23. 调蓄池　detention tank

用于储存雨水的蓄水池。根据是否有沉淀净化功能分为接收池、通过池和联合池。

24. 接收池　interception tank

不具有沉淀净化功能的调蓄池。调蓄池充满后，后续来水不再进入调蓄池。

25. 通过池　purification tank

具有沉淀净化功能的调蓄池。调蓄池充满后，后续来水继续进入调蓄池，而沉淀净化后的雨污水溢流至水体。

26. 联合池　interception and perification tank

由接收池和通过池组成的调蓄池。雨污水首先进入接收池，接收池充满后，后续来水再进入按照通过池建造的净化部分。

27. 雨水调蓄　stormwater detention and retention

雨水调节和储蓄的统称。雨水调节是指在降雨期间暂时储存一定量的雨水，削减向下游排放的雨水峰值流量，延长排放时间，实现削减峰值流量的目的。雨水储蓄是指对径流雨水进行储存、滞留、沉淀、蓄渗或过滤以控制径流总量和峰值，实现径流污染控制和回收利用的目的。

28. 隧道调蓄工程　tunnel storage engineering

采用隧道及其附属设施调节、储蓄、排放雨水的工程。

附录 2　国外雨水径流污染相关规范与标准梳理表

国外雨水径流污染相关规范与标准梳理表

国家	规范与标准名称	内容概要
美国	《清洁水法》(*Clean Water Act*)	严禁向国家水域排放污水，规定向水域排放的污水应满足污水排放的限值，并且达到指定用途的水体所要求的水质标准；构建国家污染物排放控制系统许可制度（NPDES Permits），授权满足污染排放限值的污染物排放行为，落实污染排放管控
	《CSO 控制策略》(*CSO Control Strategy*)	将 CSO 溢流污染作为点源污染列入国家污染排放许可和清洁水法控制范围，要求 CSO 达到规定控制目标
	《CSO 控制政策》(*CSO Control Policy*)	提出 CSO 九项基本控制措施（Nine Minimum Controls，NMC）和长期控制规划（Long-term Control Plan，LTCP）的要求，为 CSO 控制提供技术指导
	《市政雨污水综合规划方法框架》(*Integrated Municipal Stormwater and Wastewater Planning Approach Framework*)	统筹协调 CSO 污染控制与雨水、污水等水问题，强调绿色基础设施（GI）应用对于流域综合管理的重要性
	《绿色化 CSO 控制规划：GI 控制 CSO 的规划与模拟》[*Greening CSO Plans：Planning and Modeling Green Infrastructure for Combine Sewer Overflow*（*CSO*）*Control*]	应用绿色基础设施（GI）控制 CSO 污染的规划与模型模拟技术指导
澳大利亚维多利亚州	《环境保护法案》(*Environment Protection Act*)	规定雨水径流污染应实施相应的控制设施以降低其对环境的负面影响
	《维州环境保护政策》(*State Environment Protection Policy*)	规定强制执行使用水敏型城市设计进行综合水管理，以减少雨水径流和径流污染的排放，收集利用雨水资源
英国	欧盟《城市污水处理法令》(*Urban Wastewater Treatment Directive* 1991)	要求欧盟成员国采取措施改善和控制合流制系统、雨水调蓄池和污水处理厂的间歇性的雨天混合污水溢流排放事件
	欧盟《水框架指令》(*Water Framework Directive* 2000)	提出到 2015 年实现水体生态和环境达到良好状态的目标，规定成员国采用统一的排放标准，家庭、农业和工业均要承担水资源管理费用
	《环境保护法》(*Environmental Protection Act* 1990)	包括废弃物、水污染、空气污染及噪声污染控制的一般内容，规定了污染控制内容和处罚条款

续表

国家	规范与标准名称	内容概要
英国	《水资源法》(*Water Resources Act* 1991)	规定水资源管理的一般结构、预期的受管制水域标准、水污染控制措施和要求以及防洪减灾等相关内容，规定污染物向水体的排放标准，提出对水体生态环境的保育和改善
	《洪水与水资源管理法》(*Flood and Water Management Act* 2010)	明确洪水和水资源管理责任主体，要求制定国家和区域的洪水风险管理策略。强调可持续发展，于 2010 年将可持续城市排水系统（Sustainable Urban Drainage System, SuDS）纳入《洪水与水资源管理法》
德国	《联邦水法》(*Federal Water Act*)	涵盖地下水污染与退化、城市污水处理、环境保护与洪水风险以及社区行动网络框架等内容，提出到 2027 年实现所有水体在水生态和水环境方面都处于良好的状态
	柏林《家用水法》(*Water Household Law* 2010)	规定采用分散的源头雨水滞蓄设施进行场地雨水的渗透和消纳，对场地雨水径流向排水系统的排放收取雨水费用
日本	《水污染控制法》(*Water Pollution Control Law*)	规定工厂和商业设施的污水排放标准，要求控制生活污水的排放及沿海封闭海域污染物的总量，并且实行公众水域的水质监测
	《排水法》(*Sewerage Law*)	要求编制区域污水收集总体规划以改善公共水域的水质，制定项目实施主体结构标准、出水水质标准及污水系统个人使用收费标准，建立国家建设补助机制等。2003 年，CSO 的控制要求被纳入《排水法》
新加坡	《污染控制法》(*Pollution Control Act* 2002)	规定对污水排放系统和开放水道的允许排放的污染物限值，包括温度、pH、BOD_5、COD、TSS 等
	《环境及公众卫生条例》(*Environmental Public Health (Toxic Industrial Waste) Regulations*)	规定对有毒工业废水排放的控制要求
	《污水和雨水排水法》(*Sewergae and Drainage Act* 2001)	规定新加坡公用事业局（PUB）全面负责新加坡供水、排水、水源保护、水回收处理、集水区等一系列水务管理工作
	《地表排水系统实施规程》(*Code of Practice on Surface Water Drainage, Seventh Edition-Dec* 2018)	规定新建项目的地表排水系统包括雨水管渠、明渠和河道等规划设计要求和标准图集。第六版 2013 年修订稿衔接 ABC 水设计景观、雨水调蓄池建设等要求
	《ABC 设计导则》(*ABC Waters Design Guidelines*)	解释说明新加坡 ABC 水项目的目的，ABC 水设计景观的规划和设计，ABC 水项目认证制度等
	《ABC 工程规范》(*Engineering Procedures for ABC Waters Design Features*)	对 ABC 设计导则在工程方面的补充，包括了对 ABC 水设计规划、设施选择、技术设计、材料选择、施工和维护要点等

附录 3　国内雨水径流污染相关规范与标准梳理表

国内雨水径流污染相关规范与标准梳理表

类别	政策与规范名称	内容概要
国家政策要求	《水污染防治行动计划》	简称《水十条》，2015 年 4 月 16 日发布，首次明确了严格的治理效果考核考评制度，要求切实加强水环境管理体系建设，深化污染物排放总量控制，提出七大重点流域水质 2020、2030 年（达到或优于Ⅲ类）比例分别达到 70%、75%以上的主要指标
	《城市黑臭水体整治工作指南》	2015 年 9 月 11 日发布，提出了 2015～2030 年的黑臭水体整治工作目标，并对整治方案、整治技术及整治效果评估等提出了具体要求
	《水体达标方案编制技术指南（试行）》（环办函〔2015〕1711 号）	2015 年 10 月 22 日发布，依据《环境保护法》和《水十条》的目标要求，进一步规定了水体达标方案编制的总体要求、工作步骤、技术路线及达标方案框架
相关技术规范	《城市水系规划规范》 GB 50513	结合径流污染控制要求，该规范在此次修编过程中，强化了面源污染和生态修复在水质保护中的应用；并明确了不同排水体制的汇水区面源污染控制的重点
	《城市防洪规划规范》 GB 51079	根据规范要求，需转变对雨洪的传统认识，注重雨洪利用，基于低影响开发（LID）理念，通过采取入渗、调蓄、收集回用等各种雨洪利用手段，削弱或控制暴雨所产生的径流和污染，促进自然水力循环，优化生态环境
	《城市排水工程规划规范》 GB 50318	该规范明确提出了城市排水工程规划的主要内容，提出需明确雨水滞蓄空间用地、初期雨水与污水处理程度、污水再生利用等要求；并要求因地制宜地推行低影响开发建设模式，削减雨水径流、控制径流污染、调节径流峰值、提高雨水利用率、降低内涝风险
	《室外排水设计规范》 GB 50014（2016 年版）	该设计规范在原有基础上，将“推进海绵城市建设，加强降雨初期的污染防治”等内容纳入其中，并增加了按照低影响开发（LID）理念进行雨水综合管理的规定，要求在城镇规划时，应采用渗透、调蓄等设施减少雨水径流量，减少进入分流制雨水管道和合流制管道的雨水量，减少合流制排水系统溢流次数和溢流量，不仅可有效防治内涝灾害，还可提高雨水利用程度

续表

类别	政策与规范名称	内容概要
相关技术规范	《城镇内涝防治技术规范》GB 51222	该规范明确提出了城镇内涝防治技术，即源头减排设施、排水管渠设施及排涝除险设施。从内涝防治的角度，强调对雨水径流的控制
	《城镇雨水调蓄工程技术规范》GB 51174	该规范强调，在水量方面，雨水调蓄设施的主要功能是削减峰值流量、防治内涝、控制雨水径流污染和雨水综合利用，雨水调蓄设施的设计调蓄量应根据主要功能要求，经计算确定。当雨水调蓄设施具有多种功能时，应分别计算各种功能所需要的调蓄量并根据不同功能发挥的时序，确定取最大值或是合计值作为设计调蓄量。在水质方面，用于控制雨水径流污染和雨水综合利用时，雨水调蓄工程水质受空气质量、前期降雨情况、下垫面类型和清洁程度、排水系统类型和管道沉积情况等因素影响，变化范围大，应以实测数据作为主要设计依据
	《海绵城市建设技术指南——低影响开发雨水系统构建（试行）》（建城函〔2014〕275 号）	2014 年 10 月 22 日发布，明晰了海绵城市的概念，提出了海绵城市建设基本原则，规划控制目标分解、落实及其构建技术框架，明确了城市规划、工程设计、建设、维护及管理过程中海绵城市建设的内容、要求和方法，确定了我国大陆不同地区的年径流总量控制率目标

附录 4　城市雨水径流污染控制系统数据库架构

1. 数据库概述

在城市雨水径流污染控制系统数据库中，有关研究对象的描述信息可分为三种类型：空间特征信息、时间属性信息和专题属性信息（后两者结合在一起共同作为属性特征数据）。空间特征资料记录的是空间实体的位置、拓扑关系和几何特征的资料，这是基于 GIS 的雨水径流污染控制系统同其他水资源信息系统区别的重要标志，建立雨水径流污染控制系统所需的空间数据模型是城市雨水径流污染控制系统空间数据库设计的基础。

（1）空间对象的抽象

根据空间维数的不同，空间对象可分为点、线和面。点、线、面分别是零维、一维和二维。在城市雨水径流污染控制系统中，各个点源污染可以抽象为零维的点，城市排水管网、河流及其支流可以抽象为一维的线，湖泊与城市区划可以抽象为二维的面。

（2）空间数据模型

常用的空间数据模型有栅格模型、矢量模型和不规则三角网模型等。

1）栅格模型

栅格模型是采用栅格表达法描述地理实体的级别、分布特征及位置特征的方法，在栅格表达法中，每一个位置点都表现为一个单元（Cell 或 Pixel），依照行列构成的矩阵称栅格（Grid），每个单元都以一定数值表示其相关的属性。栅格模型特别适用于刻画像地球重力场那样的连续的空间变量，已经广泛应用于图像处理系统中。

2）矢量模型

矢量模型是采用矢量表达法描述空间实体的位置特征、形状特征以及不同实体之间的空间关系分布的方法。矢量表达法把数学中的向量概念引入 GIS 领域中，用边界或表面来表达空间目标对象的面要素；采用一系列结点来表达空间对象的线要素；采用坐标来表达空间的点要素，同时采用标识符（Identifier）表达它的属性。矢量模型非常适用于表达图形对象和高精度制图，已经主导了 CAD 系统和有着强大制图功能的向量 GIS。

3）不规则三角网模型（Triangulated Irregular Newtork，TIN）

TIN 把一个表面表示成一系列相连接的三角形，这些三角形是在一组结点（Nodes）之中按照一定的规则连接相邻结点形成的边（Edges）组成的。基于 TIN 的连续面模型能够有效地描述河流、峡谷、地势等地形区域特征。

地理基础信息是基于矢量数据格式的，在几何上把工业、建筑地块、监测断面、雨水管网、河流、城市区划等实体抽象为点、线、面等基本图形要素。其特点是面向实体，即一个逻辑记录对应于一个地理实体。所以，城市雨水径流污染控制系统数据库采用矢量模型进行数据抽象。

对城市雨水径流污染控制系统来说，属性信息是内涵，是空间信息的纵深描述。属性数据在整个系统中占有很大的比重，在城市雨水径流污染控制系统中占主导地位。它可以在背景信息与地图图形信息的基础上进行综合的和深层次的分析，能为管理、规划与决策提供参考信息，并能够辅助进行空间定位和显示空间实体分布特征。因为城市雨水径流污染控制系统的属性数据与一般事务管理信息系统的数据在很大程度上是相似的，所以仍然采用目前流行的关系型数据库管理系统管理属性数据库。属性数据库与空间数据库的连接通过数据表中的关键字段来实现。

2. 数据库组成

城市雨水径流污染控制系统数据库主要参照《城市排水防涝设施普查数据采集与管理技术导则（试行）》进行构建，涉及相关要素分为点、线、面三种空间要素类型，应按照附表 4-1 的规定对空间数据进行分层存储。

空间要素的分类编码及数据表说明 **附表 4-1**

大类代码	大类名称	小类代码	小类名称	几何特征	数据表名称
01	排水系统	01	排水系统	面	PS _ SYSTEM
02	主要设施	01	检查井	点	PS _ MANHOLE
		02	排水管	线	PS _ PIPE
		03	排水渠	线	PS _ CONDUIT
		04	雨水口	点	PS _ COMB
		05	排放口	点	PS _ OUTFALL
03	附属设施	01	排水泵站	点	PS _ PUMPSTATION
		02	截流设施	点	PS _ INTERCEPTION
		03	调蓄设施	点	PS _ RETENTION
		04	溢流堰	点	PS _ WEIR
		05	闸门	点	PS _ GATE
		06	阀门	点	PS _ VALVE
		11	设施空间范围	面	PS _ INAREA
11	其他设施相关要素	01	易涝区域	面	PS _ FLOOD
		02	城市受纳水体（河道）	线	PS _ RIVER
		03	河道桩号	点	PS _ RIVERNODE
		04	城市受纳水体（湖泊）	面	PS _ LAKE
		05	城市水工设施	点	PS _ RIVERGATE
		11	排水户	点	PS _ DISCHARGER
		12	汇水区	面	PS _ CATCHMENT
		99	其他设施		

除了上述空间要素之外，城市雨水径流污染控制系统数据库还有一些不涉及空间信息的属性表，应按照附表 4-2 进行构建。

属性数据表名称及说明 附表 4-2

序号	数据名称	属性数据表名	说明
1	设施权属及养护信息表	PS_MANAGMENT	关联各类设施
2	监测点数据表	PS_MONITOR	关联检查井或管渠
3	液位、流量与雨量监测数据表	PS_MONITOR_SL	关联监测点
4	水质监测数据表	PS_MONITOR_SZ	关联监测点
5	管渠内窥检测数据表	PS_DETECT_ZY	关联排水管、排水渠
6	泵站泵参数数据表	PS_PUMP_ZY	关联排水泵站、截流设施或调蓄设施
7	控制规则参数表	PS_CONTROL_ZY	
8	*XY* 曲线参数表	PS_XYDATA_ZY	
9	已有资料收集情况表	PS_DATALIST	

城市雨水径流污染控制系统数据库推荐数据类型包括整型、字符型、数值型和时间型，对应的标识符分别为 I、C、D、T。字符型的格式为 C(n)，n 为十进制数字，描述字符串的最大长度；数值型的格式为 D(N，n)，N 为十进制数字，描述数值型数据的位数，n 为十进制数字，描述数值型数据的小数位数。

每个设施均应赋唯一的标识码，标识码结构为：设施代码+流水号。其中，流水号为 7 位，从 0000001 顺序编码。设施代码由 10 位数字组成，依次为：行政区划代码 6 位、大类代码 2 位、小类代码 2 位。行政区划代码按照《中华人民共和国行政区划代码》GB/T 2260的规定执行，大类代码与小类代码按照附表 4-1 的规定执行。设施代码结构如附图 4-1 所示。

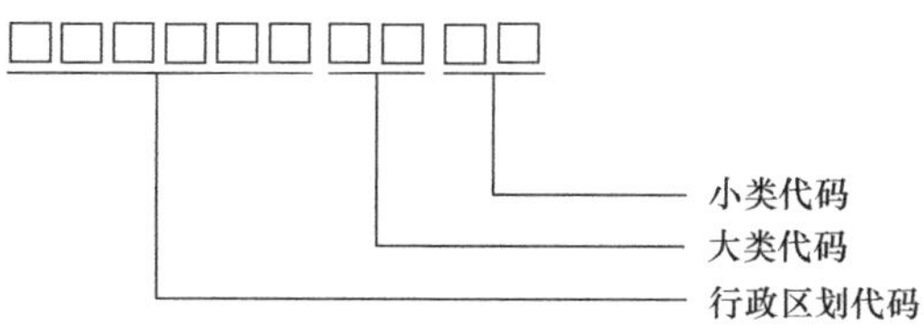

附图 4-1 设施代码结构图

附表 4-2 规定的属性数据表中数据的标识码在其数据表中应是唯一的，并按照入库的先后顺序从小到大进行编码。

3. 基础表格内容

见附表 4-3～附表 4-21。

排水系统基础信息数据表 附表 4-3

序号	中文字段名称	英文字段名称	推荐数据类型	说明
1	排水系统标识码	SystemID	C(17)	唯一编码
2	系统名称	SysName	C(100)	排水系统的名称
3	系统类型	SysType	I	1—雨水；2—污水；3—合流；4—其他
4	汇水面积	ServiceArea	D(10，2)	排水系统的覆盖总面积，单位：hm^2

续表

序号	中文字段名称	英文字段名称	推荐数据类型	说明
5	记录建立日期	EstDate	T	格式：yyyy-m-d，记录创建的日期
6	最新修改日期	UpdateDate	T	格式：yyyy-m-d，最后一次修改的日期
7	记录建立单位	EstDept	C(30)	创建该条记录的负责单位
8	数据维护单位	OrgDept	C(30)	数据维护更新的负责单位
9	坐标系统	CoorSys	C(30)	数据采用的坐标系统
10	高程系统	EleSys	C(30)	数据采用的高程系统
11	排水体制说明	DrainSys	C(200)	补充说明该排水系统的现状

雨水口基础数据表 **附表 4-4**

序号	中文字段名称	英文字段名称	推荐数据类型	说明	备注
1	雨水口标识码	CombID	C(17)	唯一编码	
2	排水系统编码	SystemID	C(17)	所属排水系统编码	
3	坐标 X	X_Coor	D(11，3)	应与点要素一致	
4	坐标 Y	Y_Coor	D(11，3)	应与点要素一致	
5	雨水口形式	Inlet_Type	C(10)	1—平箅式；2—立箅式；3—联合式；4—偏沟式；5—道牙；6—其他，并注明雨水口形式	
6	雨水口最大深度	MaxDepth	D(6，3)	雨水口的最大深度，单位：m	
7	雨水口地表高程	Surface_Ele	D(7，3)	雨水口所处位置的地面高程，单位：m	
8	数据来源	DataSource	C(50)	1—设计图；2—竣工图；3—现场测绘；4—人工估计；5—其他，并注明来源	
9	数据获取时间	Record_Date	T	格式：yyyy-m-d，数据来源的具体日期	
10	填报单位	ReportDept	C(30)	数据填报单位	
11	填报日期	ReportDate	T	格式：yyyy-m-d，数据填报日期	
12	所在道路名称	Lane_Way	C(20)	设施所在道路名称	拓展字段
13	最大过流能力	Max_Flow	D(6，2)	雨水口的最大过流能力，单位：L/s	拓展字段
14	雨水口宽度	Width	D(5，3)	单位：m	拓展字段
15	雨水口长度	Length	D(5，3)	单位：m	拓展字段
16	雨水箅材质	GraMaterial	C(20)	材质名称	拓展字段
17	雨水箅长度	GraWidth	D(5，3)	单位：m	拓展字段
18	雨水箅宽度	GraLen	D(5，3)	单位：m	拓展字段
19	是否装备垃圾拦截装置	Anti_Trash	I	0—否；1—是	拓展字段

续表

序号	中文字段名称	英文字段名称	推荐数据类型	说明	备注
20	是否装备防臭装置	Anti _ Ordor	I	0—否；1—是	拓展字段
21	是否装备初期雨水截流装置	FFlush _ Cut	I	0—否；1—是	拓展字段
22	初期雨水截流能力	CutAbility	D(6，2)	单位：m^3	拓展字段
23	设施状态	Status	I	1—拟建；2—在建；3—已建；4—待废；5—已废；6—其他	拓展字段
24	备注	Remark	C(100)	相关事项说明	拓展字段

检查井基础数据表 **附表 4-5**

序号	中文字段名称	英文字段名称	推荐数据类型	说明	备注
1	检查井标识码	NodeID	C(17)	唯一编码	
2	排水系统编码	SystemID	C(17)	所属排水系统编码	
3	坐标 X	X _ Coor	D(11，3)	应与点要素一致	
4	坐标 Y	Y _ Coor	D(11，3)	应与点要素一致	
5	检查井类别	Junc _ Category	I	1—雨水井；2—污水井；3—合流井；4—其他	
6	检查井类型	Junc _ Type	C(10)	1—排水井；2—接户井；3—闸阀井；4—溢流井；5—倒虹井；6—透气井；7—压力井；8—检测井；9—拍门井；10—截流井；11—水封井；12—跌水井；13—其他，并注明类型	
7	检查井形式	Junc _ Style	(C10)	1—一通；2—二通直；3—二通转；4—三通；5—四通；6—五通；7—五通以上；8—暗井；9—侧立型Ⅱ；10—平面型Ⅰ；11—平面型Ⅲ；12—其他，并注明形式	
8	检查井井深	Depth	D(6，3)	检查井深度，单位：m	
9	地面高程	Surface _ Ele	D(7，3)	井盖所处位置的地面高程，单位：m	
10	数据来源	DataSource	C(50)	1—设计图；2—竣工图；3—现场测绘；4—人工估计；5—其他，并注明来源	
11	数据获取时间	Record _ Date	T	格式：yyyy-m-d，数据来源的具体日期	
12	填报单位	ReportDept	C(30)	数据填报单位	

续表

序号	中文字段名称	英文字段名称	推荐数据类型	说明	备注
13	填报日期	ReportDate	T	格式：yyyy-m-d，数据填报日期	
14	附属物描述	Anci _ Fac	C(100)	对井内的梯子、压力盖板等附属物进行描述	拓展字段
15	所在道路名称	Lane _ Way	C(26)	设施所在道路名称	拓展字段
16	检查井盖材质	Cov _ Material	I	1—铸铁；2—钢；3—混凝土；4—塑料；5—玻璃钢；6—大理石	拓展字段
17	井盖形状	Cov _ Shape	I	1—圆形；2—三角形；3—矩形；4—其他	拓展字段
18	井盖尺寸1	Cov _ Dimen1	D(5，3)	井盖为圆形时填写直径，井盖为三角形时填写任意边长；井盖为矩形时填写长边。单位：m	拓展字段
19	井盖尺寸2	Cov _ Dimen2	D(5，3)	井盖为圆形时填写直径，井盖为三角形时填写任意边长；井盖为矩形时填写短边。单位：m	拓展字段
20	井室类型	Chamber _ Type	C(20)	井室的类型说明	拓展字段
21	井室长度	Chamber _ Length	D(5，3)	单位：m	拓展字段
22	井室宽度	Chamber _ Width	D(5，3)	单位：m	拓展字段
23	井室高度	Chamber _ Hight	D(6，3)	单位：m	拓展字段
24	测绘时水深	Survey _ WaterDeep	D(6，3)	现场测绘时，检查井水深。单位：m	拓展字段
25	测绘时泥深	Survey _ SediDeep	D(6，3)	现场测绘时，检查井底部淤积物的深度，单位：m	拓展字段
26	测绘日期	Survey _ Date	T	格式：yyyy-m-d，现场测绘的具体日期	拓展字段
27	井底形式	Bottom _ Style	I	1—平底；2—流槽；3—落底；4—其他	拓展字段
28	检查井等级	Junc _ Class	I	1—主井(主管上的井)；2—附井(接户井；过渡井)；3—其他	拓展字段
29	设施状态	Status	I	1—拟建；2—在建；3—已建；4—待废；5—已废；6—其他	拓展字段
30	备注	Remark	C(255)	相关事项说明	拓展字段

排水管基础数据表 **附表 4-6**

序号	中文字段名称	英文字段名称	推荐数据类型	说明	备注
1	排水管标识码	PipeID	C(17)	唯一编码	
2	排水系统编码	SystemID	C(20)	所属排水系统编码	
3	管道类别	Pipe_Category	I	1—雨水；2—污水；3—合流；4—其他	
4	管道长度	Pipe_Len	D(7，3)	应与线要素的几何长度一致，单位：m	
5	起点编码	In_JuncID	C(17)	对应起点的编码(雨水口、检查井、排水泵站、截流设施、调蓄设施、溢流堰、闸门或阀门)	
6	终点编码	Out_JuncID	C(17)	对应终点类型的编码(雨水口、检查井、排水泵站、截流设施、调蓄设施、溢流堰、闸门、阀门或排放口)	
7	起点管底标高	In_Elev	D(7，3)	起点管道底部高程，单位：m	
8	终点管底标高	Out_Elev	D(7，3)	终点管道底部高程，单位：m	
9	断面形式	ShapeType	I	1—圆形；2—梯形；3—三角形；4—椭圆形；5—矩形；6—不规则形状	
10	断面数据 1	Shape_Data1	D(5，3)	断面形式为圆形时填直径，断面形式为其他形式时填深度，单位：m	
11	断面数据 2	Shape_Data2	D(5，3)	断面形式为矩形时填写宽度；断面形式为梯形时填底部宽度；断面形式三角形时填顶面宽度；断面形式为椭圆形时填写最大宽度，单位：m	
12	断面数据 3	Shape_Data3	D(5，3)	断面形式为梯形时填写左侧边的坡度，单位：m	
13	断面数据 4	Shape_Data4	D(5，3)	断面形式为梯形时填写右侧边的坡度，单位：m	
14	断面数据 5	Shape_XYData	I	*X-Y* 断面，与 *XY* 曲线表关联，*X* 代表测点距左侧距离，*Y* 代表测点底部高程，单位：m	
15	管道材质	Material	C(20)	1—混凝土管；2—钢筋混凝土管；3—陶土管；4—PE(聚乙烯)管；5—HDPE(高密度聚乙烯)管；6—UPVC 管；7—铸铁管；8—玻璃钢夹砂管；9—钢管；10—石棉水泥管；其他，并注明材质	
16	管道糙率	Roughness	D(5，4)	若无数据，则根据材质确定	
17	数据来源	DataSource	C(50)	1—设计图；2—竣工图；3—现场测绘；4—人工估计；5—其他，并注明来源	

续表

序号	中文字段名称	英文字段名称	推荐数据类型	说明	备注
18	数据获取时间	Record _ Date	T	格式：yyyy-m-d，数据来源的具体日期	
19	填报单位	ReportDept	C(30)	数据填报单位	
20	填报日期	ReportDate	T	格式：yyyy-m-d，数据填报日期	
21	所在道路名称	Lane _ Way	C(20)	管道所在道路的名称	拓展字段
22	压力类型	Pressure _ Type	I	1—重力；2—压力；3—其他	拓展字段
23	壁厚	Wall _ Thick	D(3，1)	单位：mm	拓展字段
24	管道衬里材质	Liner _ Material	I	1—水泥砂浆；2—塑料；3—金属；4—复合材料；5—其他	拓展字段
25	衬里厚度	Liner _ Thick	D(3，1)	单位：mm	拓展字段
26	连接方式	Conn _ Type	I	1—平口；2—企口；3—承插口；4—焊接；5—其他	拓展字段
27	管道坡度	Pipe _ Slope	D(5，5)	(起点管底标高—终点管底标高)/管道投影长度	拓展字段
28	是否倒虹管	Invert _ Silphon	I	0—否；1—是	拓展字段
29	原始结构状态	Origin _ Struc	I	1—管暗接；2—暗井；3—弯斗；4—倒虹；5—轴线偏移；6—井盖埋没；7—变形；8—变径；9—其他	拓展字段
30	敷设方式	Constr _ Method	I	1—开槽埋管；2—顶管；3—盾构；4—拖拉管；5—其他	拓展字段
31	设施状态	Status	I	1—拟建；2—在建；3—已建；4—待废；5—已废；6—其他	拓展字段
32	备注	Remark	C(100)	相关事项说明	拓展字段

排水渠基础数据表 **附表 4-7**

序号	中文字段名称	英文字段名称	推荐数据类型	说明	备注
1	排水渠标识码	ConduitID	C(17)	唯一编码	
2	排水系统编码	SystemID	C(17)	所属排水系统编码	
3	渠道类别	Conduit _ Category	I	1—雨水；2—污水；3—合流；4—其他	
4	渠道类型	Conduit _ Style	I	1—明渠；2—暗渠	
5	渠道长度	Conduit _ Len	D(7，3)	单位：m	
6	起点编码	In _ JuncID	C(17)	对应起点的编码(雨水口、检查井、排水泵站、截流设施、调蓄设施、溢流堰、闸门或阀门)	

续表

序号	中文字段名称	英文字段名称	推荐数据类型	说明	备注
7	终点编码	Out_JuncID	C(17)	对应终点类型的编码(雨水口、检查井、排水泵站、截流设施、调蓄设施、溢流堰、闸门、阀门或排放口)	
8	起点渠底标高	In_Ele	D(7，3)	起点渠道底部高程，单位：m	
9	终点渠底标高	Out_Ele	D(7，3)	终点渠道底部高程，单位：m	
10	断面形式	ShapeType	I	1—圆形；2—明渠；3—暗涵；4—梯形；5—三角形；6—椭圆形；7—矩形；8—不规则形状	
11	断面数据 1	Shape_Data1	D(5，3)	断面形式为圆形时填写直径；断面为其他形式时填写深度，单位：m	
12	断面数据 2	Shape_Data2	D(5，3)	断面形式为明渠、暗渠、矩形时填写宽度；断面形式为梯形时填写底部宽度；断面形式为三角形时填写顶面宽度，断面形式为椭圆时填写最大宽度，单位：m	
13	断面数据 3	Shape_Data3	D(5，3)	时填写左侧边的坡度，单位：m	
14	断面数据 4	Shape_Data4	D(5，3)	断面形式为梯形时填写右侧边的坡度，单位：m	
15	断面数据 5	Shape_XYData	I	*X-Y* 断面，与 *XY* 曲线表关联，*X* 代表测点距左侧距离，*Y* 代表测点底部高程，单位：m	
16	渠道材质	Material	C(20)	1—土渠；2—砖砌渠；3—石砌渠；4—混凝土块砌渠；5—钢筋混凝土块砌渠；6—混凝土渠；7—钢筋混凝土渠；其他，并注明材质	
17	渠道糙率	Roughness	D(5，4)	若无数据，则根据材质确定	
18	数据来源	DataSource	C(50)	1—设计图；2—竣工图；3—现场测绘；4—人工估计；5—其他，并注明来源	
19	数据获取时间	Record_Date	T	格式：yyyy-m-d，数据来源的具体日期	
20	填报单位	ReportDept	C(30)	数据填报单位	
21	填报日期	ReportDate	T	格式：yyyy-m-d，数据填报日期	
22	接口形式	Conn_Type	I	刚性(素混凝土；带钢细石混凝土)；柔性(沥青类，橡胶圈)；3—其他	拓展字段
23	所在道路名称	Lane_Way	C(20)	渠所在(邻近)的道路名称	拓展字段

续表

序号	中文字段名称	英文字段名称	推荐数据类型	说明	备注
24	渠道结构	Conduit _ Struc	I	1—现烧；2—预制；3—砌砖；4—砌石；5—其他	拓展字段
25	渠道坡度	Conduit _ Slope	D(5，5)	(起点渠底标高—终点渠底标高)/渠道投影长度	拓展字段
26	原始结构状态	Origin _ Struc	I	1—暗接；2—暗井；3—弯斗；4—倒虹；5—轴线偏移；6—井盖埋没；7—变形；8—变径；9—其他	拓展字段
27	设施状态	Status	I	1—拟建；2—在建；3—已建；4—待废；5—已废；6—其他	拓展字段
28	备注	Remark	C(100)	相关事项说明	拓展字段

排放口基础数据表 **附表 4-8**

序号	中文字段名称	英文字段名称	推荐数据类型	说明	备注
1	排放口标识码	OutfallID	C(17)	唯一编码	
2	排水系统编码	SystemID	C(17)	所属排水系统编码	
3	坐标 X	X _ Coor	D(11，3)	应与点要素一致	
4	坐标 Y	Y _ Coor	D(11，3)	应与点要素一致	
5	受纳水体编号	ReceiveWater	C(17)	排往城市河流或湖泊的受纳水体编码	
6	类别	Category	I	1—雨水；2—污水；3—合流；4—其他	
7	是否有拍门	Flap	I	0—否；1—是	
8	底部高程	BotEle	D(7，3)	排放口的底部高程，单位：m	
9	出流形式	OutfallType	I	1—自由出流；2—常水位淹没；3—潮汐影响	
10	数据来源	DataSource	C(50)	1—设计图；2—竣工图；3—现场测绘；4—人工估计；5—其他，并注明来源	
11	数据获取时间	Record _ Date	T	格式：yyyy-m-d，数据来源的具体日期	
12	填报单位	ReportDept	C(30)	数据填报单位	
13	填报日期	ReportDate	T	格式：yyyy-m-d，数据填报日期	
14	排放口名称	Name	C(30)	排放口名称	拓展字段
15	排放口地址	Addr	C(100)	排放口具体地址描述	拓展字段
16	拍门材质	Flap _ Materail	I	1—铸铁；2—钢；3—不锈钢；4—塑料；5—复合材料；6—其他	拓展字段
17	拍门直径	Flap _ Diameter	D(5，3)	拍门直径，单位：m	拓展字段

续表

序号	中文字段名称	英文字段名称	推荐数据类型	说明	备注
18	拍门顶部高程	Flap_TopEle	D(7，3)	拍门顶部高程，单位：m	拓展字段
19	拍门底部高程	Flap_BotEle	D(7，3)	拍门底部高程，单位：m	拓展字段
20	顶部高程	TopEle	D(7，3)	排放口的顶部高程，单位：m	拓展字段
21	淹没常水位	NormalLevel	D(6，2)	当常水位淹没出流时，记录常水位高程，单位：m	拓展字段
22	潮位曲线	Tidal_Curve	I	当出流形式为潮汐影响时，记录潮位表，与 XY 曲线表关联，X 代表时间，单位：h；Y 代表潮位高程，单位：m	拓展字段
23	设施状态	Status	I	1—拟建；2—在建；3—已建；4—待废；5—已废；9—其他	拓展字段
24	备注	Remark	C(100)	相关事项说明	拓展字段

排水泵站基础数据表　　**附表 4-9**

序号	中文字段名称	英文字段名称	推荐数据类型	说明	备注
1	排水泵站标识码	PumpStationID	C(17)	唯一编码	
2	排水系统编码	SystemID	C(17)	所属排水系统编码	
3	坐标 X	X_Coor	D(11，3)	应与泵站中心点坐标一致	
4	坐标 Y	Y_Coor	D(11，3)	应与泵站中心点坐标一致	
5	泵站名称	Name	C(30)	泵站名称	
6	泵站地址	Addr	C(100)	泵站的具体位置	
7	泵站大类	PS_Category1	I	1—雨水；2—污水；3—合流；4—其他	
8	泵站小类	PS_Category2	I	1—雨水泵站；2—污水泵站；3—合流泵站；4—地道泵站；5—泵闸；6—干线输送泵站；7—支线输送泵站；8—合建泵站；9—污水处理厂提升泵站；10—其他(临时泵站)	
9	泵台数	PS_Num	I	泵总台数	
10	设计雨水排水能力	Design_Storm	D(6，4)	单位：m^3/s	
11	设计污水排水能力	Design_Sewer	D(6，4)	单位：m^3/s	
12	最低控制水位	Min_Level	D(6，2)	泵站允许的最低控制水位，单位：m	
13	控制水位	Control_Level	D(6，2)	泵站常规的控制水位，单位：m	
14	警戒水位	Warnning_Level	D(6，2)	泵站允许的最高运行水位，单位：m	
15	技术资料文件	DataListID	I	技术文件对应的 A.17 表中的资料编码	

续表

序号	中文字段名称	英文字段名称	推荐数据类型	说明	备注
16	数据来源	DataSource	C(50)	1—设计图；2—竣工图；3—现场测绘；4—人工估计；5—其他，并注明来源	
17	数据获取时间	Record_Date	T	格式：yyyy-m-d，数据来源的具体日期	
18	填报单位	ReportDept	C(30)	数据填报单位	
19	填报日期	ReportDate	T	格式：yyyy-m-d，数据填报日期	
20	占地面积	Area	D(6，1)	单位：m^2	拓展字段
21	服务范围	Service_Dis	C(255)	汇水区域范围描述	拓展字段
22	服务面积	Service_Area	D(6，2)	汇水面积，单位：hm^2	拓展字段
23	现有雨水排水能力	Cur_Storm	D(6，4)	单位：m^3/s	拓展字段
24	现有污水排水能力	Cur_Sew	D(6，4)	单位：m^3/s	拓展字段
25	设计暴雨重现期	Design_RTP	D(4，1)	泵站设计的暴雨重现期	拓展字段
26	主供电源	Pow_Supply	C(30)	供电部门名称	拓展字段
27	装机容量	Device_Capacity	D(7，2)	单位：kW	拓展字段
28	溢流排放口	OverOutfallID	C(20)	如果泵站有溢流口，关联排放口编号	拓展字段
29	前池长	ForebayLen	D(6，3)	单位：m	拓展字段
30	前池宽	ForebayWid	D(6，3)	单位：m	拓展字段
31	前池深	ForebayDep	D(5，3)	单位：m	拓展字段
32	联系电话	Tel	C(15)	泵站的联系电话	拓展字段
33	设施状态	Status	I	1—拟建；2—在建；3—已建；4—待废；5—已废；9—其他	拓展字段
34	备注	Remark	C(100)	相关事项说明	拓展字段

截流设施基础数据表 **附表 4-10**

序号	中文字段名称	英文字段名称	推荐数据类型	说明	备注
1	截流设施标识码	DividerID	C(17)	唯一编码	
2	排水系统编码	SystemID	C(17)	所属排水系统编码	
3	坐标 X	X_Coor	D(11，3)	应与设施中心点的坐标一致	
4	坐标 Y	Y_Coor	D(11，3)	应与设施中心点的坐标一致	
5	截流设施类型	DividerType	I	1—闸；2—泵；3—堰；4—阀；5—其他	
6	截流连接管渠编码	DivertedID	C(17)	截留出口连接的排水管或排水渠编码	

续表

序号	中文字段名称	英文字段名称	推荐数据类型	说明	备注
7	技术资料文件	DataListID	I	技术文件对应的 A.17 表中的资料编码	
8	数据来源	DataSource	C(50)	1—设计图；2—竣工图；3—现场测绘；4—人工估计；5—其他，并注明来源	
9	数据获取时间	Record _ Date	T	格式：yyyy-m-d，数据来源的具体日期	
10	填报单位	ReportDept	C(30)	数据填报单位	
11	填报日期	ReportDate	T	格式：yyyy-m-d，数据填报日期	
12	截流内部设施编码	ConnectID	C(17)	截流设施内部的闸门、阀门、溢流堰或泵的编码	拓展字段
13	截流量	Div _ Flow	D(6，2)	如确定截流流量，直接设定流量，单位：L/s	拓展字段
14	截留曲线	Div _ Curve	I	截流量变化曲线，与 *XY* 曲线表关联，代表入流量，*Y* 代表出流量，单位：L/s	拓展字段
15	设施状态	Status	I	1—拟建；2—在建；3—已建；4—待废；5—已废；9—其他	拓展字段
16	备注	Remark	C(100)	相关事项说明	拓展字段

调蓄设施基础数据表 **附表 4-11**

序号	中文字段名称	英文字段名称	推荐数据类型	说明	备注
1	调蓄设施标识码	StorageID	C(17)	唯一编码	
2	排水系统编码	SystemID	C(17)	所属排水系统编码	
3	坐标 *X*	X _ Coor	D(11，3)	应与设施中心点的坐标一致	
4	坐标 *Y*	Y _ Coor	D(11，3)	应与设施中心点的坐标一致	
5	调蓄设施名称	Name	C(30)	调蓄设施的名称	
6	调蓄池地址	Addr	C(100)	调蓄池的具体位置	
7	类别	Category	I	1—雨水；2—污水；3—合流；4—其他	
8	与现有设施的关系	Related _ Facilities	I	1—合建；2—分建；3—利用现有设施容量；4—其他	
9	进水方式	Inflow _ Type	I	1—截流设施，2—管道直接；3—其他	
10	出水方式	OutfloW _ Type	I	1—闸；2—泵；3—堰；4—阀；5—孔；6—管道直接；7—其他	
11	最高水位	Max _ Level	D(6，2)	调蓄池运行的最高水位，单位：m	
12	最低水位	Min _ Level	D(6，2)	调蓄池运行的最低水位，单位：m	
13	常水位	Normal _ Level	D(6，2)	调蓄池运行的常水位，单位：m	

续表

序号	中文字段名称	英文字段名称	推荐数据类型	说明	备注
14	调蓄设施容积	Total_Vol	D(8，2)	调蓄池设施的总容积，单位：m^3	
15	数据来源	DataSource	C(50)	1—设计图；2—竣工图；3—现场测绘；4—人工估计；5—其他，并注明来源	
16	技术资料文件	DataListID	I	技术文件对应的 A.17 表中的资料编码	
17	数据获取时间	Record_Date	T	格式：yyyy-m-d，数据来源的具体日期	
18	填报单位	ReportDept	C(30)	数据填报单位	
19	填报日期	ReportDate	T	格式：yyyy-m-d，数据填报日期	
20	调蓄曲线	H_Area	I	与 XY 曲线表关联，X 代表距底部深度，单位：m；Y 代表当前深度的蓄水面积，单位：m^2	拓展字段
21	底部高程	Invert_Ele	D(7，3)	调蓄池底部高程，单位：m	拓展字段
22	设施描述	Anci_Fac	C(255)	调蓄池及附属物描述信息	拓展字段
23	调蓄设施材质	Pond_Material	I	1—硬化；2—自然；3—模块化产品；4—其他	拓展字段
24	调蓄设施地址	Addr	C(50)	具体地址描述	拓展字段
25	调蓄设施类型	Pond_Type	I	1—密闭式；2—开放式	拓展字段
26	蒸发系数	Evap_Coeff	D(4，3)	调蓄池内水的蒸发系数	拓展字段
27	设施状态	Status	I	1—拟建；2—在建；3—已建；4—待废；5—已废；9—其他	拓展字段
28	备注	Remark	C(100)	相关事项说明	拓展字段

溢流堰基础数据表 **附表 4-12**

序号	中文字段名称	英文字段名称	推荐数据类型	说明	备注
1	溢流堰标识码	WeirID	C(17)	唯一编码	
2	排水系统编码	SystemID	C(17)	所属排水系统编码	
3	坐标 X	X_Coor	D(11，3)	应与点要素一致	
4	坐标 Y	Y_Coor	D(11，3)	应与点要素一致	
5	类别	Category	I	1—雨水；2—污水；3—合流；4—其他	
6	堰顶高程	Top_Ele	D(7，3)	单位：m	
7	堰底高程	Bot_Ele	D(7，3)	单位：m	
8	堰高	Hight	D(5，3)	单位：m	
9	堰宽	Width	D(5，3)	单位：m	

续表

序号	中文字段名称	英文字段名称	推荐数据类型	说明	备注
10	数据来源	DataSource	C(50)	1—设计图；2—竣工图；3—现场测绘；4—人工估计；5—其他，并注明来源	
11	技术资料文件	DataListID	I	技术文件对应的 A.17 表中的资料编码	
12	数据获取时间	Record _ Date	T	格式：yyyy-n-d，数据来源的具体日期	
13	填报单位	ReportDept	C(30)	数据填报单位	
14	填报日期	ReportDate	T	格式：yyyy-n-d，数据填报日期	
15	溢流堰名称	Name	C(20)	设施名称	拓展字段
16	流量系数	Discharge _ coeff	D(6，2)	溢流堰的流量系数，单位：m^3/s	拓展字段
17	设施状态	Status	I	1—拟建；2—在建；3—已建；4—待废；5—已废；9—其他	拓展字段
18	备注	Remark	C(100)	相关事项说明	拓展字段

闸门基础数据表　　**附表 4-13**

序号	中文字段名称	英文字段名称	推荐数据类型	说明	备注
1	闸门标识码	GateID	C(17)	唯一编码	
2	排水系统编码	SystemID	C(17)	所属排水系统编码	
3	坐标 X	X _ Coor	D(11，3)	应与点要素一致	
4	坐标 Y	Y _ Coor	D(11，3)	应与点要素一致	
5	闸门名称	Name	C(20)	闸门的名称	
6	类别	Category	I	1—雨水；2—污水；3—合流；4—其他	
7	生产厂家	Manufacturer	C(30)	闸门的生产厂家	
8	闸门型号	Model	C(30)	闸门型号	
9	闸门高程	Top _ Ele	D(7，3)	闸门关闭时所在闸顶高程，单位：m	
10	闸门净高	Height	D(5，3)	单位：m	
11	闸门净宽	Width	D(5，3)	单位：m	
12	数据来源	DataSource	C(50)	1—设计图；2—竣工图；3—现场测绘；4—人工估计；5—其他，并注明来源	
13	技术资料文件	DataListID	I	技术文件对应的 A.17 表中的资料编码	
14	数据获取时间	Record _ Date	T	格式：yyyy-n-d，数据来源的具体日期	
15	填报单位	ReportDept	C(30)	数据填报单位	
16	填报日期	ReportDate	T	格式：yyyy-n-d，数据填报日期	
17	闸门控制类型	Control _ Type	I	1—手动控制；2—液压控制；3—电动控制；4—其他	拓展字段

续表

序号	中文字段名称	英文字段名称	推荐数据类型	说明	备注
18	闸门启闭形式	Switch _ Style	I	1—电手动螺杆；2—手摇螺杆；3—手摇链条；4—电动卷扬；5—电动螺杆；6—其他	拓展字段
19	闸门排数	Row _ Num	I	单位：个	拓展字段
20	闸门孔数	Num	I	单位：孔	拓展字段
21	设施状态	Status	I	1—拟建；2—在建；3—已建；4—待废；5—已废；9—其他	拓展字段
22	备注	Remark	C(100)	相关事项说明	拓展字段

阀门基础数据表 **附表 4-14**

序号	中文字段名称	英文字段名称	推荐数据类型	说明	备注
1	阀门标识码	ValveID	C(17)	唯一编码	
2	排水系统编码	SystemID	C(17)	所属排水系统编码	
3	坐标 X	X _ Coor	D(11，3)	应与点要素一致	
4	坐标 Y	Y _ Coor	D(11，3)	应与点要素一致	
5	阀门名称	Name	C(20)	阀门的名称	
6	类别	Category	I	1—雨水；2—污水；3—合流；4—其他	
7	阀门类型	Type	I	1—闸阀；2—蝶阀；3—排气阀；4—其他	
8	生产厂家	Manufacturer	C(30)	阀门的生产厂家	
9	阀门型号	Model	C(30)	阀门型号	
10	数据来源	DataSource	C(50)	1—设计图；2—竣工图；3—现场测绘；4—人工估计；5—其他，并注明来源	
11	技术资料文件	DataListID	I	技术文件对应的 A. 17 表中的资料编码	
12	数据获取时间	Record _ Date	T	格式：yyyy-n-d，数据来源的具体日期	
13	填报单位	ReportDept	C(30)	数据填报单位	
14	填报日期	ReportDate	T	格式：yyyy-n-d，数据填报日期	
15	阀门开启转向	Orientation	I	1—顺时针；2—逆时针	拓展字段
16	阀门开启转数	Rotate _ Num	D(3，1)	阀门开启需要的转数	拓展字段
17	设施状态	Status	I	1—拟建；2—在建；3—已建；4—待废；5—已废；9—其他	拓展字段
18	备注	Remark	C(100)	相关事项说明	拓展字段

城市受纳水体(河道)数据表　　附表 4-15

序号	中文字段名称	英文字段名称	推荐数据类型	说明
1	排水河段标识码	RiverSegmentID	C(17)	唯一编码
2	河流名称	RiverName	C(20)	河段所属河流名
3	河段长度	Segment _ Len	D(8，3)	单位：m
4	起点桩号编码	In _ StaID	C(17)	对应起点河段桩号编码
5	终点桩号编码	Out _ StaID	C(17)	对应终点河段桩号编码
6	起点河底标高	In _ Elev	D(7，3)	单位：m
7	终点河底标高	Out _ Elev	D(7，3)	单位：m
8	断面数据	Shape _ XYData	I	与 *XY* 曲线表关联：*X-Y* 断面
9	常水位	Normal _ Level	D(6，2)	本段河道的常水位，单位：m
10	警戒水位	Warnning _ Level	D(6，2)	本段河道的警戒水位，单位：m
11	数据来源	DataSource	C(50)	1—设计图；2—竣工图；3—现场测绘；4—人工估计；5—其他，并注明来源
12	数据获取时间	Record _ Date	T	格式：yyyy-n-d，数据来源的具体日期
13	填报单位	ReportDept	C(30)	数据填报单位
14	填报日期	ReportDate	T	格式：yyyy-n-d，数据填报日期
15	备注	Remark	C(100)	相关事项说明

城市河道桩号数据表　　附表 4-16

序号	中文字段名称	英文字段名称	推荐数据类型	说明
1	排水河道桩号标识码	RiverStaID	C(17)	唯一编码
2	坐标 *X*	X _ Coor	D(11，3)	应与点要素一致
3	坐标 *Y*	Y _ Coor	D(11，3)	应与点要素一致
4	地面标高	Top _ Ele	D(7，3)	单位：m
5	河底标高	Bottom _ Ele	D(7，3)	单位：m
6	数据来源	DataSource	C(50)	1—设计图；2—竣工图；3—现场测绘；4—人工估计；5—其他，并注明来源
7	数据获取时间	Record _ Date	T	格式：yyyy-n-d，数据来源的具体日期
8	填报单位	ReportDept	C(30)	数据填报单位
9	填报日期	ReportDate	T	格式：yyyy-n-d，数据填报日期
10	备注	Remark	C(100)	相关事项说明

城市受纳水体(湖泊)数据表　　附表 4-17

序号	中文字段名称	英文字段名称	推荐数据类型	说明
1	内部湖泊标识码	LakeID	C(17)	唯一编码
2	湖泊名称	LakeName	C(20)	内部湖泊及水塘的名称
3	类型	Category	I	1—天然湖泊；2—水库；3—人工水塘；4—其他

续表

序号	中文字段名称	英文字段名称	推荐数据类型	说明
4	水面面积	Area	D(10，0)	常水位对应的水面面积，单位：m^2
5	常水位	Normal _ Level	D(6，2)	水体的常水位，单位：m
6	警戒水位	Warnning _ Level	D(6，2)	水体的警戒水位，单位：m
7	数据来源	DataSource	C(50)	1—设计图；2—竣工图；3—现场测绘；4—人工估计；5—其他，并注明来源
8	数据获取时间	Record _ Date	T	格式：yyyy-n-d，数据来源的具体日期
9	填报单位	ReportDept	C(30)	数据填报单位
10	填报日期	ReportDate	T	格式：yyyy-n-d，数据填报日期
11	备注	Remark	C(100)	相关事项说明

排水户数据表 **附表 4-18**

序号	中文字段名称	英文字段名称	推荐数据类型	说明
1	排水户标识码	DischargerID	C(17)	唯一编码
2	排水系统编码	SystemID	C(17)	所属排水系统编码
3	坐标 X	X _ Coor	D(11，3)	应与排水户主要排放口中心点坐标一致
4	坐标 Y	Y _ Coor	D(11，3)	应与排水户主要排放口中心点坐标一致
5	排水户名称	Name	C(30)	排水户名称
6	排水户地址	Addr	C(100)	排水户的具体位置
7	接入检查井编码	Conn _ NodeID	C(17)	排水户接入检查井对应的编码
8	组织机构代码	CodeID	C(9)	排水户对应的组织机构代码
9	法人代表	Representative	C(9)	排水户对应的法人代表
10	联系电话	Tel	C(15)	排水户联系电话
11	主管单位	Manager	C(30)	排水户所属的主管单位名称
12	主要业务活动	Business	C(200)	按其重要程度或总产值所占比重，从大到小顺序排列
13	主要生产工艺	Process	C(200)	主要生产工艺及污染物产生过程描述
14	排水许可证编号	Licence _ ID	C(15)	排水许可证对应编号
15	许可证颁发日期	Licence _ Issue _ Date	T	格式：yyyy-n-d，许可证颁发日期
16	用水总量	Water _ Daily _ Consumption	D(12，2)	用水总量，单位：m^3/天
17	自备水量	Water _ Self _ Supply _ Daily	D(12，2)	自备水量，单位：m^3/天
18	总排水量	Water _ Discharge _ Quantity	D(12，2)	总排水量，单位：m^3/天

续表

序号	中文字段名称	英文字段名称	推荐数据类型	说明
19	生产污水量	Production_Waste_Quantity	D(12，2)	生产污水量，单位：m^3/天
20	生活污水量	Sanitary_Waste_Quantity	D(12，2)	生活污水量，单位：m^3/天
21	主要污染物名称	Pollutant_Name	C(50)	主要污染物名称
22	污水处理方式	Process_Treatment	C(200)	排水户污水处理方式简述，如：物理处理、化学、物理化学、生物处理等
23	污水处理能力	Treatment_Capacity	D(12，2)	污水处理设施处理能力，单位：m^3/天
24	技术资料文件	DataListID	I	技术文件对应的 A.17 表中的资料编码
25	数据来源	DataSource	C(50)	1—设计图；2—竣工图；3—现场测绘；4—人工估计；5—其他，并注明来源
26	数据获取时间	Record_Date	T	格式：yyyy-n-d，数据来源的具体日期
27	填报日期	ReportDate	T	格式：yyyy-n-d，数据填报日期

汇水区数据表　　附表 4-19

序号	中文字段名称	英文字段名称	推荐数据类型	说明
1	汇水区标识码	CatchmentID	C(17)	唯一编码
2	排水系统编码	SystemID	C(17)	所属排水系统编码
3	低影响开发设施	LID	C(100)	说明有关低影响开发建设情况(包括种类、规模等)
4	面积	Area	D(10，0)	应与多边形要素的几何面积一致，单位：m^2
5	宽度	Width	D(6，2)	坡面漫流宽度参数，单位：m
6	坡度	Slope	D(6，2)	可以通过 DEM 等数字高程数据统计计算，百分数
7	不透水区比例	Imperv	D(4，2)	不透水区域所占百分比例，可根据下垫面类型进行估算
8	出水口编码	OutletID	C(17)	接纳汇水区地表径流的雨水口、检查井或另外一个汇水区编码
9	数据来源	DataSource	C(50)	1—设计图；2—竣工图；3—现场测绘；4—人工估计；5—其他，并注明来源
10	数据获取时间	Record_Date	T	格式：yyyy-n-d，数据来源的具体日期
11	填报单位	ReportDept	C(30)	数据填报单位
12	填报日期	ReportDate	T	格式：yyyy-n-d，数据填报日期
13	备注	Remark	C(100)	相关事项说明

下垫面数据表 **附表 4-20**

序号	中文字段名称	英文字段名称	推荐数据类型	说明
1	下垫面标识码	LanduseID	C(17)	唯一编码
2	下垫面类型	LanduseType	I	1—屋面；2—一般路面；3—透水路面；4—一般绿地；5—低势绿地；6—水面；7—其他
3	面积	Area	D(10，0)	应与多边形要素的几何面积一致，单位 m^2
4	数据来源	DataSource	C(50)	1—设计图；2—竣工图；3—现场测绘；4—人工估计；5—其他，并注明来源
5	数据获取时间	Record_Date	T	格式：yyyy-n-d，数据来源的具体日期
6	填报单位	ReportDept	C(30)	数据填报单位
7	填报日期	ReportDate	T	格式：yyyy-n-d，数据填报日期
8	备注	Remark	C(100)	相关事项说明

水处理设施数据表 **附表 4-21**

序号	中文字段名称	英文字段名称	推荐数据类型	说明
1	水处理设施标识码	WasteTreatID	C(17)	唯一编码
2	排水系统编码	SystemID	C(17)	所属排水系统编码
3	水处理设施类型	WasteTreatType	I	1—污水处理厂；2—分散污水处理设施；3—雨水湿地
4	水处理工艺	WasteTreatProcess	C(100)	说明水处理设施所用工艺
5	出水水质情况	OutQuality	C(100)	说明处理设施出水平均水质情况（SS、COD、BOD5、NH_3-N、TN、TP 等）
6	污染物去除率	RemoveRate	C(100)	说明处理设施污染物去除情况（SS、COD、BOD5、NH_3-N、TN、TP 等）
7	处理规模	Quantity	I	污水处理规模，单位：m^3/天
8	受纳水体编号	ReceiveWater	C(17)	排往城市河流或湖泊的受纳水体编码
9	数据来源	DataSource	C(50)	1—设计图；2—竣工图；3—现场测绘；4—人工估计；5—其他，并注明来源
10	数据获取时间	Record_Date	T	格式：yyyy-n-d，数据来源的具体日期
11	填报单位	ReportDept	C(30)	数据填报单位
12	填报日期	ReportDate	T	格式：yyyy-n-d，数据填报日期
13	备注	Remark	C(100)	相关事项说明

4. 扩展表格内容

见附表 4-22～附表 4-31。

设施权属及养护信息表　　附表 4-22

序号	中文字段名称	英文字段名称	推荐数据类型	说明
1	设施标识码	FeatureID	C(17)	关联的排水防涝设施编码
2	设计单位	Design_Dept	C(30)	设计单位名称
3	施工单位	Constr_Dept	C(30)	负责施工的单位名称
4	管理单位	Org_Dept	C(30)	设施管理单位的名称
5	养护单位	Maintain_Dept	C(30)	设施养护单位名称
46	建设年代	Build_Years	C(30)	在没有具体工程竣工日期时，填写建设年代描述信息
7	竣工日期	Build_Date	T	格式：yyyy-n-d，工程竣工日期
8	投运日期	Service_Date	T	格式：yyyy-n-d，工程投运日期
9	改建日期	Recon_Date	T	格式：yyyy-n-d，工程改建日期
10	最新养护日期	Maintain_Date	T	格式：yyyy-n-d，最新养护日期
11	图幅编码	DrawID	C(3)	设施数据来源为 CAD 文件时，对应的 CAD 图纸的图幅编码

设施空间范围数据表　　附表 4-23

序号	中文字段名称	英文字段名称	推荐数据类型	说明
1	设施空间范围标识码	InAreaID	C(17)	唯一编码
2	关联设施编码	FacilityID	C(17)	关联的排水泵站、截流设施、调蓄设施、排水户等编码
3	设施平面面积	Area	D(10，2)	应与多边形要素的几何面积一致，单位 m^2
4	顶部距地面高度	height	D(3，1)	建筑物顶部距地面的高度，单位：m
5	数据来源	DataSource	C(50)	1—设计图；2—竣工图；3—现场测绘；4—人工估计；5—其他，并注明来源
6	数据获取时间	Record_Date	T	格式：yyyy-n-d，数据来源的具体日期
7	填报单位	ReportDept	C(30)	数据填报单位
8	填报日期	ReportDate	T	格式：yyyy-n-d，数据填报日期
9	备注	Remark	C(100)	相关事项说明

泵参数表　　附表 4-24

序号	中文字段名称	英文字段名称	推荐数据类型	说明
1	泵编码	PumpID	I	唯一编码
2	泵名称	Name	C(20)	泵的名称
3	所属设施编码	StationID	C(17)	所属排水泵站、截流设施或调蓄设施的编码
4	备用	BackPump	I	0—非备用；1—备用
5	生产厂家	Manufacturer	C(30)	生产厂家
6	泵型号	Model	C(30)	泵的具体型号

续表

序号	中文字段名称	英文字段名称	推荐数据类型	说明
7	设计流量	Design_Flow	D(6, 4)	单位：m^3/s
8	扬程	Lift	D(6, 2)	单位：m
9	功率	Capacity	D(6, 2)	单位：kW
10	工作曲线	P_Curve	I	与 XY 曲线表关联，X 扬程，单位：m；Y 流量，单位：L/s
11	启动水位	StartUpLev	D(6, 2)	开启泵的水位，单位：m
12	关停水位	ShutOffLev	D(6, 2)	关停泵的水位，单位：m
13	技术资料文件	DataListID	I	技术文件对应的 A. 17 表中的资料编码
14	填报单位	ReportDept	C(30)	数据填报单位
15	填报日期	ReportDate	T	格式：yyyy-n-d，数据填报日期
16	备注	Remark	C(100)	相关事项说明

控制规则参数表 **附表 4-25**

序号	中文字段名称	英文字段名称	推荐数据类型	说明
1	控制规则标识码	ControlID	I	顺序唯一编码
2	所属设施编码	StationID	C(17)	所属排水泵站、截流设施或调蓄设施的编码
3	控制规则名称	Name	C(20)	控制规则名称
4	控制条件	Conditon	C(200)	设施控制的条件
5	控制操作内容	Action	C(200)	设施控制的具体操作参数
6	填报单位	ReportDept	C(30)	数据填报单位
7	填报日期	ReportDate	T	格式：yyyy-n-d，数据填报日期
8	备注	Remark	C(100)	其他说明

XY 曲线参数表 **附表 4-26**

序号	中文字段名称	英文字段名称	推荐数据类型	说明
1	顺序编码	ObjectID	I	唯一编码
2	曲线编码	XYDataID	I	一组曲线采用的统一编码
3	X	X_Data	D(8, 3)	X 数值
4	Y	Y_Data	D(8, 3)	Y 数值
5	备注	Remark	C(100)	其他说明

城市水工设施数据表 **附表 4-27**

序号	中文字段名称	英文字段名称	推荐数据类型	说明
1	水工设施标识码	RiverGateID	C(17)	唯一编码
2	所在河道编码	RiverID	C(17)	所在排水河道编码
3	坐标 X	X_Coor	D(11, 3)	应与设施中心点的坐标一致
4	坐标 Y	Y_Coor	D(11, 3)	应与设施中心点的坐标一致

续表

序号	中文字段名称	英文字段名称	推荐数据类型	说明
5	水工设施类型	RiverGateType	I	1—闸；2—坝；3—堰；4—其他
6	控制规则	ControlMethod	C(200)	水工设施控制规则描述
7	技术资料文件	DataListID	I	技术文件对应的 A.17 表中的资料编码
8	数据来源	DataSource	C(50)	1—设计图；2—竣工图；3—现场测绘；4—人工估计；5—其他，并注明来源
9	数据获取时间	Record_Date	T	格式：yyyy-n-d，数据来源的具体日期
10	填报单位	ReportDept	C(30)	数据填报单位
11	填报日期	ReportDate	T	格式：yyyy-n-d，数据填报日期
12	备注	Remark	C(100)	相关事项说明

监测点数据表　　**附表 4-28**

序号	中文字段名称	英文字段名称	推荐数据类型	说明
1	监测点标识码	MonitorID	I	唯一编码
2	排水系统编码	SystemID	C(17)	所属排水系统编码
3	监测点名称	Name	C(30)	监测点名称
4	监测点地址	Addr	C(100)	具体到街道、门牌号
5	监测方式	Method	I	1—人工；2—自动；3—其他
6	监测数据类别	MonitorType	I	1—液位；2—流量；3—雨量；4—水质；5—其他
7	监测频率	Frequency	D(5，0)	监测时间间隔，单位：min
8	监测设备名称	Device	C(50)	监测设备名称
9	监测设备型号	Device_Model	C(30)	监测设备型号
10	所在设施编码	NodeID	C(17)	雨水口、检查井、排水口、排水泵站、截流设施、调蓄设施或溢流堰等设施的编码
11	流量监测管线编码	PipeID	C(17)	单通道流量监测关联的排水管或排水渠的编码
12	流量监测管线编码 2	PipeID2	C(17)	双通道流量监测，第 2 个通道关联的排水管或排水渠的编码
13	监测点周边情况描述	Description	C(100)	监测点周边情况描述
14	填报单位	ReportDept	C(30)	数据填报单位
15	填报日期	ReportDate	T	格式：yyyy-n-d，数据填报日期
16	备注	Remark	C(100)	相关事项说明

液位、流量与雨量监测数据表 **附表 4-29**

序号	中文字段名称	英文字段名称	推荐数据类型	说明
1	监测数据唯一编号	FID	I	顺序唯一编码
2	所在监测点编码	MonitorID	I	与监测点数据表关联
3	监测时间	SampleTime	T	格式：yyyy-n-d h：mm，现场监测的时间
4	液位	WaterLevel	D(5，3)	单位：m
5	流速	WaterVelocity	D(5，3)	单位：m/s
6	流量	WaterQuantity	D(5，3)	单位：m^3/s
7	雨量	Rainfall	D(6，3)	单位：mm
8	数据获取时间	GatherTime	T	格式：yyyy-n-d h：mm，监测数据获取时间
9	填报单位	ReportDept	C(30)	数据填报单位
10	填报日期	ReportDate	T	格式：yyyy-n-d，数据填报日期
11	备注	Remark	C(100)	相关事项说明

水质监测数据表 **附表 4-30**

序号	中文字段名称	英文字段名称	推荐数据类型	说明
1	监测数据唯一编号	FID	I	顺序唯一编码
2	所在监测点编码	MonitorID	I	与监测点数据表关联
3	监测时间	SampleTime	T	格式：yyyy-n-d h：mm，现场监测的时间
4	pH 值	pH	D(5，3)	无量纲
5	五日生化需氧量	BOD_5	D(6，3)	单位：mg/L
6	化学需氧量	COD_{cr}	D(7，3)	单位：mg/L
7	悬浮物	SS	D(7，3)	单位：mg/L
8	氨氮	NH_3N	D(6，3)	单位：mg/L
9	总氮	TN	D(6，3)	单位：mg/L
10	总磷	TP	D(6，3)	单位：mg/L
11	总镉	Cd	D(6，3)	单位：mg/L
12	总铬	Cr	D(6，3)	单位：mg/L
13	总汞	Hg	D(6，3)	单位：mg/L
14	总铅	Pb	D(6，3)	单位：mg/L
15	总砷	As	D(6，3)	单位：mg/L
16	总铜	Cu	D(6，3)	单位：mg/L
17	总锌	Zn	D(6，3)	单位：mg/L
18	水质检测单	AnalysisDept	C(30)	水质检测单位或机构名称
19	数据获取时间	GatherTime	T	格式：yyyy-n-d，监测数据获取时间
20	填报单位	ReportDept	C(30)	数据填报单位
21	填报日期	ReportDate	T	格式：yyyy-n-d，数据填报日期
22	备注	Remark	C(100)	相关事项说明

管渠内窥检测数据表　　附表 4-31

序号	中文字段名称	英文字段名称	推荐数据类型	说明
1	作业编号	USID	I	顺序唯一编码
2	排水管、排水渠编码	PipeConduitID	C(17)	与被检查排水管、排水渠的编码一致
3	检测日期	DetectDate	T	格式：yyyy-n-d h：mm，检测日期
4	检测单位	DetectDep	C(30)	检测单位
5	检测人	Detect_Person	C(30)	检测操作人员
6	检测单位联系方式	Contacts	C(255)	地址、电话、电子邮箱等
7	检测方法	Detect_Method	I	1—CCTV；2—声纳；3—潜望镜；4—其他
8	检测方向	Detect_Dir	I	1—与流向一致；2—与流向不一致
9	封堵情况	Pipe_Stop	C(100)	说明封堵情况
10	功能性缺陷	Func_Defect	I	0—无缺陷；1—沉积；2—结垢；3—障碍物；4—残墙、坝根；5—树根；6—浮渣；7—封堵；8—其他
11	功能性缺陷等级	Func_Class	I	按照《城镇排水管道检测与评估技术规程》CJJ 181 的相关规定填写
12	结构性缺陷	Struct_Defect	I	0—无缺陷；1—破裂；2—变形；3—错位；4—腐蚀；5—错口；6—起伏；7—脱节；7—接口材料脱落；8—支管暗接；9—异物穿入；10—渗漏；11—其他
13	结构性缺陷等级	Struct_Class	I	按照《城镇排水管道检测与评估技术规程》CJJ 181 的相关规定填写
14	修复指数 RI	Repair_Index	D(4，2)	按照《城镇排水管道检测与评估技术规程》CJJ 181 的相关规定填写
15	养护指数 MI	Maintain_Index	D(4，2)	按照《城镇排水管道检测与评估技术规程》CJJ 181 的相关规定填写
16	缺陷描述	Problem	C(255)	管道情况缺陷描述
17	影像文件名	Video_Filename	C(255)	检测影像文件的文件名
18	填报单位	ReportDept	C(30)	数据填报单位
19	填报日期	ReportDate	T	格式：yyyy-n-d，数据填报日期
20	备注	Remark	C(100)	相关事项说明

附录 5　城市雨水径流污染治理规划图例参考

彩色/图例	实体类型	图例说明	所在层名	颜色	线宽	总图线型（比例）	分图线型（比例）	备注
	PLINE	现状污水管(渠)	污水-现状管	5	0.0005/图纸比例	dashed 0.0001/图纸比例	dashed 0.005/图纸比例	
	PLINE	拟拆除现状污水管(渠)	污水-拟拆除现状管	5		dashed 0.0001/图纸比例	dashed 0.005/图纸比例	
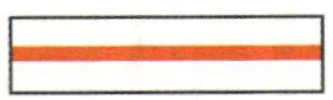	PLINE	规划新建污水管(渠)	污水-规划管	1	0.001/图纸比例	continous	continous	
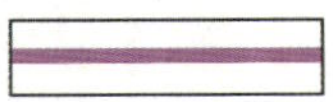	PLINE	规划改扩建污水管(渠)	污水-规划改扩建管	6		continous	continous	
	PLINE	现状污水压力管	污水-现状压力管	5	0.0005/图纸比例	Center 0.001/图纸比例	Center 0.002/图纸比例	
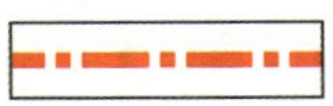	PLINE	规划污水压力管	污水-规划压力管	1	0.001/图纸比例	Center 0.001/图纸比例	Center 0.002/图纸比例	

续表

彩色/图例	实体类型	图例说明	所在层名	颜色	线宽	总图线型（比例）	分图线型（比例）	备注	
d400–i0.6	TEXT	污水管管径(mm)-i坡度(‰)	污水-管线标注	5	—	—	—	标注字高：0.002/图纸比例，字宽：0.8或自定	
d400(200)–i6.0–L210	TEXT	污水管规划管径（原管径）(mm)-i坡度(‰)-L管长(m)	污水-管线标注	宜随管线颜色	—	—	—		
A1.5X1.2–i6.0–L210	TEXT	污水暗渠(底×高)(m)-i纵坡(‰)-L渠长(m)	污水-管线标注	宜随管线颜色	—	—	—		
	BLOCK	现状污水泵站	污水-现状泵站	5	—	—	—	填充阴影：ANS131，SCALE：0.0001/图纸比例	1. 应注明各设施的名称、占地面积； 2. 各设施说明字体颜色宜与各图例一致，字体宜为宋体，字高：0.002/图纸比例； 3. 正方形边长：0.005/图纸比例； 4. 长方形：宽0.006/图纸比例（长宽比1.6：1）
	BLOCK	规划污水泵站	污水-规划泵站	1	—	—	—	填充阴影：SOLID	
	BLOCK	规划改扩建污水泵站	污水-规划改扩建泵站	6	—	—	—	填充阴影：ANS131，SCALE：0.0001/图纸比例	
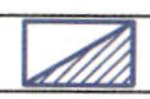	BLOCK	现状水质净化厂	污水-现状水质净化厂	5	—	—	—	填充阴影：ANS131，SCALE：0.0001/图纸比例	
	BLOCK	规划水质净化厂	污水-规划水质净化厂	1	—	—	—	填充阴影：SOLID	
	BLOCK	规划改扩建水质净化厂	污水-规划改扩建水质净化厂	6	—	—	—	填充阴影：ANS131，SCALE：0.0001/图纸比例	

续表

彩色/图例	实体类型	图例说明	所在层名	颜色	线宽	总图线型（比例）	分图线型（比例）	备注
	BLOCK	污水流向	污水-流向	宜随管线颜色	—	—	—	
	PLINE	污水临时排放口	污水-排放口	宜随管线颜色	—	continous	continous	
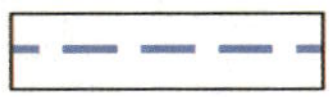	PLINE	现状雨水管（渠）	雨水-现状管	150	0.0005/图纸比例	dashed 0.0001/图纸比例	dashed 0.005/图纸比例	
	PLINE	拟拆除现状雨水管（渠）	雨水-拟拆除现状管	150		dashed 0.0001/图纸比例	dashed 0.005/图纸比例	
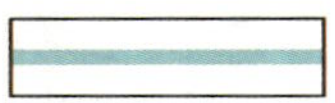	PLINE	规划新建雨水管（渠）	雨水-规划管	4	0.001/图纸比例	continous	continous	
	PLINE	规划改扩建雨水管（渠）	雨水-规划管	3		continous	continous	
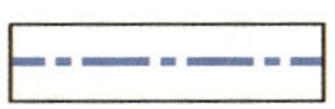	PLINE	现状雨水压力管	雨水-现状压力管	150	0.0005/图纸比例	Center 0.001/图纸比例	Center 0.002/图纸比例	
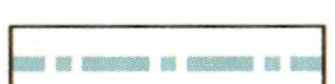	PLINE	规划雨水压力管	雨水-规划压力管	4	0.001/图纸比例	Center 0.001/图纸比例	Center 0.002/图纸比例	

续表

彩色/图例	实体类型	图例说明	所在层名	颜色	线宽	总图线型（比例）	分图线型（比例）	备注
d400–i6.0	PLINE	雨水管管径(mm)-i 坡度(‰)	雨水-管线标注	150	—	—	—	标注字高：0.002/图纸比例，字宽：0.8 或自定
d600(300)–i5.0–L230	TEXT	雨水管规划管径(原管径)(mm)-i 坡度(‰)-L 管长(m)	雨水-管线标注	宜随管线颜色	—	—	—	
A4.0X3.0–i15.0–L50	TEXT	雨水暗渠(底×高)(m)-i 纵坡(‰)-L 渠长(m)	雨水-管线标注	宜随管线颜色	—	—	—	
B×B=3.0×2.0–m1.5–i2.0–L210	TEXT	雨水明渠断面(渠底宽×渠深)(m)-m 边坡系数-i 纵坡-L 渠长(m)	雨水-管线标注	宜随管线颜色	—	—	—	
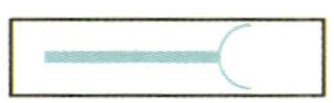	PLINE	雨水排放口	雨水-排放口	宜随管线颜色				
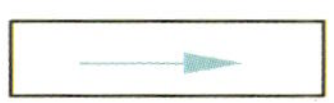	BLOCK	雨水流向	雨水-流向	宜随管线颜色	—	—	—	

续表

彩色/图例	实体类型	图例说明	所在层名	颜色	线宽	总图线型（比例）	分图线型（比例）	备注
	BLOCK	现状雨水泵站	雨水-现状泵站	150	—	—	—	SCALE：0.0001/图纸比例 1. 应注明各设施的名称、占地面积；2. 各设施说明字体颜色宜与各图例一致，字体宜为宋体　字高：0.002/图纸比例；3. 半径（雨水泵站）：0.003/图纸比例
	BLOCK	规划雨水泵站	雨水-规划泵站	4	—	—	—	填充阴影：SOLID
	BLOCK	规划扩建雨水泵站	雨水-规划扩建泵站	3	—	—	—	填充阴影：ANS131 SCALE：0.0001/图纸比例
	PLINE	现状雨水截流管（渠）	现状截流管	192	0.0005/图纸比例	dashed 0.0001/图纸比例	dashed 0.005/图纸比例	
	PLINE	规划雨水截流管（渠）	规划截流管	25	0.001/图纸比例	continous	continous	
d400–i6.0	TEXT	截流管管径（mm）-*i* 坡度（‰）	截流管线标注	192	—	—	—	标注字高：0.002/图纸比例，字宽：0.8 或自定
d600(300)–i5.0–L230	TEXT	截流管规划管径（原管径）（mm）-*i* 坡度（‰）-*L* 管长（m）	截流管线标注	宜随管线颜色	—	—	—	
A4.0×3.0–i5.0–L50	TEXT	截流暗渠（底×高）（m）-*i* 纵坡（%）-*L* 渠长（m）	截流管线标注	宜随管线颜色				

续表

彩色/图例	实体类型	图例说明	所在层名	颜色	线宽	总图线型（比例）	分图线型（比例）	备注	
	BLOCK	现状调蓄池	现状调蓄池	5	—	—	—		1. 应注明各设施的名称、占地面积； 2. 各设施说明字体颜色宜与各图例一致，字体宜为宋体，字高：0.002/图纸比例； 3. 正方形边长0.005/图纸比例； 4. 直角等腰三角形：边长为0.008/图纸比例； 5. 等边三角形：边长为0.005/图纸比例； 6. 半径：0.003/图纸比例
	BLOCK	规划调蓄池	规划调蓄池	1	—	—	—		
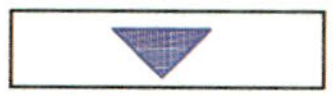	BLOCK	现状水体调蓄工程	现状水体调蓄工程	5	—	—	—	填充阴影：MUDST SCALE：0.000015/图纸比例	
	BLOCK	规划水体调蓄工程	规划水体调蓄工程	1	—	—	—	填充阴影：SOLID	
	BLOCK	现状绿地、广场调蓄工程	现状绿地、广场调蓄工程	5	—	—	—		
	BLOCK	规划绿地、广场调蓄工程	规划绿地、广场调蓄工程	1	—	—	—		
	BLOCK	现状隧道调蓄工程	现状隧道调蓄工程	5					

续表

彩色/图例	实体类型	图例说明	所在层名	颜色	线宽	总图线型（比例）	分图线型（比例）	备注	
	BLOCK	规划隧道调蓄工程	规划隧道调蓄工程	1					1. 应注明各设施的名称、占地面积； 2. 各设施说明字体颜色宜与各图例一致，字体宜为宋体 字高：0.002/图纸比例； 3. 正方形边长0.005/图纸比例； 4. 直角等腰三角形：边长为0.008/图纸比例； 5. 等边三角形：边长为0.005/图纸比例； 6. 半径：0.003/图纸比例
	BLOCK	现状就地处理设施	现状就地处理设施	5	—	—	—	填充阴影：MUDST SCALE：0.000015/图纸比例	
	BLOCK	规划就地处理设施	规划就地处理设施	1	—	—	—	填充阴影：SOLID	
	BLOCK	现状人工湿地	现状人工湿地	5	—	—	—	填充阴影：ANGLE SCALE:0.0000015/图纸比例	
	BLOCK	规划人工湿地	规划人工湿地	1	—	—	—		
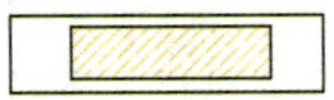	PLINE	调蓄池汇水范围	调蓄池汇水范围	41	—	continous	continous	填充阴影：ANS133 SCALE：0.0002/图纸比例	调蓄池汇水范围
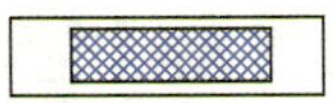	PLINE	现状低影响开发区域	现状低影响开发区域	5	—	continous	continous	填充阴影：ANS137 SCALE：0.0002/图纸比例	置于底层，填充颜色仅为参考
	PLINE	规划低影响开发区域	规划低影响开发区域	1	—	continous	continous		
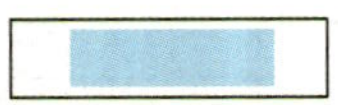	PLINE	水体	水体	141	—	continous	continous	填充阴影：SOLID	水体

附录 6　规划编制费用计算标准参考

1. 总体规划编制费用

目前，规划项目采用的计费标准依据主要有两种：一种为中国城市规划协会制定的《城市规划设计计费指导意见》，最新版于 2017 年 12 月进行修订，但尚未正式发布。另一种为广东省城市规划协会规划设计分会制定的《广东省城市规划收费标准的建议（行业指导价）》，最新版本于 2003 年 10 月发布。下面分别列举如下：

（1）《城市规划设计计费指导意见》（2017 修订版）

城市雨水径流污染治理规划属新型市政基础设施规划，该意见中无明确的计费标准。城市雨水径流污染治理与城市排水系统密切相关，可参考该意见中“市政基础设施专项规划”的雨水专业计费标准进行计算，取专业系数为 1.0，具体标准如附表 6-1 所示。此标准可直接用于城市雨水径流污染治理总体规划计费。

市政基础设施专项规划计费标准　　附表 6-1

序号	规模（km^2）	计费单价（万元/km^2）
1	20 以下	2
2	20～50	1.6
3	50～100	1.2
4	100 以上	0.8

注：1. 市政设施规划为国家相关专业规划编制办法所规定的深度。

2. 根据本计费标准，结合各专业的具体情况乘以如下专业系数：电力为 1.3、配电网为 1.8、燃气为 0.9、给水为 1.0、污水为 1.2、雨水为 1.0、再生水为 0.6、饮用水源及保护为 0.6、通信（不含基站）为 0.9、有线电视为 0.6、供热为 1.3、环境卫生工程为 1.1、河流水系为 0.9、照明为 0.8、市政工程设施规划综合为 1.0，未列入以上专项的规划可按照 0.8～1.2 的系数计费。

3. 计费基价为 30 万元。

4. 开展相关专题研究，计费不少于 20 万元/个。

5. 能源（设施）规划计费，根据涉及多个单项规划的内容、深度情况累计计取。

6. 本计费标准不含法定规划修改费用，如需修改费用另计。

（2）《广东省城市规划收费标准的建议（行业指导价）》（2003 版）

该建议中亦无有关城市雨水径流污染治理规划的计费标准，可参考其中“城市给水系统、排水系统规划”的计费标准进行计算。详细计费标准如附表 6-2 所示。

城市雨水径流污染治理总体规划费用参考其中雨水系统规划计费标准，按排水系统规划收费标准的 60％收费。

城市给水系统、排水系统规划收费一览表　　表 6-2

序号	规划面积（km^2）	给水系统规划（万元）	排水系统规划（万元）
1	≤20	28	42
2	50	55	82
3	100	90	135
4	>100	以 0.6 万元/km^2 递增	以 0.9 万元/km^2 递增

注：1. 仅做雨水系统规划或者污水系统规划，按排水系统规划收费标准的 60%收费；

2. 全部为雨污合流制系统，按排水系统规划收费标准的 80%收费。

2. 详细规划编制费用

目前尚无明确的城市雨水径流污染治理详细规划编制费用计算标准，考虑总体规划和详细规划工作深度和工作内容的差异，可在上述城市雨水径流污染治理总体规划计费基础上采用工作深度系数法，计取编制费用。

根据《城市规划设计计费指导意见》（2017 修订版），控制性详细规划计费单价是分区规划计费单价 8.33 倍（新区）和 10 倍（旧城区），城市雨水径流污染治理详细规划工作深度至少要达到控制性详细规划深度，结合市场价格情况，可考虑在上述城市雨水径流污染治理总体规划计费基础上，取工作深度系数为 2.0～4.0，计取编制费用。

3. 相关专题研究编制费用

目前尚无明确的城市雨水径流污染治理相关专题研究编制费用计算标准，可参考《城市规划设计计费指导意见》（2017 修订版）中“市政基础设施规划”相关专题研究的计费标准进行计算。具体标准为：开展相关专题研究，计费不少于 20 万元/个。同时，考虑到城市雨水径流污染治理属新型市政基础设施领域，可乘以 1.1～1.5 的难度系数。

4. 水力分析模型费用

为进行方案比选论证和评估规划方案效果，在城市雨水径流污染治理规划中需采用具有水量、水质分析功能的水力模型进行分析。目前尚无关于城市雨水径流污染治理规划中水力分析模型费用的计算标准，可参考《城市规划设计计费指导意见》（2017 修订版）中“海绵城市建设专项规划”中模型计费标准进行计算，具体标准为：“委托单位如要求单独建立水力分析模型，按 4 万元/km^2 另计”。

5. 水质水量监测费用

城市雨水径流污染治理的规划和相关专题研究中一般需要进行雨水径流水质水量监测工作，监测工作费用主要包括监测设备费、水质检测费、人工费、交通费等四部分。目前尚无专门的雨水径流水质水量监测费用的计费标准，可参考其他相似项目进行计算取费。

城市雨水径流监测设备一般包括流量监测仪、水质监测仪、液位监测仪等，具体数量应根据实际监测点位和监测指标确定。监测设备可采用购买或租用的方式使用，费用以监测设备数量、使用方式、监测时间、监测指标等为基础进行确定。

城市雨水径流水质检测主要包括 SS、COD、BOD、总磷、总氮、氨氮等指标，检测样品数量以检测点位数量、监测降雨场次、单场降雨采样个数等为基础确定，单个检测样品费用因检测指标、检测方法的差异而不同，一般需委托具有资质的检测机构进行检测。

人工费可按照《国家计委关于印发建设项目前期工作咨询收费暂行规定的通知》（计价格〔1999〕1283），采用人员工日法计算，计算标准如附表 6-3 所示。

人员工日费用标准表 **表 6-3**

序号	技术职称	标准（元/工日）
1	初级技术职称人员	300
2	中级技术职称人员	600～800
3	高级技术职称人员	800～1000
4	高级专家人员	1000～1200

交通费包括长期交通费和临时交通费两部分。水质水量监测涉及大量的外业工作，包括前期踏勘、现场采样、设备安装维护等，需要配备一定数量的车辆服务。长期交通费一般包含租车费、司机工资、加油费、过路过桥费、加班费等，可按 15 万～20 万元/(年·辆）计算。临时交通费按照实际使用情况计算，可取长期交通费的 30%～50%。

6. 实例参考

以广东省某市某重点片区为例，该片区城市雨水径流污染治理详细规划项目计费情况如下：

（1）基本情况

该片区属于城市新城区，规划面积 14.2km^2。至 2030 年，规划人口规模为 16 万人。

（2）规划要求

以全市城市雨水径流污染治理总体规划为基础，该项目需要达到详细规划深度，以指导片区雨水径流污染控制基础设施的建设。

同时，在规划中选取片区内一个典型小流域进行水质水量监测，并以监测数据支撑，建立片区层面的水力分析模型，协助制定规划方案。初步选定监测点位 10 个，每个监测点位安排 2 人（1 位工程师、1 位助理工程师）参与取样和监测工作，每个监测点位安装在线流量监测仪、在线液位监测仪各一台。监测时间按 5 场降雨计，每个监测点位每场降雨采集 5 个水样，检测 SS、COD、BOD、总磷、总氮、氨氮等指标。为保障监测工作需租用一辆汽车（含司机及相关使用费用），时间为 3 个月。

（3）计费依据

依据 1：《城市规划设计计费指导意见》（2017 修订版），中国城市规划协会。

依据 2：《广东省城市规划收费标准的建议（行业指导价）》（2003 版），广东省城市规划协会。

（4）计费方法

采用工作深度系数法。按照上述工作深度系数范围，该片区的项目工作基础较好，详细规划的深度系数取低值，按 2.0 进行计算。

（5）计算过程

采用依据 1 计算：该片区规划面积 14.2km^2，对应于《城市规划设计计费指导意见》（2017 修订版）中“2 万元/km^2”标准进行取费，具体计算过程如附表 6-4 所示，则该片区城市雨水径流污染治理详细规划的项目收费为158.1万元。

某片区城市雨水径流污染治理详细规划费用计算一览表　　附表6-4

<table>
<tr><th>序号</th><th colspan="2">计费内容</th><th>计费单位或系数</th><th>计算过程</th><th>取费（万元）</th></tr>
<tr><td>1</td><td colspan="2">总体规划</td><td>2万元/km²</td><td>2×14.2×1</td><td>28.4</td></tr>
<tr><td>2</td><td colspan="2">详细规划</td><td>取工作深度系数2.0</td><td>28.4×2.0</td><td>56.8</td></tr>
<tr><td>3</td><td colspan="2">水力分析模型搭建</td><td>4万元/km²</td><td>14.2×4</td><td>56.8</td></tr>
<tr><td rowspan="4">4</td><td rowspan="4">水质水量监测费用</td><td>监测设备费</td><td>租用费1000元/（台·天）</td><td>2×10×5×1000</td><td>10.0</td></tr>
<tr><td>水质检测费</td><td>水质检测费1000元/个</td><td>10×5×5×1000</td><td>25.0</td></tr>
<tr><td>人工费</td><td>助理工程师300元/工日，工程师600元/工日</td><td>10×5×300+10×5×600</td><td>4.5</td></tr>
<tr><td>交通费</td><td>租车费20万元/（年·辆）</td><td>20×0.25</td><td>5.0</td></tr>
<tr><td>5</td><td colspan="2">合计</td><td>—</td><td>详细规划+水力分析模型搭建+水质水量监测等3项费用</td><td>158.1</td></tr>
</table>

采用依据2计算：该片区由于规划面积为14.2km²，故对应于《广东省城市规划收费标准的建议（行业指导价）》(2003版）中城市排水系统规划的“规划面积≤20km²”标准进行计费，总体规划计费金额为42×60％=25.2万元。取详细规划工作深度系数2.0，水力分析模型搭建和水质水量监测费用同上表，则该片区城市雨水径流污染治理详细规划费用的项目收费为25.2×2.0+56.8+44.5=151.7万元。

（6）最终费用

综上，两种方法计算得到的费用相差仅约4.0％，可认为两种方法计算出的费用较合理，可取两种方法计算费用的高值作为项目最终编制费用，则该片区城市雨水径流污染治理详细规划的项目最终收费为：158.1万元。

7. 规划修编计费标准参考

城市雨水径流污染治理规划应适时进行修编，修编计费用应考虑修编计费系数：五年内发生修编的计费系数取0.7～0.9；五年后发生修编的计费系数取0.8～1.0。

8. 规划编制费用分期付款比例参考

参考《城市规划设计计费指导意见》(2017修订版)，建议城市雨水径流污染治理规划委托方按进度分期支付城市规划设计费，具体分期付款比例如下：在规划设计委托合同签定后3日内，支付规划设计费总额的40％作为定金；规划设计方案确定后3日内，支付40％的规划设计费；提交全部成果时，结清全部费用。

参 考 文 献

[1] 邵益生. 城市水系统科学导论[M]. 北京：中国城市出版社，2015.

[2] 陈吉宁. 城市水系统的综合管理：机遇与挑战[J]. 中国建设信息，2005(13)：34-38.

[3] 张杰，熊必永. 城市水系统健康循环的实施策略[J]. 北京工业大学学报，2004(2)：63-67.

[4] 莫罹，龚道孝，徐秋阳，等. 论城市水系统的发展模式[J]. 净水技术，2019，38(8)：1-7+63.

[5] 住房和城乡建设部. 中国城乡建设统计年鉴[M]. 北京：中国统计出版社，2017.

[6] 韩璐，陈亚玲，高红杰，等. 国外城市水环境管理借鉴及启示[J]. 环境保护科学，2018，44(1)：56-60.

[7] Wu J S，Allan C J，et al. Characterization and Pollutant Loading Estimation for Highway Runoff[J]. J. Envir. Engrg.，ASCE，1998，124 (7)：584-592.

[8] 赵剑强. 城市地表径流污染与控制[M]. 北京：中国环境科学出版社，2002.

[9] Lee J H，Bang K W. Characterization of Urban Stormwater Runoff[J]. Water Research，2000，34(6)：1773-1780.

[10] 杨具瑞，方铎. 湖泊暴雨径流水质模拟研究[J]. 环境科学学报，1999(1)：39-43.

[11] Sansalone J J，Cristina C M. First Flush Concepts for Suspended and Dissolved Solids in Small Impervious Watersheds[J]. J Environ Eng，2004，130(11)：1301-1304.

[12] Geiger W F. Characteristics of Combined Sewer Runoff[C]. Proceeding of the 3rd International Conference on Urban Storm Drainage，Goteberg，Sweden. 1984：851-860.

[13] Gupta K. Saul A J. Specific Relationships of Rirst Flush Load in Combined Sewer Flows[J]. Water Research，1996，30(5)：1244-1252.

[14] 车伍，张伟，李俊奇. 城市初期雨水和初期冲刷问题剖析[J]. 中国给水排水，2011，27(14)：9-14.

[15] Janet Barco，Sergio Papiri，Michael K Stenstrom. First Flush in a Combined Sewer System[J]. Chemosphere，2008(71)：827-833.

[16] Geonha Kim，Joonghyun Yur，Jeongkon Kim. Diffuse Pollution Loading from Urban Stormwater Runoff in Daejeon City[J]，Korea：Journal of Environmental Management，2007(85)：9-16.

[17] Liqing Li，Baoqing Shan，Chengqing Yin. Stormwater Runoff Pollution Loads from an Urban Catchment with Rainy Climate in China[C]. The 8th International Conference on Urban Watershed Managemen：Water Systems in Rapidly Urbanizing Areas，Beijing，China，2011.

[18] Bertrand-Krajewski J L，Chebbo G，Sasget A. Distribution of Pollutant Mass vs Volume in Stormwater Discharges and the First Flush Phenomenon[J]. Water Research，1998，32(8)：2341-2356.

[19] 谭琼，李田，高秋霞. 上海市排水系统雨天出流的初期效应分析[J]. 中国给水排水，2005，21(11)：26-30.

[20] 杨逢乐，赵磊. 合流制排水系统降雨径流污染物特征及初期冲刷效应[J]. 生态环境，2007，16(6)：1627-1632.

[21] Daniel Sztruhar, Marek Sokaca, Adrian Holiencin, et al. Comprehensive Assessment of Combined Sewer Overflows in Slovakia[J]. Urban Water, 2002(4): 237-243.

[22] S M Scherrenberg. Treatment Techniques for Combined Sewer Overflows[D]. Delft University of Technology, 2006.

[23] M Hochedlinger, P Hofbauer, G Wandl, et al. Online UV-VIS Measurements-The Basis for Future Pollution Based Sewer Real Time Control in Linz[C]. 2nd International IWA Conference on Sewer Operation and Maintenance 2006-Vienna.

[24] 王宝山. 城市雨水径流污染物输移规律研究[D]. 西安：西安建筑科技大学，2011.

[25] Chang M, Crowley CM. Preliminary Observations on Water Quality of Storm Runoff from Four Selected Residential Roofs [J]. Journal of the American Water Resources Association, 1993(29): 777-783.

[26] James T Smullen, Amy L Shallcross, et al. Updating the US National Urban Runoff Quality Data Base[J]. Wat Sci Tech, 1999, 39(12): 9-16.

[27] Hansjoerg Brombach, Gebhard Weiss and Stephan Fuchs. A New Database on Urban Runoff Pollution: Comparison of Separate and Combined Sewer Systems[J]. Water Science & Technology, 2005, 51(2): 119-28.

[28] Carleton M G. Comparison of Overflows from Separate and Combined Sewers-quantity and Quality [J]. Wat Sci Tech, 1990, 22(10/11): 31-38.

[29] 刘翠云，车伍，董朝阳. 分流制雨水与合流制溢流水质的比较[J]. 给水排水，2007(4)：51-55.

[30] 喻晓琴. 滇池流域典型城镇雨水径流特征及截流方法研究[D]. 重庆：重庆大学，2014.

[31] 李思远，管运涛，陈俊，等. 苏南地区合流制管网溢流污水水质特征分析[J]. 给水排水，2015(S1)：344-348.

[32] 张旭东，黄海伟，曾思育，等. 昆明主城区水污染负荷源解析及其减排潜力估算[J]. 给水排水，2019，55(S1)：116-121+125.

[33] 宋芳，秦华鹏，陈斯典，等. 深圳河湾流域水污染源解析研究[J/OL]. 北京大学学报(自然科学版)，2019(2)：1-11[2019-12-3]. https: //doi. org/10. 13209/j. 0479-8023. 2018. 097.

[34] 李立青，尹澄清，何庆慈，等. 武汉市城区降雨径流污染负荷对受纳水体的贡献[J]. 中国环境科学，2007(3)：312-316.

[35] 车伍，欧岚，等. 北京城区雨水径流水质及其主要影响因素[J]. 环境污染治理技术与设备，2002，3(1)：33-37.

[36] 王海东. 芜湖市区道路径流重金属污染规律研究[D]. 芜湖：安徽师范大学，2011.

[37] 李俊奇，戚海军，宫永伟，等. 降雨特征和下垫面特征对径流污染的影响分析[J]. 环境科学与技术，2015，38(9)：47-52.

[38] 张科峰，李贺，等. 三种不同屋面雨水径流重金属污染特性及影响因素分析[J]. 环境科学学报，2011，31(4)：724-730.

[39] 李贺，李田，等. 上海市文教区屋面径流水质特性研究[J]. 环境科学，2008，29(1)：47-51.

[40] 王力玉，秦华鹏，谭小龙，等. 深圳大气湿沉降对典型屋面径流水质的影响[J]. 环境科学与技术，2012，36(2)：60-64.

[41] Gromaire MC, Garnaud S, Gonzalez A, el al. Characterisation of Urban Runoff Pollution in Paris [J]. Water Science and Technology, 1999(39): 1-8.

[42] Duncan H P. Urban Stormwater Quality: A Statistical Overview. Report 99/3, Cooperative Research Centre for Catchment Hydrology, February 1999.

[43] 侯培强，王效科，等. 我国城市面源污染特征的研究现状[J]. 给水排水，2009，35(S)：188-193.

[44] 刘世虹，刘建军，等. 邯郸市城区雨水径流水质及其主要影响因素研究[J]. 安徽农业科学，2008，36(36)：16107-16109.

[45] 李明远，魏杰，张武强，等. 深圳市初期雨水特征分析及控制对策研究[J]. 广东化工，2017，44(10)：43-46.

[46] Zhang M L, Chen H, Wang J Z, et al. Rainwater Utilization and Storm Pollution Control based on Urban Runoff Characterization[J]. J. Environ. Sci., 2010, 22(1): 40-46.

[47] 王海东. 芜湖市区道路径流重金属污染规律研究[D]. 芜湖：安徽师范大学，2011.

[48] 李倩倩，李铁龙，等. 天津市不同土地利用类型雨水径流污染特征[J]. 环境污染与防治，2011，33(7)：22-26.

[49] 王业雷. 南昌市城区降雨径流污染过程与防治措施研究[D]. 南昌：南昌大学，2008.

[50] Carlet M G. Comparison of Overflows from Separate and Combined Sewers-quantity and Quality[J]. Wat Sci Tech. 1990, 22(10/11): 31-38.

[51] Hall MJ. Ellis JB, Water Quality Problems of Urban Areas[J]. GeoJournal, 1985(11): 265-275.

[52] 朱乃轩，车伍，张伟，等. 美国城市建成区雨水系统改造经验分析[J]. 中国给水排水，2017，33(20)：5-10.

[53] Gebhard Weiss, Hansjörg Brombach. Today's Practice in Stormwater Management in Germany[C]//NOVATECH 2007-Sixth International Conference on Sustainable Techniques and Strategies in Urban Water Management, Section 8. 1, 1557-1564.

[54] Carsten Dierkes, Terry Lucke, Brigitte Helmrei. General Technical Approval for Decentralised Sustainable Urban Drainage Systsms (SUDS)-The Current Situation in Germany[J]. Sustainability 2015(7): 3031-3051.

[55] 任伯帜，周赛军，邓仁建. 城市地表产流特性与计算方法分析[J]. 南华大学学报(自然科学版)，2006(1)：8-12.

[56] 赵剑强，孙奇清. 城市道路路面径流水质特性及排污规律[J]. 长安大学学报(自然科学版)，2002，22(2)：21-23.

[57] Thomson N R, McBean E A, Snodgrass W, et al. Sample Size Needs for Characterizing Pollutant Concentrations in Highway Runoff[J]. Journal of Environmental Engineering, 1997, 123(10): 1061-1065.

[58] Akan A O. Urban Stormwater Hydrology: A Guide to Engineering Calculations[M]. Lancaster: Technomic Publishing Company, 1993.

[59] Johnes P J. Evaluation and Management of the Impact of Land Use Change on the Nitrogen and Phosphorus Load Delivered to Surface Waters: the Export Coefficient Modeling Approach[J]. Journal of Hydrology, 1996, 183(3-4): 323-349.

[60] Collins P G, Ridgway J W. Urban storm runoff quality in Southeast Michigan[J]. Journal of the Environmental of Engineering Divison, 1980, 106(1): 153-162.

[61] J. J. Sansalone, S. G. Buchberger. An infiltration device as a best management practice for immobilizing heavy metals in urban highway runoff[J]. Water Science & Technology, 1995, 32(1):

119-125.

[62] Chui T W, Mar B W, Horner R R. Pollutant Loading Model for Highway Runoff[J]. Journal of the Environmental Engineering Division, 1982, 108(6): 11193-1210.

[63] 傅国伟，郭京菲，陈刚. 城市水污染物排放总量核定方法的研究[J]. 中国环境科学，1997(1)：3-7.

[64] Pisano W C, Queiroz C, Aronson G L, et al. Procedures for Estimating Dry Weather Pollutant Deposition in Sewer Systems[J]. Journal, 1981, 53(11): 1627-1636.

[65] 汪俊启，张颖. 总量控制中水污染物允许排放量公平分配研究[J]. 安庆师范大学学报(自然科学版)，2000(3)：37-40.

[66] 曹磊. 环境污染总量控制及其实施原则[J]. 环境研究与监测，1996(3)：15-18.

[67] 朱继业，窦贻俭. 城市水环境非点源污染总量控制研究与应用[J]. 环境科学学报，1999，19(4)：415-420.

[68] EPA. Combined Sewer Overflows: Guidance for Long-term Control Plan Washington, DC, 1995.

[69] 倪佳，田磊，马海微，等. 哈尔滨市江南老城区雨水径流污染控制方案研究[J]. 哈尔滨商业大学学报(自然科学版)，2017，33(4)：432-435.

[70] 谭琪，丁芹. 低影响开发技术理论综述及研究进展[J]. 中国园艺文摘，2014(3)：54-56.

[71] 蒋海涛，丁丹丹，韩润平. 城市初期雨水径流治理现状及对策[J]. 水资源保护，2009，(3)：33-36.

[72] Chong N M, Chen Y C, Hsieh C N. Assessment of the Quality of Stormwater from an Industrial Park in Central Taiwan[J]. Environ-mental Monitoring and Assessment, 2012, 184(4): 1801-1811.

[73] 田永静，李田，何绍明. 苏州市枫桥工业园区非点源污染特性研究[J]. 中国给水排水，2009，25(13)：89-91.

[74] 许伟，常素云，占强. 天津典型居民区不同下垫面雨水径流污染特征[J]. 水资源保护，2017，33(5)：159-163.

[75] 魏泽军，杨程，雷晓玲. 商业区屋面雨水径流特征研究——以重庆市照母山商业区为例[J]. 环境科学与管理，2018，43(11)：31-34.

[76] 申丽勤，车伍，李海燕，等. 我国城市道路雨水径流污染状况及控制措施[J]. 中国给水排水，2009，25(4)：23-28.

[77] 程江，徐启新，杨凯，等. 下凹式绿地雨水渗蓄效应及其影响因素[J]. 给水排水，2007，33(5)：45-49.

[78] 黄俊杰，沈庆然，李田. 植草沟控制道路径流污染效果的现场实验研究[J]. 环境科学，2015，36(6)：2109-2115.

[79] 肖海文，代蕾，任莉蓉，等. 海绵城市雨水湿地的滞蓄容积设计与工程实例[J]. 中国给水排水，2018，34(18)：53-57+65.

[80] SZDB/Z 145-2015. 低影响开发雨水综合利用技术规范[S]. 深圳：深圳市市场监督管理局，2016.

[81] 林英. 广州市某污水处理厂(三期)工程初期雨水处理工艺路线探讨[J]. 建材与装饰，2014(41).

[82] 尹澄清. 城市面源污染的控制原理和技术[M]. 北京：中国建筑工业出版社，2009.

[83] 陈治刚. 城市用地规划布局对中小流域水生态的影响与对策探讨[J]. 规划师，2009，25(5)：

78-81.

[84] Zoppou C. Review of Urban Storm Water Models[J]. Environmental Modelling & Software, 2001, (16): 195-231.

[85] Luca R, Vladimir K, Wolfgang R, et al. Stochastic Modeling of Total Suspended Solids (TSS) in Urban Areas during Rain Events[J]. Water Research, 2005(39): 4188-4196.

[86] Ball J E. A Review of Numerical Models for Prediction of Catchment Water Quantity and Quality. Research Report No. 180: Sydney, Australia: Water Research Laboratory, Department of Water Engineering, School of Civil Engineering, The University of New South Wales, 1992.

[87] 王石章. 屋顶花园设计研究[D]. 武汉：华中科技大学，2007.

[88] 董丽. 屋顶绿化植物选择与种植设计[J]. 中国建筑防水，2010，(19)：21-23.

[89] 侯改娟. 绿色建筑与小区低影响开发雨水系统模型研究[D]. 重庆：重庆大学，2014.

[90] M Scholz, P Grabowiecki. Review of Permeable Pavement Systems[J]. Building and Environment, 2007 (42): 3830-3836.

[91] 王书敏，何强，徐强，等. 生物滞留系统去除地表径流中的氮素研究评述[J]. 水科学进展，2015，26(1)：140-150.

[92] Bratieres K, Fletcher T D, Deletic A, et al. Nutrient and Sediment Removal by Stormwater Biofilters: A Large-scale Design Optimization Study[J]. Water research, 2008(42): 3930-3940.

[93] Sarina J, Ergas, P E M ASCE, et al. Performance of Nitrogen-Removing Bioretention Systems for Control of Agricultural Runoff[J]. Journal of Environmental Engineering, 2010(136): 1105-1112.

[94] Brown R A W F Hunt. Impacts of Media Depth on Effluent Water. Quality and Hydrologic Performance of Undersized Bioretention Cells[J]. Journal of Irrigation and Drainage Engineering-Asce, 2010, 137(3): 132-143.

[95] W F Hunt, A R Jarrett, J T Smith, et al. Evaluating Bioretention Hydrology and Nutrient Removal at Three Field Sites in North Carolina[J]. Journal of Irrigation and Drainage Engineering-Asce, 2006, 132(6): 600-608.

[96] Davis A P, Hunt W F, T Raver R G, et al. Bioretention Technology: Overview of Current Practice and Future Needs[J]. Environment, 2009, 135(3): 109-117.

[97] Wigington P J, Randall C W, Grizzard T J. Accumulation of Selected Trace Metals in Soils of Urban Runoff Drain Swales[J]. Water Resource Bull, 1996, 22(1): 73-79.

[98] Reeves E. Performance and Condition of Biofilters in the Pacific Northwest. Center for Watershed Protection. Ellicott City M D, 2000.

[99] M Scholz, P Grabowiecki. Review of Permeable Pavement Systems[J]. Building and Environment. 2007(42): 3830-3836.

[100] C Pagotto, et al. Comparison of the Hydraulic Behaviour and the Quality of Highway Runoff Water According to the type of Pavement[J]. Water Research, 2000, 34(18): 4446-4454.

[101] M. Legret, M. Nicollet, P. Miloda, et al. Simulation of Heavy Metal Pollution from Stormwater Infiltration through a Porous Pavement with Reservoir Structure [J]. Water Science & Technology, 1999, 39(2): 119-125.

[102] J K Gilbert, J C Clausen. Stormwater Runoff Quality and Quantity from Asphalt Paver, and Crushed Stone Driveways in Connecticut[J]. Water Research, 2006(40): 826-832.

[103] B L Kellems, et al. Design of Emerging Technologies for Control and Removal of Stormwater Pollutants[C]. World Water Congress, 2003.

[104] 尼玛次仁. 城市绿地系统对雨水径流削减作用的实验研究[D]. 天津：天津大学，2010.

[105] 潘忠成，袁溪，李敏，等. 下凹式绿地在降雨径流控制中的应用研究[J]. 环境科学与管理，2015，40(10)：59-62.

[106] 陈祎璠，王闪，徐心竹，等. 下凹式绿地对降雨径流中氮素污染物削减作用的研究[C]// 2014 第九届中国城镇水务发展国际研讨会. 2014.

[107] 张建林. 下凹式绿地渗滤城市路面雨水的试验研究[D]. 昆明：昆明理工大学，2007.

[108] 杨雪，车伍，李俊奇，等. 国内外对合流制管道溢流污染的控制与管理[J]. 中国给水排水，2008，24(16)：7-11.

[109] 黄勇强，徐明力，吴春笃，等. 屋面初期雨水弃流装置的设计及试验[J]. 江苏大学学报(自然科学版)，2012，33(2)：219-222.

[110] 谭琼，李田，张建频，等. 初期雨水调蓄池运行效率的计算机模型评估[J]. 中国给水排水，2007，23(18)：47-51.

[111] 储金宇，李微，李维斌，等. 旋流分离器在控制暴雨径流中的应用[J]. 排灌机械工程学报，2008，26(4)：57-60.

[112] 孙毅，饶永超，李立军，等. 内置扭带水力旋流器分离性能研究[J]. 石油机械，2019，47(11)：66-73.

[113] 许妍霞. 水力旋流分离过程数值模拟与分析[D]. 上海：华东理工大学，2012.

[114] 赵庆国，张明贤. 水力旋流器分离技术[M]. 北京：化学工业出版社，2003.

[115] Kadlec R H. Nitrate Dynamics in Event-driven Wetlands[J]. Ecological Engineering, 2010, 36(4): 503-516.

[116] 肖海文，柳登发，张盛莉，等. 人工湿地处理雨水径流的设计方法和实例[J]. 中国给水排水，2013，29(8)：37-41.

[117] 柳健. 城市道路雨水径流污染特征及源头控制技术研究[D]. 武汉：华中科技大学，2017.

[118] 张智涌，双学珍，刘栋. 人工湿地对城市降雨径流污染物的削减效应[J]. 江苏农业科学，2017，45(15)：259-263+270.

[119] 李奎鹏. 河道直立式硬质护岸生态化改造技术研究[D]. 南京：东南大学，2016.

[120] 肖红霞，齐实，孙嘉，等. 北京市潮白河上游生态护岸设计[J]. 中国水土保持科学，2014，12(5)：97-102.

[121] 陈丙法，黄蔚，陈开宁，等. 河道生态护岸的研究进展[J]. 环境工程，2018，36(3)：74-77+168.

[122] 郭亚晶，吕超鹏，杨怡雯，等. 城市河道生态护岸对河道近岸水质的影响[J]. 浙江农业科学，2018，59(7)：1300-1304.

[123] Yifeng W, Hongliang D, Jianyong W. Comparative Study on Influences of Bank Slope Ecological Revetments on Water Quality Purification Pretreating Low-Polluted Waters[J]. Water, 2017, 9(9): 636.

[124] 陈超，董志虎. 初雨处理站对污染物的去除效率研究[J]. 山西建筑，2016，42(29)：116-117.

[125] 徐文征. 城市污水处理厂接纳初期雨水的可行性分析[J]. 净水技术，2012，31(4)：13-16.

[126] 郭霞. 城市雨水径流环境污染控制分析[J]. 环境与发展，2018，30(8)：70-71.

[127] 张伟. 基于 InfoWorks CS 模型的排水管道沉积规律研究[D]. 长沙：湖南大学，2012.

[128] 张富德，袁堂龙，孟峰博，等. 济南市排水设施管理体制优化建议[J]. 城乡建设，2018(18)：14-16.

[129] 深圳市生态环境局. 深圳市雨水径流污染现状、迁移机理及控制对策研究[R]. 深圳：深圳市生态环境局，2014.